KB252413

정원과
조경

머리말

물질문명이 고도로 발달됨에 따라 사회가 복잡해지고 多分化됨에 따라 주위의 자연은 나날이 황폐화되고 공해에 시달리는 하루하루의 생활이야말로 자연의 존귀함을 깨닫게 되고 그리워하는 마음이 생기게 마련이다. 때문에 하루의 생활이 녹색의 정원 속에 자연과 더불어 자연의 오묘함을 즐길 수 있는 생활이야말로 더할나위 없는 행복한 일이 아닐 수 없을 것이다. 따라서 현대인이 자연과 접할 수 있는 일상생활의 공간으로는 유일한 정원 뿐이다.

정원을 조성할 때는 연못을 만들고 돌산을 쌓아 여기에 조화를 이루도록 초록을 심어 자연 그대로의 풍취를 풍겨 인간으로 하여금 자연의 미를 만끽할 수 있도록 하는 하나의 예술작품과도 같아서 생활의 장으로서 인간의 심미적 분위기와 개성을 지니게 마련이다.

따라서 한 가정에 정원은 주인의 성품과 안목, 덕성까지도 가늠해 볼 수 있는 척도가 되기도 한다. 그러므로 정원은 현대인 모두에게 있어서 하루 하루를 정원 속에서 자연을 감상하고 가꾸는 생활이야말로 삶의 즐거움을 느낄 수 있는 행복일 것이다.

여기에 필자는 정원을 전문으로 조성하는 정원사나 취미를 가지신 분으로부터 가정 주부에 이르기까지 여러 계층에 도움을 줄 수 있는 지침서가 될 수 있도록 풍부한 자료를 총망라하여 정원 조성의 지식 습득에 이르기까지 다양한 계층의 독자 여러분께 조금이나마 도움을 드릴 수 있는 안내자가 되고자 본서를 내놓게 되었다.

본서는 정원 구성, 수목 관리, 병충해 방제, 시비, 전정, 월동 대책을 필자의 오랜 경험에 의해 얻어진 지식을 상세히 기록하였다. 다소 미비한 부분은 계속 연구 보완할 것을 약속드리며 본서가 출판되기까지 도움을 주신 선배, 동료 여러분과 화보를 제공해 주신 홍 성래 사장님께 감사드리며 특히 오성출판사 김중영 사장님께 심심한 사의를 표하는 바이다.

저자

차   례

머리말

제 1 장 정원의 기원

1. 최초의 인간생활 ······························· 35
2. 집과 정원 ···································· 35
3. 정원의 발달 ·································· 37

제 2 장 정원의 구분

1. 동양 정원과 서양 정원 ······················ 39
2. 동양 정원의 사상 ··························· 40
3. 중국의 정원 ································· 42
4. 한국 정원 ·································· 44
5. 일본 정원 ·································· 47
6. 동양 정원과 서양 정원의 차이 ·············· 49

제 3장 정원

1. 정원의 필수요소 ··························· 51
2. 미의 요소 ································· 53
3. 정원미의 원리 ····························· 53

제 4 장 정원 설계

1. 기본 계획 ………………………………………………… 55

2. 설계 도면 작성법 ……………………………………… 55

제 5 장 정원의 재료

1. 정원 조성에 적당한 수종 …………………………… 65

   가. 정원수종의 종류와 분류 ………………………… 65

   나. 정원수 선택 ……………………………………… 65

2. 정원석 ………………………………………………… 92

   가. 정원석 선택법 …………………………………… 93

   나. 정원석의 조건 …………………………………… 94

   다. 경석과 장식석 …………………………………… 94

   라. 돌의 감상 ………………………………………… 96

   마. 정원석의 배치 …………………………………… 97

   바. 정원석 설치 주의점 …………………………… 109

   사. 돌 맞추는 요령 ………………………………… 109

3. 연못과 물 …………………………………………… 113

   가. 자연식과 정형식 ……………………………… 113

   나. 연못의 재료 …………………………………… 114

   다. 관상용 물고기 연못 ………………………… 117

   라. 유수의 풍류 …………………………………… 118

   마. 수초의 감상 …………………………………… 121

4. 화단 ………………………………………………… 122

   가. 화단의 종류 …………………………………… 123

   나. 화단 구성 ……………………………………… 124

5. 정원의 조성 ………………………………………… 125

   가. 정원수 ………………………………………… 125

   나. 정원수 배치 …………………………………… 129

다. 정원수 옮겨심기 ………………………………… **133**

라. 정원수 번식 ……………………………………… **137**

마. 파종 ……………………………………………… **141**

6. 정원 시공 요령 …………………………………… **152**

　가. 잔디 ……………………………………………… **152**

7. 미니정원 조성 …………………………………… **156**

　가. 건물의 조건 ……………………………………… **157**

　나. 건물 공간에 알맞는 정원 구성 ………………… **157**

8. 연못 만들기 ……………………………………… **158**

　가. 필요한 기구 ……………………………………… **158**

　나. 소요재료 ………………………………………… **158**

　다. 연못 만드는 순서 ……………………………… **159**

　라. 독물 제거 ……………………………………… **159**

9. 포석과 징검돌 설치 ……………………………… **160**

　가. 포석 설치 ……………………………………… **160**

　나. 징검돌 박는 요령 ……………………………… **161**

제 6 장　정원수 관리

1. 정지와 전정 ……………………………………… **163**

가. 전지의 필요성 ……………………………………… **163**

나. 전지의 기본 ……………………………………… **165**

다. 생장 촉진 조절 …………………………………… **167**

라. 생장 억제 ………………………………………… **167**

마. 노목의 전정 ……………………………………… **168**

바. 활착을 돕는 전정 ………………………………… **169**

사. 가지 전정 ………………………………………… **170**

2. 정원수의 수형 …………………………………… **172**

3. 꽃 관상수 ……………………………………………………… 197
　가. 꽃 달기 요령 ………………………………………… 197
　나. 병충해 방제 ………………………………………… 200

4. 유실수 관상수 ………………………………………………… 201
　가. 열매를 달지 않는 원인 …………………………… 201
　나. 충실한 결실의 조건 ……………………………… 201
　다. 결실과 토양 ………………………………………… 202
　라. 착과 후의 수분 공급 ……………………………… 202
　마. 충실한 결실 ………………………………………… 203
　바. 열매에 도움을 주는 전정 ………………………… 203
　사. 꽃은 피나 결실이 되지 않는 경우 …………… 203
　아. 병충해 방제 ………………………………………… 204

5. 수목 울타리 …………………………………………………… 204
　가. 울타리 수목의 전지 요령 ………………………… 206
　나. 수목 울타리 뿌리 전지 …………………………… 206
　다. 수목 울타리의 시비 ……………………………… 207

6. 잔디 관리 요령 ……………………………………………… 207
　가. 잔디 전정 요령 …………………………………… 207
　나. 잔디의 시비 ………………………………………… 208

7. 유실 정원수 관리 …………………………………………… 210
　가. 적당한 환경 ………………………………………… 210
　나. 전정 ………………………………………………… 211

8. 정원 수목의 생태적 특성 ………………………………… 213
　가. 수목의 환경 ………………………………………… 213

　● 월별 정원 수목관리 ……………………………… 216
　나. 관상수목 번식법 …………………………………… 222

다. 병충해 방제 시기와 방제법 ·· 225
라. 비료 부족의 증상과 대책 ·· 226
마. 수목의 형태 ··· 227
바. 수목의 성장 생태 용도 ··· 235

제 7 장   정원 구상과 설계

1. 연못을 중심으로 한 정원 ··· 242
2. 심산 유곡의 늪을 묘사한 정원 ······································ 243
3. 우거진 산골짜기 수림(樹林)풍경을 묘사한 정원 ········· 245
4. 물을 중심으로 한 정원 ··· 247
5. 자연석과 연못의 조화를 이룬 정원 ································ 248
6. 急(급) 경사의 계곡 풍취를 나타낸 정원 ····················· 249
7. 계곡의 아름다움을 묘사한 정원 ···································· 251
8. 물과 돌다리가 중심이 된 정원 ····································· 252
9. 계곡에서 흘러온 물이 모여 호수를 연상한 정원 ········· 254
10. 연못이면서 굽이쳐 흐르는 강물을 표현한 정원 ········· 255
11. 좁은 뜰에 맞추어 사각의 연못을 구성한 정원 ········· 257
12. 직선형을 약간 변형시켜 곡선을 가미한 정원 ············ 258
13. 웅장한 바위 밑 연못을 구상한 정원 ······················· 259
14. 직선형의 단조로움 을 변화시킨 정원 ······················· 261
15. 직선형의 연못에 자연석으로 굴곡을 만든 정원 ········ 262
16. 돌산의 계곡과 폭포 연못의 조화를 이룬 정원 ········· 263
17. 두번 꺾인 연못을 중심으로 한 정원 ······················· 265
18. 좁은 공간의 정원 ··· 266
19. 돌을 주재료로 한 정원 ··· 267
20. 정원 한가운데에 연못을 만든 정원 ························· 269

21. 베란다의 좁은 공간의 정원 …………………………………… 270

22. 산과 돌, 물을 표현한 정원 …………………………………… 271

23. 신비로운 계류의 경관을 구성한 정원 …………………… 273

24. 좁은 통로의 정형적인 현관 정원 ………………………… 275

25. 건물의 측면 전체에 조성한 정원 ………………………… 276

26. ㈀자형 진입로 정원 …………………………………………… 277

27. 현관 진입로를 곡선으로 만든 정원 …………………… 279

28. 간소하게 구성된 현관 정원 ……………………………… 280

29. 현관 옆의 진입로 정원 ……………………………………… 281

30. 현관 입구를 자연석으로 단장한 정원 ………………… 282

31. 公道의 路面보다 약간 높은 현관 정원 ……………… 284

32. 자연석을 충분히 사용한 앞뜰 정원 …………………… 285

33. 경치의 미를 묘사한 정원 ………………………………… 287

부록 조경 설계 예 ……………………………………………… 289

정원과
조경

제1장 정원의 기원(庭園의 起源)

1. 최초의 인간생활

최초로 지구상에 인간이 나타난 것은 지금부터 약 80000년 전이라 한다.

이들 원시인의 생활은 불량한 환경 속에서 자기 스스로를 보호하여야 했다.야생 맹수의 끊임없는 위험을 피해야 했고, 식량을 확보하기 위해서는 절대적인 노력이 필요했다. 이러한 필요성에 의하여 그들은 야생 동물을 잡아 식생활을 해결하는 한편 적당한 은신처를 마련하게 되었다.

그들이 최초로 마련한 은신처는 동굴이나 아늑한 나무 밑자리로서 인간이 그 속에서 편히 쉬고 잠을 자며 피로를 풀 수 있는 장소로 활용하였던 것이다. 그 뒤 유목생활을 거쳐 안정된 생활을 하기에 이르러 문화가 발달하여 생활 터전이 정착화하는 한편, 은신처는 집으로서의 형태를 갖추고 생활하게 되었다.

2. 집과 정원

인간의 생활이 집이라는 환경 속에서 시초로 계획적으로 분화되어 가는 기능 공간이다. 그것은 지붕이 이어지고 울타리가 주위를 에워쌈으로써 생활 조건을 한층 안정시켜 주었다.

집이 마련됨으로써 생활에 여유가 생겨나고 보다 인간다운 생활을 즐길 수 있게 된다. 또한 집이 마련되면 필연적으로 그것을 둘러싸는 외부 공간(外部空間)이 생겨나는데 이것이 바로 마당과 뜰이다.

집과 더불어 생겨나는 외부 공간인 뜰을 한층 더 쾌적한 생활을 위해 점차 정원으로 발전해 나가는데 그 원시형은 집과의 관련성에 있어서 두 가지 유형으로 구분할 수 있다.

생산적인 기능을 지닌 땅으로서의 뜰이다. 다시 말해서 울타리를 쳐서 식물이나 동물을 키우고자 하는 땅이다.

園은 동산을 뜻하고 圃는 채마밭을 가리키는 말로서 식물 가꾸기와 관련성이 있으며, 苑은 짐승을 기르는 동산을 가리키고, 㘣는 담으로 에워싼 苑으로서 두가지 모두 짐승을 키우는 자리라는 뜻을 지니고 있다. 그래서 苑圃 또는 㘣苑이라고 하면 새와 짐승을 놓아 기르는 동산을 뜻하고 園㘣라고 하면 식물원, 동물원을 가리키는 말이다. 또 하나는 집과 직접 이어지는 좁은 땅이다. 이 땅은 집이 지니고 있는 기능과 생산 기능을 보완하는 기능을 가지고 있으며, 뜰(庭)의 어휘는 이러한 기능을 가진 자리를 가리키는 말이다.

오늘날 건물에 붙여 꾸며놓은 테라스(terrasse)를 屋外室(autdoorlivingroom)이라고 부르는 것은 이러한 유형의 空間이 지닌 성격을 단적으로 표현한 것이라 볼 수 있다.

시대가 변천하여 내려옴에 따라 뜰(庭)과 동산은 집을 중심으로 하여 私的으로 점유되는 공간으로서 一體化되어 오늘날에는 庭園이라는 개념으로 받아들여지고 있다.

3. 정원의 발달

집의 정원은 집을 중심으로 하여 私的으로 점유되는 공간으로서 역사적으로는 각 시대의 지배 계급의 독점적인 생활 공간으로 발달되어 왔으며, 이러한 경향은 세계 어느 나라에 있어서나 공통적으로 나타났다. 이러한 정원에서는 생산적인 기능보다 종교적 · 정치적 · 감상적 · 쾌락적 기능이 중요시되며, 이로 말미암아 정원의 예술성이 크게 향상되고 정원 속에 있어서의 식물 보호 기술은 원예의 발달이라는 결과를 가져다 주었다. 이러한 정원은 일반적으로 地形의 妙와 식물 그리고 물이라는 세 가지 요소가 교묘히 짝지

워져 구성된다. 이 세 가지 요소는 景觀의 아름다움을 결정짓는 것들로서 그 어느 하나가 결여되어도 자연스러움이 덜하다. 이 가운데에서도 특히 중요한 것이 식물과 자연석의 조화이다. 자연석과 식물은 각 지역의 기후형과 토양 조건 등 자연 조건에 따라 생육 여부가 좌우된다는 까다로움을 가지고 있다. 그러므로 지방에 따라 정원에 심게 되는 나무의 종류가 다르게 마련이며 그에 따라 꾸며지는 정원의 생김새에도 다소간의 차이가 생겨난다. 따라서 민족성에 따르는 자연에 대한 태도와 한 시대의 생활상 주류를 이루는 사상이 정원의 꾸밈새에 큰 영향을 주게 된다. 다시 말해서 정원의 꾸밈새는 자연 조건과 국민성, 시대의 조류에 영향을 입어 나라에 따라, 시기에 따라, 다양한 변화를 보이고 있으며, 이러한 변화를 특색에 따라 분류하여 정원 양식이라 부른다.

제 2 장 정원의 구분

1. 동양 정원과 서양 정원

　민족의 특성에 따라 정원 구성이 다양한 차이를 나타내듯이 동양과 서양에 있어서도 생활 방식과 개성에 따라 정원 양식이 시대의 변혁에 따라 각기 개성의 특성을 살리며 발달되어 왔다. 이같이 개성이 뚜렷이 나타나기 때문에 우리는 이것을 동양식 정원과 서양식 정원으로 구분하며 동양 정원과 서양 정원이라 호칭하였다. 이와 같이 동양과 서양 사이에 있어서 정원의 꾸밈새에 뚜렷한 개성이 생겨난 것은 바로 동양과 서양에 있어서 인간 철학의 차이에 기인하는 것이다.

　서양 철학이 자연과의 부단한 투쟁과 대립을 기반으로 하고 있는데 반해 동양의 철학은 자연과 화합하는데 태도를 기반으로 하고 있으며, 이와 같은 차이는 동, 서양 지역에 있어서의 기후 조건 등 환경 요인에 의해서 생겨난다고 하겠다. 또한 문화면에서 보아도 서양은 야생적인 문화의 원동력으로 하고 있으나, 동양에서는 차분한 안정감을 주는 정신적인 것을 중요시하게 여긴다. 따라서 서양 문화를 분수를 좋아하는 도시적인 문화라고 비유한다면, 동양 문화는 계류를 즐기는 숲의 문화라 할 수 있다. 따라서 서양의 정원 양식은 정형적인 것, 다시 말해서 기하학적인 직선을 기초로 하는 꾸밈새를 가지게 되고, 동양 정원은 곡선을 위주로 하여 자연 풍경의 진리와 아름다움을 충실하게 담아 자연에 가까운 방향으로 발달해온 것이다. 다만 서양에서도 시대가 지남에 따라 지나친 인공적인 것에 대한 반발과 동양적인

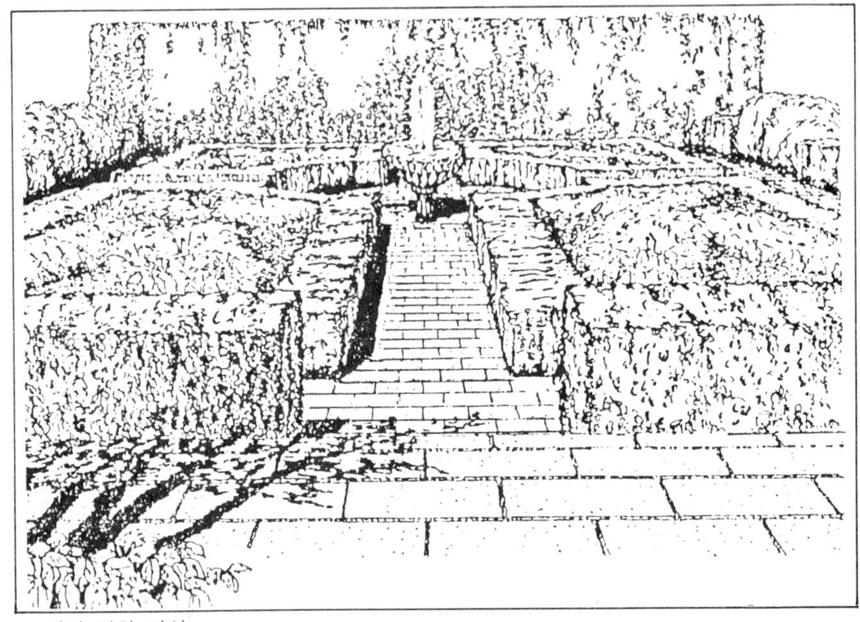

서양 정원 양식

것에 대한 동경심이 생겨나서 18세기 후반 영국에서 자연 풍경식 정원 수법을 쓰기 시작하였다. 이 수법이 생겨남으로써 비로서 서양사람들은 정원의 구조가 정형적인 것과 비정형적인 것이 있다는 것을 인식(認識)하기에 이르렀다.

2. 동양 정원의 사상(思想)

東洋庭園思想과 文化는 지금부터 약 5천년 전에 황하 유역에서 싹텄으며 광막(廣漠)한 평야지대에 정착한 한 민족은 천계의 현상에 대해 경건한 마음을 갖고 있었다. 즉, 천계에서 일어나는 각종 현상들이 땅을 정복하고 인간 세계를 다스린다고 생각했던 것이다. 이로 인하여 천일합일사상(天一合一思想)이 발달하였고, 공자와 맹자에 의해 유도(儒道)가 대성하였다. 이러한 사상의 흐름은 딴 문화의 경우와 마찬가지로 우리나라와 일본에 큰 영향

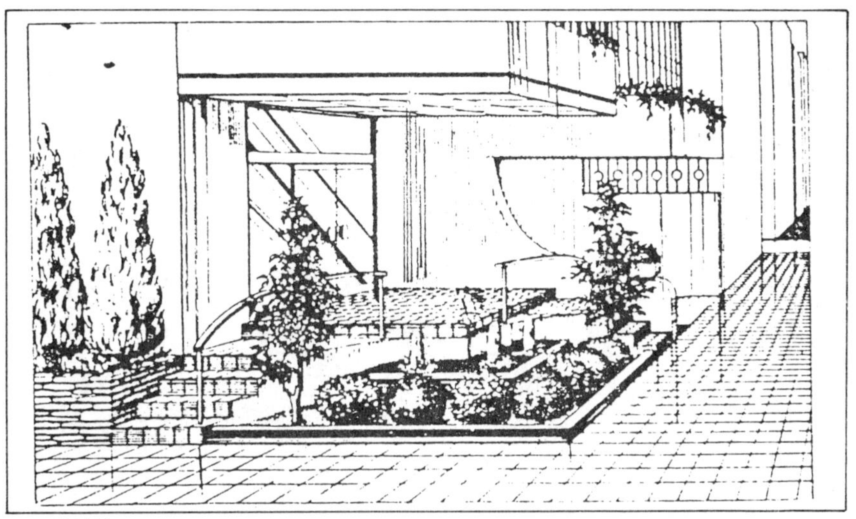

서양식

동양 정원 양식

을 미쳐 동양 문화권이라는 하나의 문화권을 형성시키는 결과가 되었다. 그
리하여 소위, 중국, 한국, 일본을 동양 삼국이라 불리우게 되었으며, 정원
양식에는 서로 상통하는 점이 적지 않으며, 이로 인하여 한국, 중국, 일본
의 정원 양식을 한데 묶어 동양 정원 또는 동양식 정원이라 한다.

3. 중국의 정원

동양 문화의 발생지로 일컬어지는
중국에서는 기원전 246-210 년에 난지
궁의 연못에서 섬을 만들어 봉래산이
라는 이름을 붙이고 그 뒤 한나라에서
는 무제 때 (기원전 140-87 년) 삼신을
만들어 그 위에 청동이나 대리석으로
새나 물고기 형상을 만든 조각품을 앉
혔다고 한다. 이 삼신산은 고대 한민
족이 동해바다 한가운데 신선들이 살
고 있는 세 개의 섬이 있다고 생각하는

데에서 유래되었던 것이다. 즉, 정원의 못 속에 삼신산을 상징하는 섬을 만들어 조석으로 이것을 바라보면 자기도 신선 못지않게 불로장생할 것이라는 생각에서 이러한 꾸밈새를 고안해 낸 것이다. 이 양식을 신산 정원 양식이라고 하며, 우리나라의 삼국시대 정원과 일본의 초기 정원 양식에서는 이 양식을 그대로 받아들이고 있다. 그 뒤 최근세에 이르기까지 중국에서는 신선 사상이 정원 양식 속에 담겨져 내려온다. 또한 중국 정원은 자연 풍경식이기는 하나 괴석과 수목에 의해 꾸며지는 자연 경관 속에 인공미의 극치를

자랑하는 다양한 정원 건축이 풍부히 들어 앉아 강한 대비(對比)를 이룬다는 특색을 가지고 있다. 한편 괴석의 남용은 때에 따라 기괴(奇怪)한 느낌마저 생겨나게 하기도 한다. 이와는 대조적으로 서민 주택에서는 건물에 의해 둘러싸인 좁은 공간 속에 몇 그루의 꽃나무와 수목을 심어 한 덩어리의 괴석을 곁들이는 한편 창가에 대형 어항을 놓아 물고기를 기른다. 이러한 소정원을 원자(院字)라고 부르는데 좁기는 하나 경관의 아름다운 조화를 구성하는 세가지 요소는 고루 갖추어져 있는 셈이다.

4. 한국 정원

우리 나라는 삼국시대를 접어들면서 정원이 축소되기 시작하였다. 즉, 서기 390년에 왕실을 중수(重修)하면서 연못을 파고 계단을 쌓아 올려 진기한 물새를 키우고 화초를 가꾸며 즐겼다는 기록이 그 시초이다. 그 후 백제 무왕(武王)(서기 634년)에는 궁남지(부여)를 만들었다는 기록이 있고, 신라에서는 삼국 통일을 이룩한 직후인 문무왕 14년(서기 674년)에 현재 경주에 남아 있는 안압지를 만들었다고 한다. 이 연못들은 모두 신산 정원 양식에 의해 구성되어 있다.

고구려에서는 양원왕 7년(서기 551년)에 평양 시가의 동북방 대동강변에
안학궁을 축조하여 전각 남정에 정원을 꾸몄다는 사실이 알려져 있다. 따라
서 정원의 구도에 대해서는 자세히 알 수는 없으나 백제나 신라의 경우와

마찬가지로 신산 정원 양식에 의한 것으로 추측된다.

고려시대는 중국 양식 일변도의 시대였다고 볼 수 있으며, 이조시대를 접어들면서 한국적인 고유의 형태가 나타나기 시작했다. 이조시대에는 국교로서 유교(儒敎)와 풍수지리설이 성행하는 바람에 그 교리가 정원을 만드는데 크게 영향을 미쳤다. 그럼으로써 세계 어느 나라에서도 그 유래를 찾아보기 힘든 특이한 국부(局部)를 가지게 되었는데 그 대표적인 예로서 창덕궁(비원)의 낙선제 계단이라 하겠고, 우리나라 경주 일원에 꾸며져 있는 정원들이다.

5. 일본 정원

서기 612년에 백제의 流民(유민) 路子王이 궁실(宮室) 남정에 吳橋(오교)를 축조했다는 기록이 남아 있다. 일본의 학자들은 이것을 일본 정원의 시초로 보고 있으며, 吳橋(오교) 虹橋(홍교)를 뜻한다. 그 뒤 平安朝(평안조)가 되면서 귀족이나 세도가의 저택에 정원이 꾸며졌는데 이것은 신라시대의 신선 정원이다. 그 뒤 14세기로 접어들면서 불교 특히 禪思想과 墨畫의 영향을 입어 축산고산 수평법이 태어났고, 또한 15세기에는 평정고산

수평법이 생겨났다. 그 결과 자연석을 이용하는 방법이 크게 발달하여 오늘에 이르기까지 일본 정원의 특색의 하나가 되고 있다. 그러나 지나치게 돌에 치중한 결과 不動石·觀音石·三尊石·主護石등 돌 하나에 뜻이 담겨져 격식화 되면서, 수목의 위치가 정해짐으로써 마치 틀에 박힌 듯한 외모를 드러내는 결함을 빚기도 했다.

16세기가 되면서 茶道가 성행하여 이를 위한 간소한 정원 즉, 차정 양식이 생기게 되었다. 이 정원은 소박한 야취와 적막한 분위기가 감도는 아주 규모가 작은 정원이다. 그 뒤 정원의 형태가 변화되어 오늘에 이르고 있다.

6. 동양 정원과 서양 정원의 차이

동양 정원과 서양 정원의 차이로서는 우선 정원 구성 재료의 차이를 들 수 있다. 수목의 재료에 있어서도 동양 정원에서는 소나무, 단풍, 유실수 나무 등 곡선형의 줄기나 가지를 가진 것이 많이 쓰이는데 비해, 서양 정원에서는 히말리아와 같은 직간성으로 자라는 나무 또는 원추형으로 일정한 크기로 다듬어진 나무가 직선적으로 같은 간격을 띄어서 식재된다. 또한, 동양 정원에서는 자연석이나 곡을 나타내어 소박한 아름다움을 구하고자 하나, 서양에서는 조각품, 공예품, 분수, 정원 건축물 등 모두가 정형화(整形化)되고 다양한 색채를 가진 것들에 의해 정원의 중심이 강조된다. 따라서 동양 정원은 내용미를 중요시 하기 때문에 그 중심은 단순히 시각상(視覺上)의 중심에 지나지 않으나, 서양 정원에서는 형식미에 치중하는 나머지 건축의 중심 추선을 연장한 선상에 정원의 중심을 잡고 반복(反復), 대비(對比), 대칭, 통일, 착각 등에 원리가 그대로 정원의 세부 형태에 나타나도록 꾸며지며 눈에 비치는 현실 그대로의 아름다움이 중요시 된다. 그러나 동양 정원은 세부 형태로 하여금, 보는 사람으로 하여금 무언가 호소케 하여 생김새 이상의 것, 다시 말해서 깊은 내용미를 느끼게 하고자 하는데 특색이 있다.

제 3 장 정 원

현대 산업의 발달로 인간의 환경이 삭막해져서 대자연을 그리워하게 되었다. 복잡한 현대 사회의 굴레를 벗어나 자연 속에 파묻히려는 욕구를 조금이나마 충족시키고자 자연에서 얻어지는 정원 재료를 이용하여 삭막한 환경을 부드러운 자연 그대로의 멋을 창조하여 각종 공해와 오염으로부터 벗어나 휴식과 오락은 물론 보건 위생을 좀더 충족시켜 매일매일 생활의 활력을 불어 넣어주는 안식처로서의 구실을 할 수 있는 정원을 자연에 가깝도록 만들어내는 기술과 지혜를 발휘하는 종합 예술이다.

1. 정원의 필수요소

인간이 자연의 의미를 느끼는 경관은 일반적으로 세가지 요소가 구성되어야 한다. 그 요소는 지형과 물 그리고 식물의 세가지가 미적 균형을 이루어야 한다.

평범한 지형보다는 기복이 있는 쪽이 변화성이 있어서 묘미(妙味)가 생겨난다. 그것에 물이 곁들여지면 윤기가 있고 활력이 생긴다. 그러나 이것만 가지고는 운치가 없다. 여기에 초목이 곁들여져야만 비로소 깊이가 생겨나고 오묘한 운치와 아기자기한 아름다움을 느낄 수 있게 된다. 그러므로 정원을 만들고자 할 때는 3가지 요소를 감안하여 연못을 파고 돌을 쌓아 그 연못과 뜰에 어울리는 나무와 풀 따위를 심음으로써 자연미를 창출해 낼 수 있다.

돌로 돌산을 만들고 그 사이 흙을 쌓아 산봉오리의 생김새를 인위적으로 만들어 놓은 것이다. 여기에는 자연 그대로의 생김새를 가진 돌, 즉 정원석을 곁들이기 때문에 흔히 석가산(石假山)이라고 부른다.

이러한 산을 꾸미는 것은 지형의 변화를 얻기 위한 것으로서 그 원형은 중국의 정원 수법으로부터 비롯된다. 산이 있으면 물이 흐르는 계곡이 있고 낮은 것에 물이 괴여 못을 이루는 것이 자연의 섭리이다. 그러므로 자연미를 창출해 내어 자연스러운 느낌을 자아내고자 石假山에 곁들여 연못을 만드는 것이다.

주어진 공간이 좁을 때에는 자연의 느낌을 풍길만한 큰 돌을 사용할 수 없으므로 공간에 적절한 크기와 자연석을 이용하여 좁은 공간에 맞는 대자연의 지형 변화를 축소시켜 창출해 낼 수 있다.

유럽 스타일에 의한 정원의 경우에는 石假山 수법이라는 것이 없으므로 보다 간략한 방법으로 지형의 변화를 얻는다. 적절한 위치에 낮은 옹벽을 쌓아올려 그 좌우에 있어서 지표의 높이에 차이를 두는 방법이다. 이러한 간략한 수법이라도 평탄한 경우보다 변화가 생겨나기 마련이다.

연못을 구상할 때에는 석신 밑에 붙여서 꾸미는 것과 마찬가지로 옹벽에 붙여서 꾸미는 것이 보기에 좋다. 이 경우에도 옹벽 위에는 차분한 분위기를 조성하기 위해 어울리는 수목이 지면 운치가 더욱 돋보이므로 수목이 곁들여져야 한다.

유럽 스타일의 정원은 그 기본형이 직선적으로 되고 있으며, 그곳에 심어지는 나무 또한 원추형의 같은 크기의 것이 쓰인다. 식재 위치도 줄을 맞추어 같은 간격을 떼어 좌우 대칭적으로 심어지는 것이 특색이다.

그러나 최근에는 기본 골격이 직선형으로 되어 있어도 나무만은 자연스럽게 심고자 하는 새로운 경향이 생겨나고 있다. 이것은 도시 속에서는 거의 자연스러운 것을 찾아볼 수 없게 되었다는 오늘날의 현실에 비추어 볼 때 너무나도 당연스러운 일이라고 아니할 수 없는 현상이다.

2. 미의 요소

● **점**: 위치만을 갖고 크기가 없는 기하학적인 정의로 되어 있으나, 시각적으로는 크기를 가지고 있다. 분수, 독립수, 조각물 등을 표시할 수 있다.

●**선**: 점이 밀집되어 연결된 형태로 한 물체의 면을 이루고 물체를 연결했을 때 생기는 선은 자연 속에서는 시각적으로 선으로 보이게 된다. 통로, 생울타리, 가로수, 시냇물 등을 표시한다.

●**면**: 여러 개의 점이 선을 이루고 선이 모여 면을 이루게 된다. 수면, 잔디밭 등을 표시한다.

●**방향**: 자연의 미는 전방과 후방의 균형을 살려 조화를 이룸으로써 아름다운 자연경관을 창출해야 한다.

●**소재**: 소재야말로 정원 조성의 승패를 좌우하는 기본 요인이다.

　소재의 크기, 종류가 균형의 조화를 이룰 수 있도록 특징을 살려 시작면에서 받는 촉감을 나타낼 수 없는 소재를 선택하여야 한다.

●**형태**: 추상적·구상적 형태는 정원의 공간미를 창출할 수 있으므로 큰 비중을 차지하게 된다.

3. 정원 미의 원리

● **운율미**: 소재의 균형을 맞추어 색채의 변화, 형태, 선의 흐름을 자연스럽게 표현한다.

● **대칭**: 기본축에서는 좌우 동형인 형태를 구성함으로써 안정감, 장중감을 얻도록 배치한다.

● **방사형**: 기본의 좌우 방사상으로 이어지는 기법으로 단연초 화단에 적절하다.

●점층 : 정원 재료의 형태나 색깔, 음향을 적절히 조절해야 한다.

●통일성 : 정원의 목적을 나타낼 수 있는 통일감을 주도록 구성한다.

●대비 : 소재의 크기의 균형을 맞추어 공간적으로 시간적으로 접근하여 나타나도록 한다.

●비례 : 소재의 배열에 형태나 색채에 있어 양적으로 또 길이와 폭의 대소가 일정한 비율로 증가 또는 감소되도록 배치하여 아름다운 느낌을 받도록 한다.

●조화 : 소재의 형태나 색채가 상호 단계에 대한 미적 가치 판단으로 그들이 서로 분리하거나 배척되지 않고 전체가 균형을 이루어 고차원의 감각적 효과를 이루도록 한다.

●균형 : 정원의 중심으로부터 좌우에 형태감이나 크기가 감상하는 사람으로 하여금 안정감을 갖도록 한다.

●색채 : 정원소재의 색, 명도, 순도가 서로 조화를 이루어 미적 감각을 나타내도록 한다.

●음영 : 건물 구조에 맞도록 수석, 자연석, 석조, 석탑, 조각물로 투영시켜 정원의 분위기를 살려야 한다.

●착각 : 부정확한 느낌을 달리 할 수 있는 자연 풍취를 유발시켜야 한다.

●통경성 : 정원의 시야를 원근감을 최대로 살려 아름다운 부분을 노출시켜 시야를 넓히도록 한다.

제 4 장 정원 설계

1. 기본 계획

① 정원 조성 입지에 장애물을 정리 정돈한다.

② 택지 내의 건물의 방향과 지형을 파악한다

③ 음지와 양지를 파악하여 정원수 식재 장소 상황 파악을 한다.

④ 측량 도면에 건물의 정확한 위치를 잡고 정원 전체의 면적을 도면상에 나타내도록 기입한다.

2. 설계 도면 작성법

① 정원 조성에 필요한 재료를 도면에 기호로 표시한다.

② 정원 구상을 도면에 스케치한다.

③ 도면 상단에 제목, 종류, 날짜, 위치를 기록한다.

④ 방향 표시, 북, 남, 동, 서

⑤ 축척을 정리하여 하단에 표시한다.

⑥ 범례를 표시한다.

⑦ 도면 하단란에 설계자의 성명, 작성 일자, 작성 장소, 제도자 성명, 설계자의 서명을 날인한다.

조경표시

기호	명칭	기호	명칭
–·–·–	境界線	(사각형 대각선)	쓰레기 상자
–○–○–	工事區分線	⊢————	빨래줄
●	境界石標	(점 있는 상자)	부엌하수구
Ⓜ	맨홀	(점선 상자)	기존 건물
⊙	건물 배치기준점	⚡	電燈引入
(수림지 도형)	기존 수림지	⊕	屋外照明燈
○	기존 독립 수목	(검은 점 상자)	撒水栓
(수목 식재지 도형)	수목 식재지	(사다리꼴)	주차장
(X 무늬 상자)	지피식재지	(원 있는 도로)	간선도로
(수목 도형)	독립 수목	(원 있는 도로)	補助路
(줄목 도형)	竝木	(곡선 점무늬)	園路
(점무늬 상자)	줄 떼	□□□□	디딤돌
(V 무늬 상자)	지피식물 (잔디는 제외)	(X 무늬 상자)	보도블록 포장
(지그재그)	산울타리	(점무늬 상자)	자갈 포장
(점선 상자)	화단	═══	통로
⊓	안내판	⟩⟨	교량
(게시판 도형)	게시판	➡	水路
● (상자)	소각로	▮▮▮▮	철도

도면의 종류

가.상황도

정원이 조성될 위치의 택지, 건물 위치, 방향, 지형의 변화 장애물(전주 굴뚝, 주변 가옥) 등 주변 환경을 도면에 나타나도록 도면을 작성한다

나. 평면도

정원 조성지의 수직에서 내려다 본 상태의 도면으로 지도와 같이 바로 위에서 본 정원의 배치 상황. 즉, 길, 나무숲, 잔디, 화단, 연못 등을 그려넣어 평면적으로 나타낸 도면으로 세심한 곳까지 상세히 도설하여 이것을 기본으로 해서 조성되는 정원의 모습을 상상하면서 장애물과 정원수, 구조물, 자연석 위치가 적절히 조화를 이루도록 하여 시야에 친근감을 주는 아름다움을 창출하고 시야에 거슬리는 부분은 정원수, 구조물, 정원석으로 커

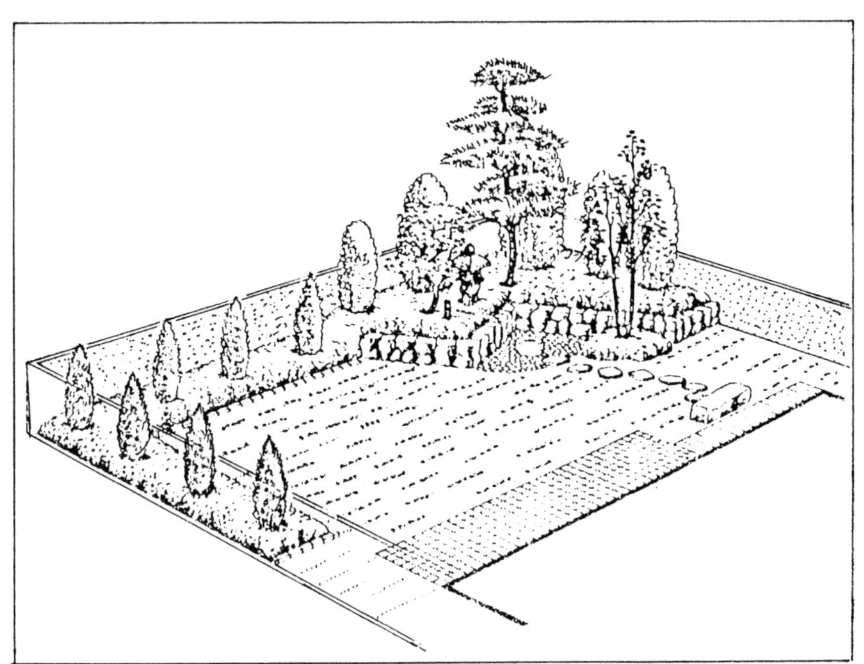

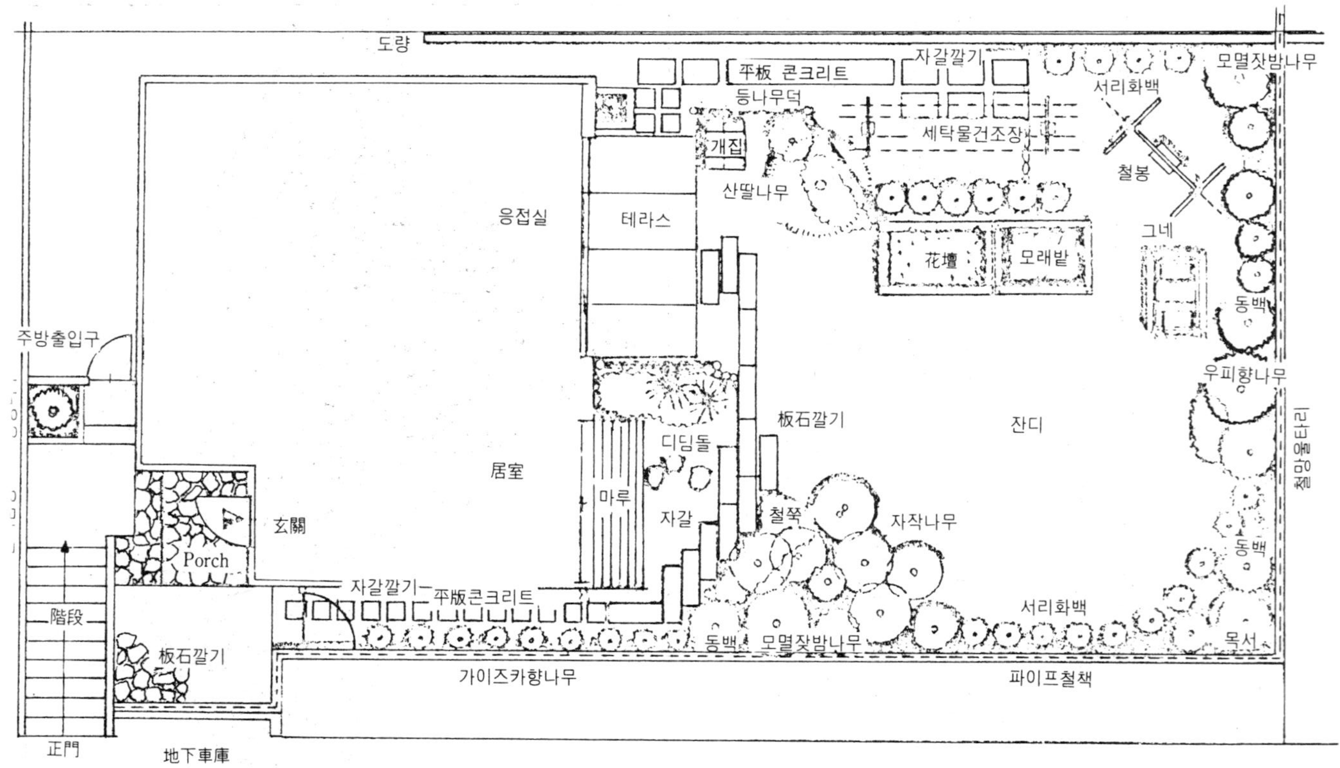
도량
平板 콘크리트
자갈깔기
서리화백
모멸잣밤나무
등나무덕
세탁물건조장
철봉
개집
산딸나무
그네
花壇
모래밭
응접실
테라스
동백
우피향나무
板石깔기
잔디
주방출입구
居室
마루
디딤돌
자갈
철쭉
자작나무
玄關
Porch
자갈깔기
平版콘크리트
서리화백
동백
階段
板石깔기
동백
모멸잣밤나무
正門
地下車庫
가이즈카향나무
파이프철책
목서

버하는 아량을 베풀 수 있도록 도면을 작성한다.

정원의 설계에서는 평면도 배치 관계나 구분의 표시가 많기 때문에 글자의 기입은 가급적 피하는 것이 좋다.

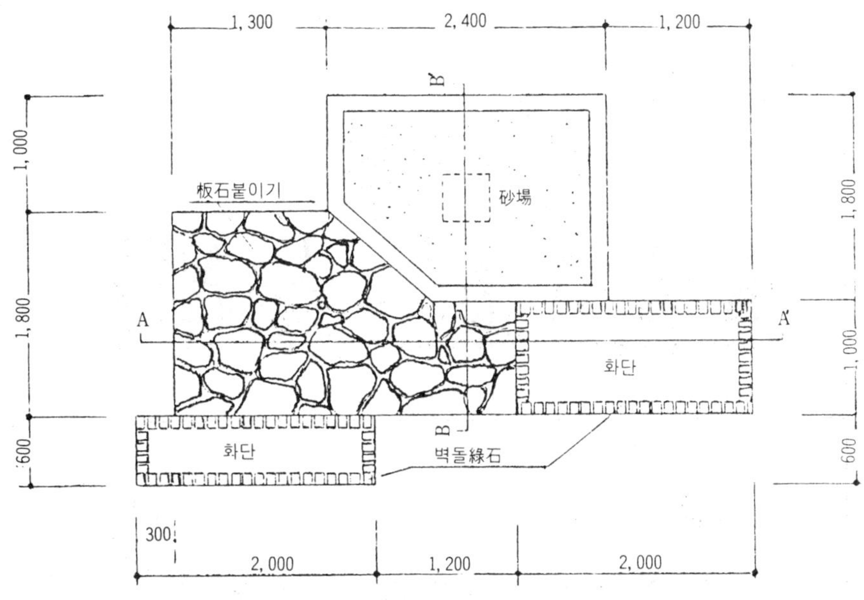

다. 입면도

부지 내에 조성된 정원을 옆에서 본 것처럼 만드는 도면을 평면도에서는
위치를 표시하는 반면 입면도는 평면도에서 표시하지 못하는 높이와 모양을
표시 할 수 있다.

라. 단면도

정원의 고저를 세밀히 알 수 있도록 만든 도면으로 지형의 변화를 알 수
있도록 표시한 도면.

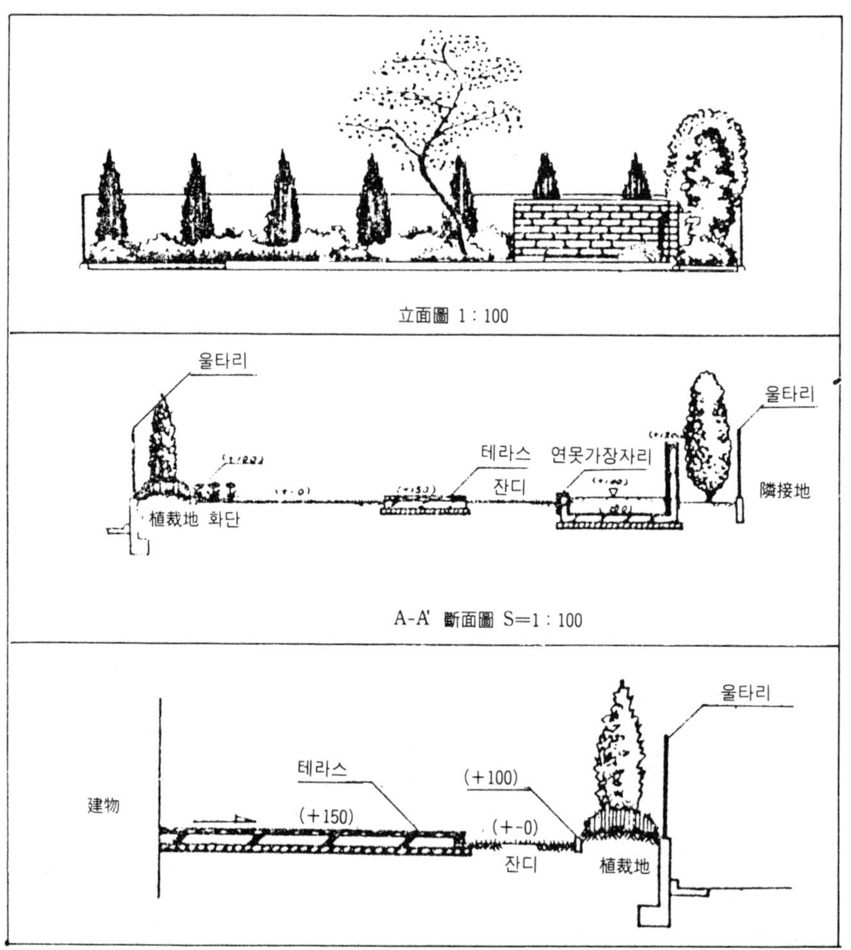

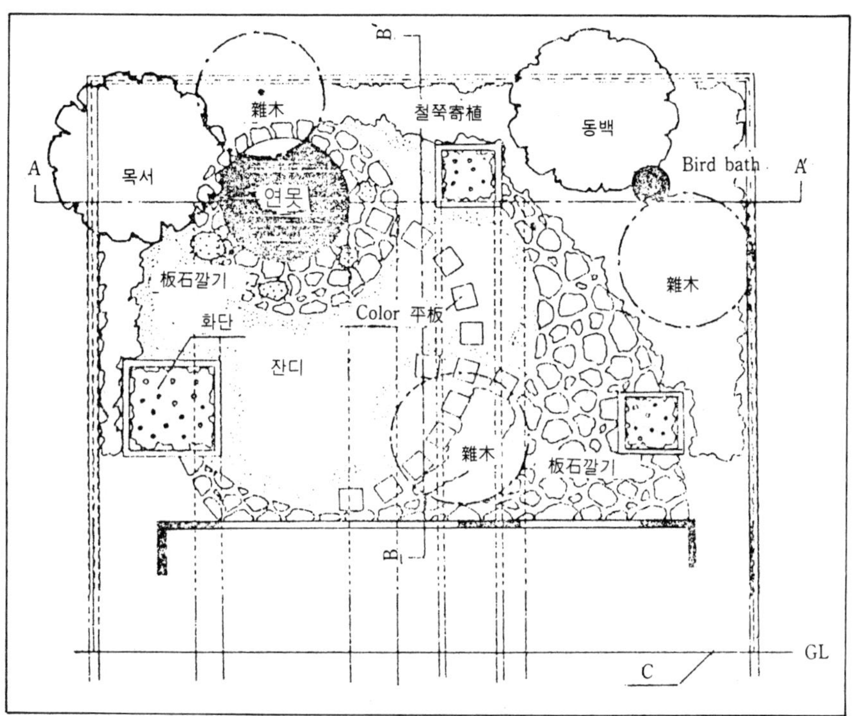

마. 상세도

정원 내에 있는 구조물, 수목, 연못, 담장 등의 구조물을 세밀하게 그려 놓은 도면.

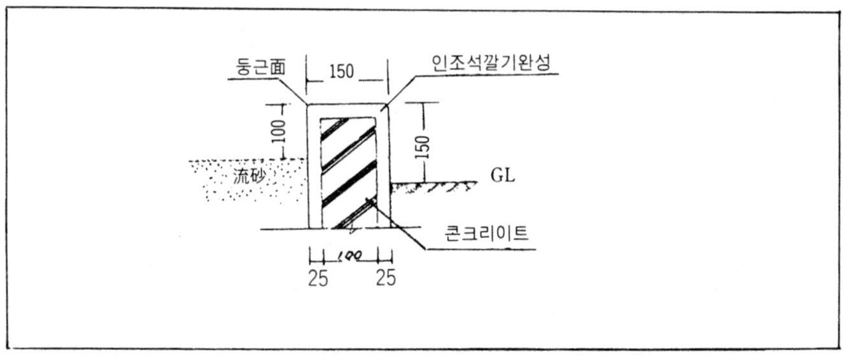

바. 조감도

평면도를 그대로 일으켜 개략적인 느낌으로 그려놓은 것으로 완성된 정원을 실제로 높은데서 보는듯한 도면.

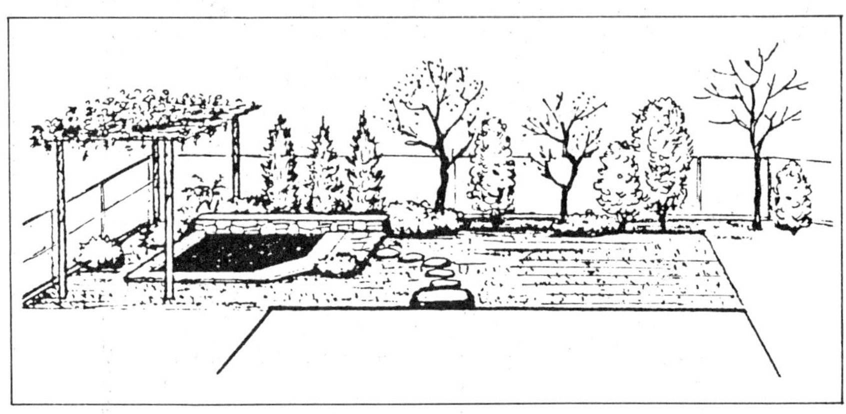

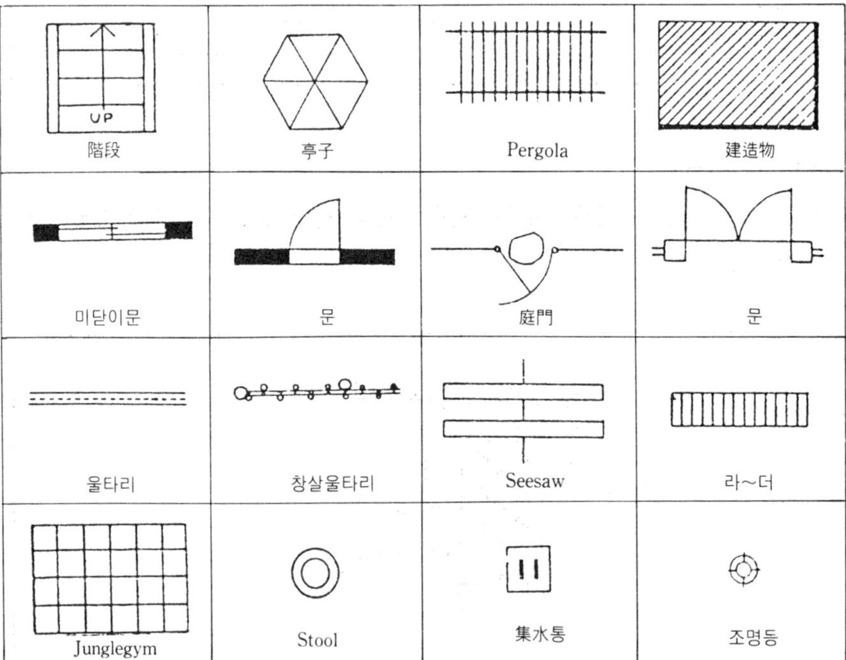

階段	亭子	Pergola	建造物
미닫이문	문	庭門	문
울타리	창살울타리	Seesaw	라~더
Junglegym	Stool	集水桶	조명등

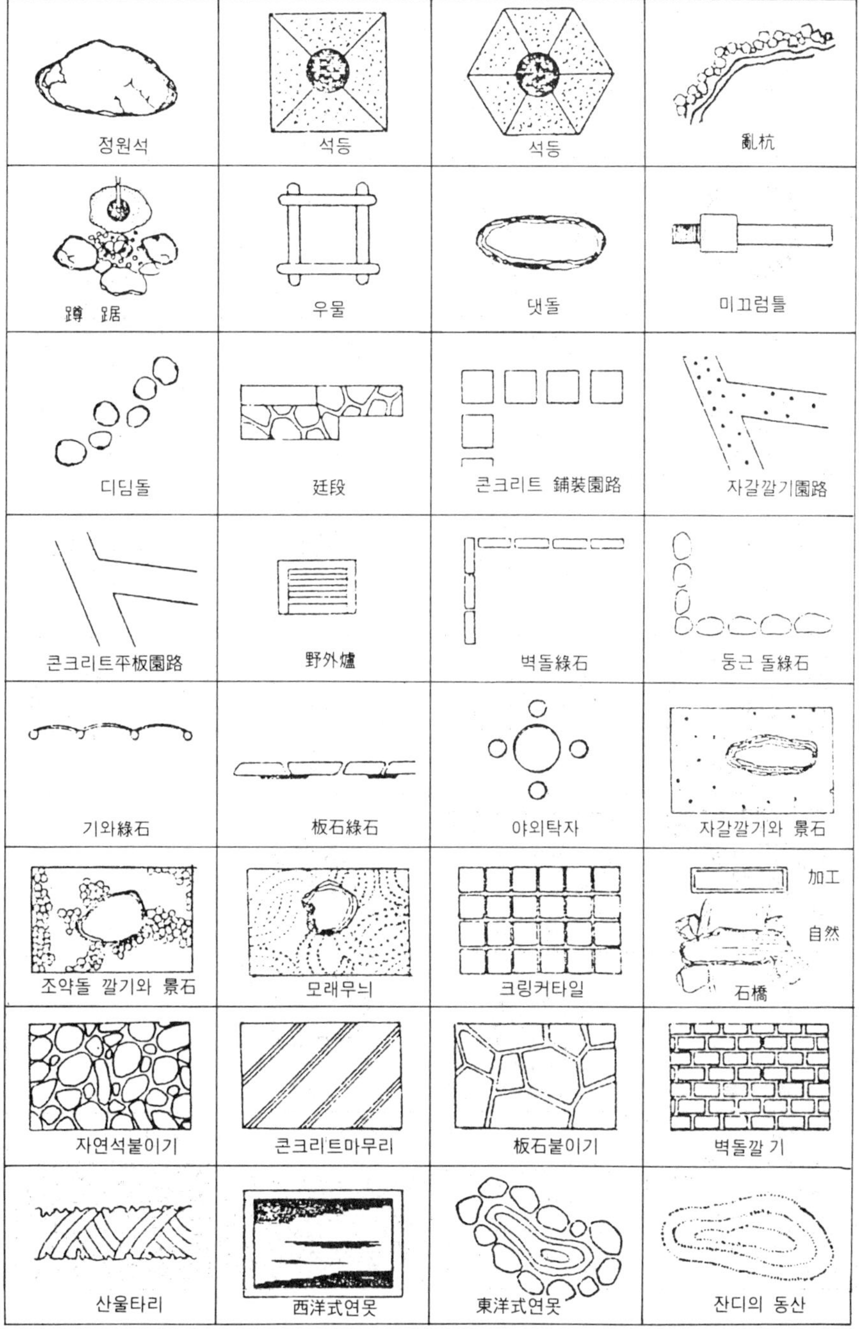
정원석
석등
석등
亂杭
蹲踞
우물
댓돌
미끄럼틀
디딤돌
廷段
콘크리트 鋪裝園路
자갈깔기園路
콘크리트平板園路
野外爐
벽돌綠石
둥근 돌綠石
기와綠石
板石綠石
야외탁자
자갈깔기와 景石
조약돌 깔기와 景石
모래무늬
크링커타일
加工
自然
石橋
자연석붙이기
콘크리트마무리
板石붙이기
벽돌깔 기
산울타리
西洋式연못
東洋式연못
잔디의 동산

비탈	이끼	針葉樹	針葉樹
針葉樹	針葉樹	산울타리	상록활엽수
상록활엽수	상록활엽수	상록활엽수	잔디
낙엽활엽수	낙엽활엽수	낙엽활엽수	낙엽활엽수
화단	灌水	灌水	灌水
灌水整姿木	灌水寄植	페이닉스	대나무
둥글게 다듬은 나무	둥글게 다듬은 나무	灌水	
잔디	잔디	자갈깔기	자갈깔기

제 5 장 정원의 재료

1. 정원 조성에 적당한 수종

가. 정원 수종의 종류와 분류

자연 상태에 있는 모든 수종을 정원수로 이용할 수 있으나, 그 크기에 따라 교목과 관목으로 크게 나눌 수가 있다.

1) 교목

수고 (樹高)가 3 m 이상이 되는 나무로서 주간이 뚜렷하여 상부에 많은 가지가 배열되어 있어 정원수의 기본 나무로서 녹음수가 눈가림용으로 정원의 아름다움을 연출하는데 적당하다. 이들 교목은 침엽수, 상록활엽수, 낙엽활엽수로 대별된다.

2) 관목

수고 (樹高)가 3 m 이하로 낮고 줄기가 하나일 경우도 있지만 대체로 뿌리 부분에서 무성하게 많은 가지가 배열되어 있어 교목의 하단부를 우거지게 함으로써 정원 전체의 밸런스를 맞추어 주므로 균형있는 정원 형태를 창출해 낼 수 있다.

여기에도 상록 관목과 낙엽 관목이 있다. 상록 관목은 사시사철 변함없이 싱싱한 푸르름을 감상할 수 있으며, 낙엽 관목은 상록 관목에 비해 가벼운 인상을 주는 매력도 지니고 있다.

나. 정원수 선택

정원은 자연의 형태를 좁은 공간에서 창출해 내는 하나의 예술이므로 규정에 정해져 있는 것은 아니나 대중적으로 호감을 주는 수종을 선택하는 것이 바람직하다. 특이한

정원수 수형

정원수 수형

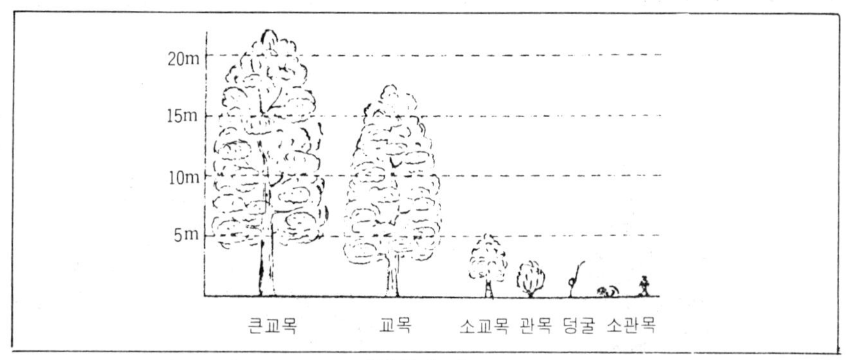

나무의 높이

수종을 선택하여 보는 사람으로 하여금 생소한 느낌을 줄 수 있는 수종 선택으로 정원의 개성을 살려보는 것도 바람직하다.

물론 정원의 위치, 크기, 구조물 등에 어울리는 정원수를 선택하는 것이 바람직하나 개개인의 취미와 기호에 따라 달라질 수 있으므로 다음 몇가지 사항에 유의하여 선택하는 것이 바람직하다.

① 주위 환경에 적응할 수 있는 수종

② 이식이 잘 되는 수종

③ 환경에 잘 적응하는 수종

④ 수명이 길고 신선미를 풍기는 수종

⑤ 동해 (凍害)에 강한 수종

⑥ 병충해에 강한 수종

⑦ 관상 가치가 있는 수종

⑧ 발육 상태가 왕성한 수종

⑨ 자연 상태에서 희귀한 수종

⑩ 개성이 뚜렷한 수종

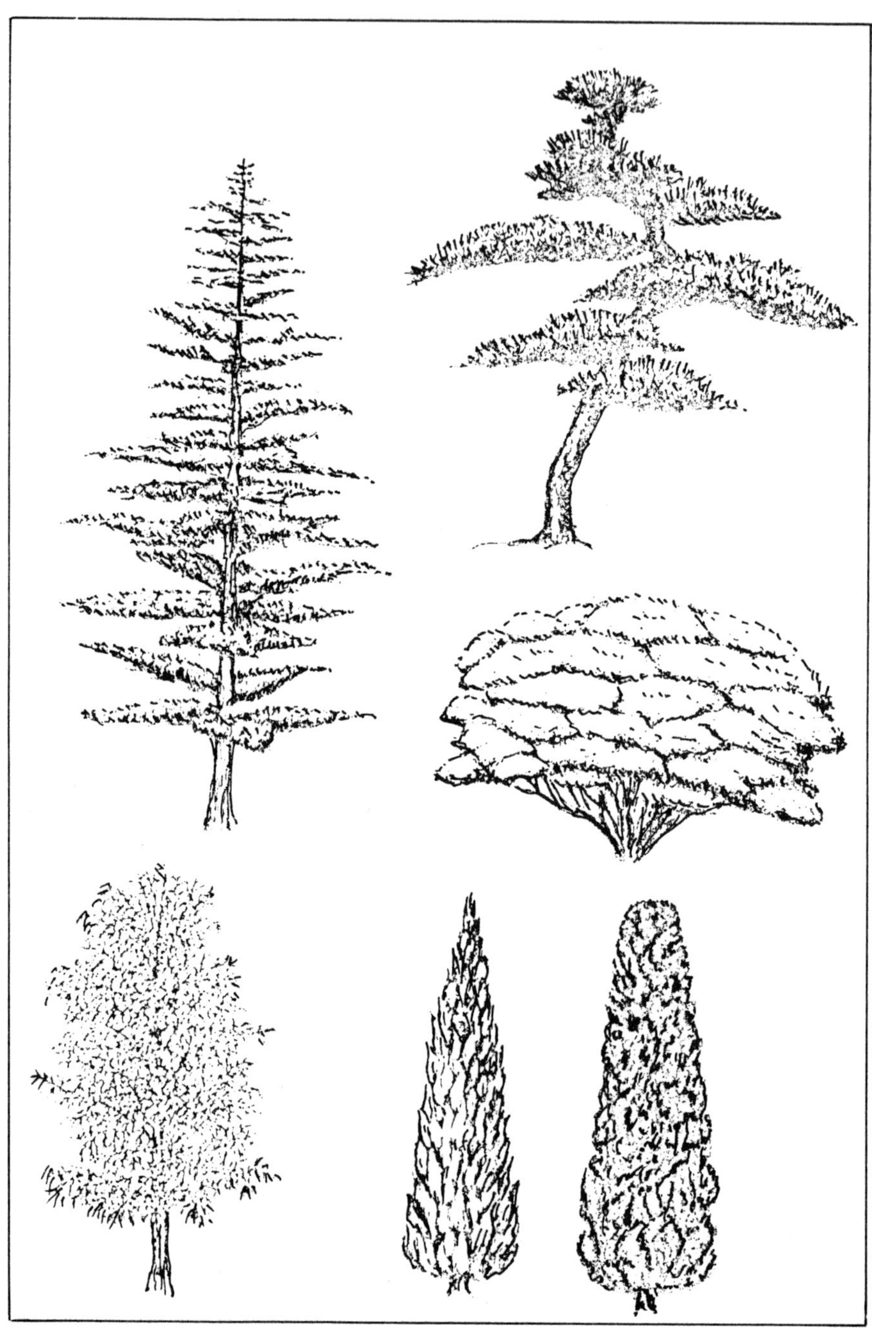

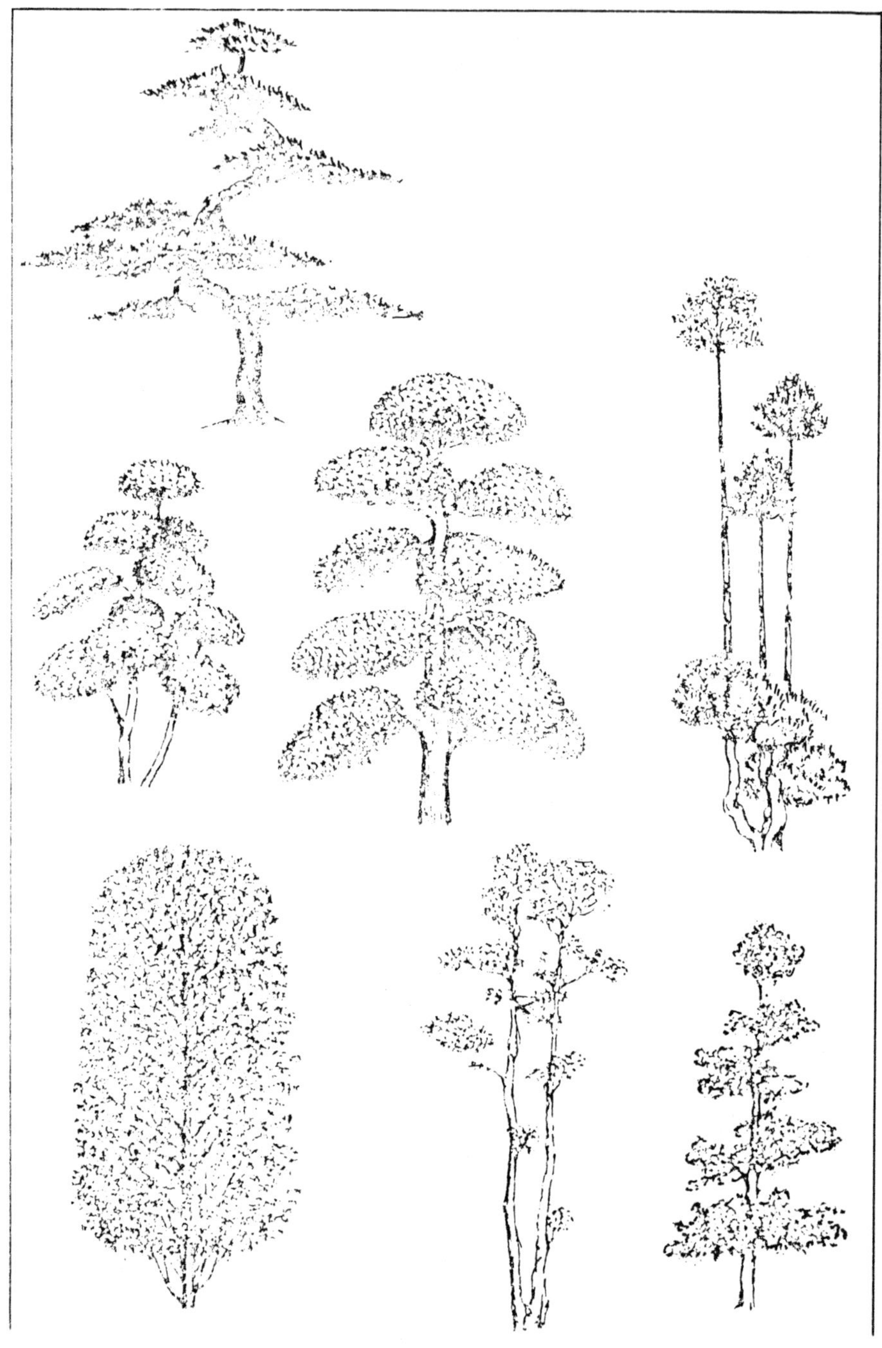

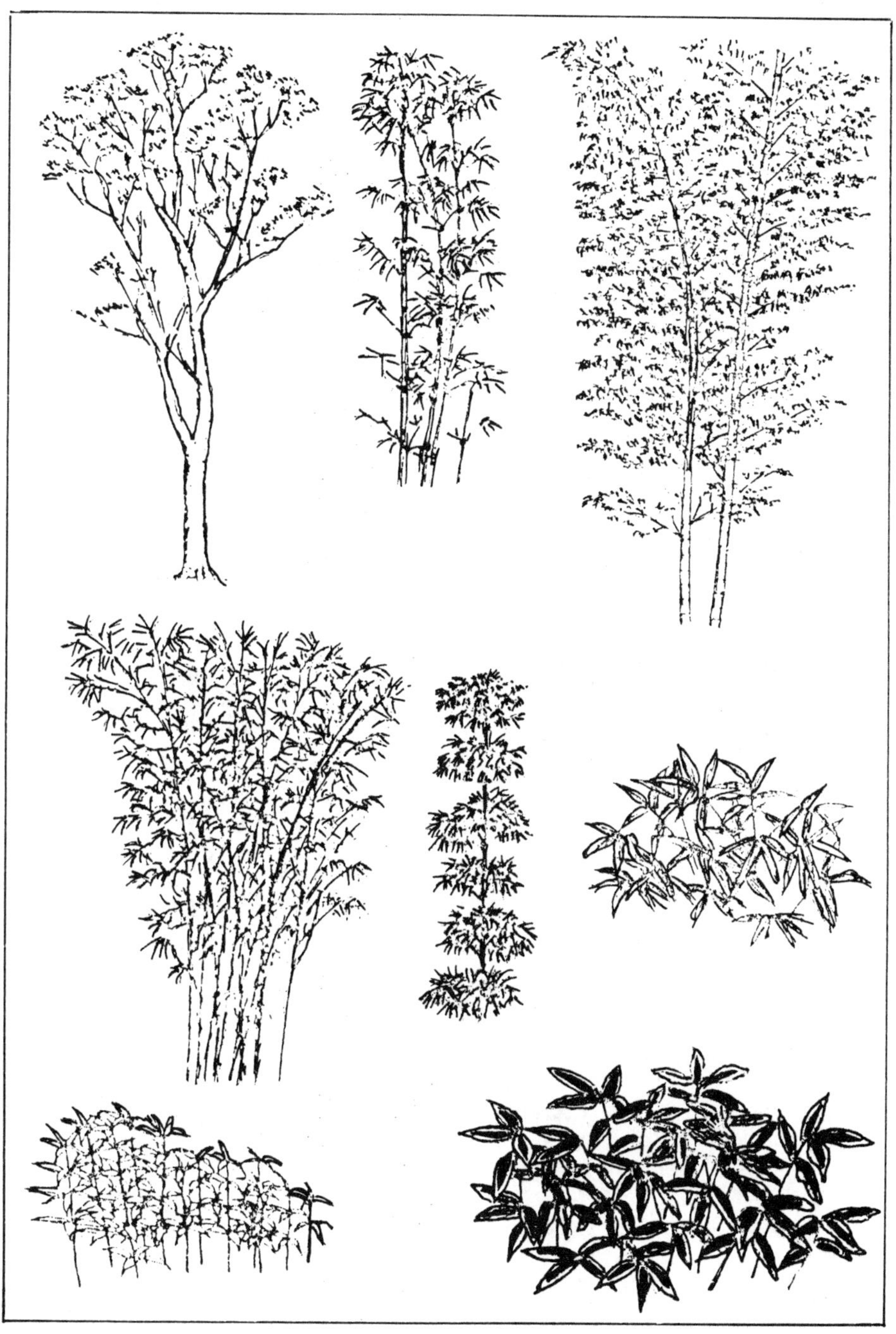

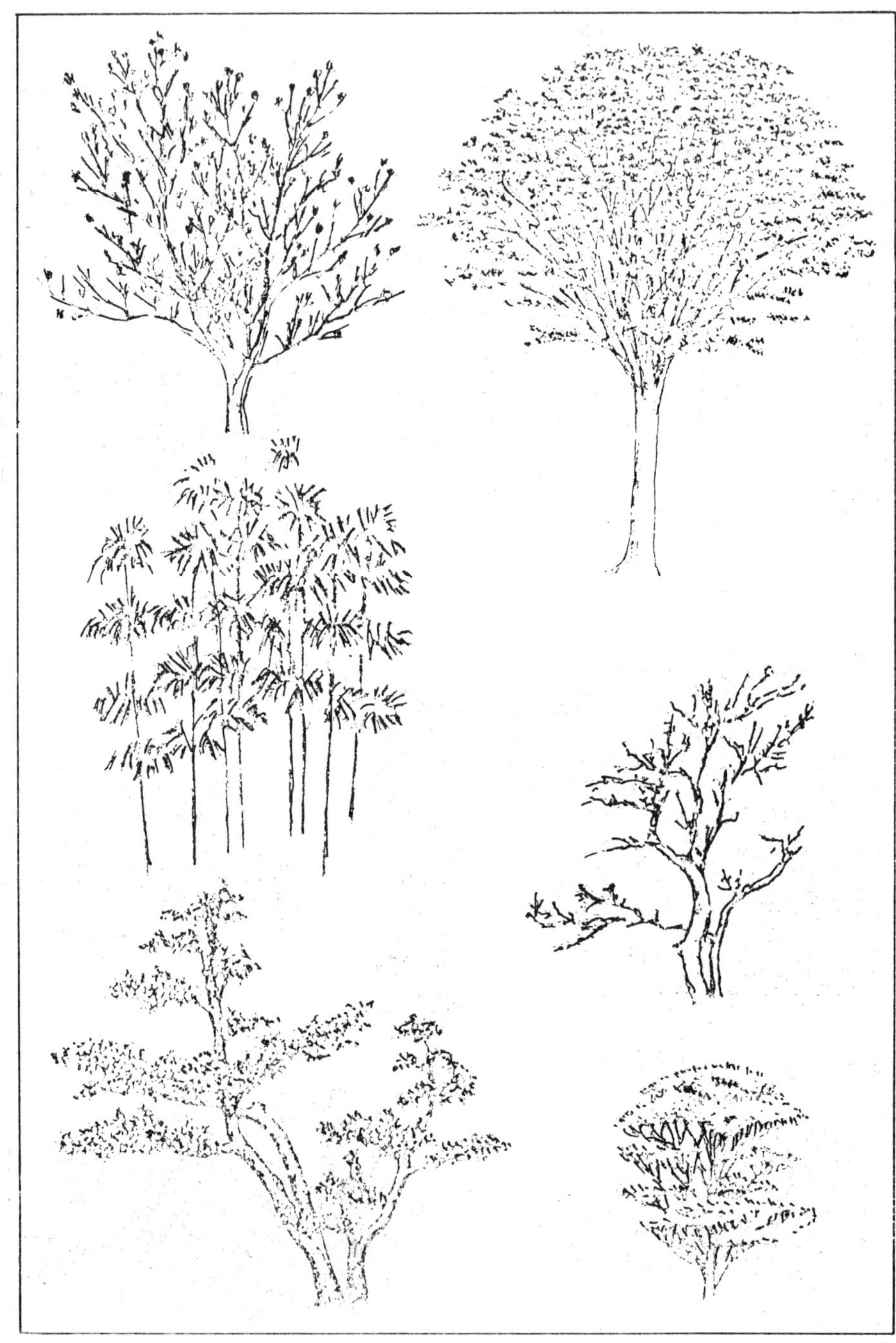

●정원 수종

상록침엽수

적 송	전 나 무	화백나무	주 목	히말리아시다
해 송	솔송나무	금 송	편 백	비 자 나 무
잣나무	삼 나 무	옥 향	백 송	노 간 주 나 무
반 송	구상나무	눈 주 목	오엽송	

상록활엽수

사철나무	아오니나무	꽝꽝나무	협 죽 도	돈나무
목 서	파라칸사스	치자나무	호랑가시나무	철 쭉
팔 손 이	회 양 목	밀감나무	정금나무	영산홍
동 백				

낙엽활엽수

목 련	모과나무	대추나무	밤 나 무	산딸기나무
사과나무	매화나무	석류나무	벚 나 무	계수나무
자귀나무	앵두나무	감 나 무	후박나무	매자나무
박태기나무	살구나무	느티나무	은행나무	풍 년 화
단풍나무	단단풍나무	쥐똥나무	목백일홍	황 매
산사나무	무 궁 화	떼죽나무	쥐똥나무	해 당 화
왕보리수	자작나무	화살나무	해 당 화	화살나무
아그배나무	수양벚나무	위성류	산 수 유	미선나무

덩굴성 식물

으름덩굴	멍 굴	다래나무	담쟁이덩굴	능소화
산머루나무	노박덩굴	덩굴성찔레	덩굴장미	돌단풍
인동덩굴				

기타

죽순대	오죽대	이 대	해장국	실유카
황 죽	청 죽	조리대	소 철	남 천
유 카	파 초			

●공원용 수목

상록침엽수

주　　목	비자나무	잣나무	전나무	눈주목
섬잣나무	백　　송	흑　송	금　송	구상나무
화　　백	향 나 무	소나무	반　송	히말리아시다
향나무류				

상록활엽수

팔손이	녹 나 무	감탕나무	가시나무	식 나 무
파라칸샤시	월 계 수	먼 나 무	종가시나무	광 나 무
정금나무	굴거리나무	후피향나무	돈 나 무	왕쥐똥나무
꽝꽝나무	사철나무	사스레피나무	서　　향	치자나무

낙엽침엽수

낙엽송	낙우송	메타세퀴이아

낙엽활엽수

은백향나무	황철나무	용 버 들	중국굴피나무	꽃아카시아
호도나무	자작나무	서 나 무	상수리나무	골 담 초
느릅나무	느티나무	팽 나 무	목　　련	싸　　리
자 목 련	일본목련	백 목 련	백합나무	탱자나무
플라타너스	산사나무	아그배나무	팥배나무	철쭉나무
왕벚나무	벚 나 무	수향벚나무	주엽나무	개 나 리
회화나무	가중나무	단풍나무	네군도단풍	수수꽃다리
은행나무	당 단 풍	복 자 기	홍 단 풍	작살나무
침 엽 수	피 나 무	벽 오 동	위 성 류	분꽃나무
배롱나무	산 수 유	오동나무	계수나무	백당나무
말채나무	친선과나무	무화과나무	생강나무	댕강나무
고광나무	수　　국	명 자 꽃	병아리꽃나무	붉은병꽃나무
해 당 화	월 계 화	앵도나무	박태기나무	망 종 화

덩굴성 식물

으름덩굴	덩 굴	등 나 무	등 수 국	담쟁이덩굴
남오미자	다래나무			

기타

소 철	실유카	유가		

●매연에 강한 수종

아황산가스

태 산 목	후피향나무	녹 나 무	굴거리나무	은행나무
아왜나무	가시나무류	사스레피나무	협 죽 도	플라타나스
화백나무	눈향나무	무 궁 화	백합나무	

불화수소 염화수소

치자나무	사스레피나무	감탕나무	호랑가시나무	향 나 무
팔손이나무	아카시아	참나무류	포 플 라	주 목

조염

동백나무	광 나 무	후박나무	돈 나 무	사철나무
꽝꽝나무	식 나 무	모감주나무	해 송	회 양 목
향 나 무	눈향나무			

분진 소음

편 백	화 백	향나무	가시나무류	측백나무
잣나무				

• 양수와 음수(陽樹, 陰樹)

상록침엽수

리기다소나무	측백나무	화 백	눈향나무	실 화 백
방크스소나무	편 백	향나무	둥근측백나무	

상록활엽수

먼 나 무	비파나무	소귀나무	유카리나무	통 탈 목
조록나무	황철나무	후피향나무	꽃치자나무	협 죽 도
다정금나무	돈 나 무	사스레피나무	우묵사스레피	호랑가시나무
치자나무				

낙엽침엽수

낙 엽 송	메타세쿼이아			

낙엽활엽수

감 나 무	개오동나무	꽃아그배나무	네군도단풍	분꽃나무
때죽나무	매실나무	모감주나무	모과나무	옥 매
배롱나무	산 수 유	살구나무	상수리나무	해 당 화
서부해당화	서어나무	석 류	수양벚나무	싸 리
쉬 나 무	아그베나무	야광나무	오동나무	장 미
오리나무	왕벚나무	용 버 들	위 성 류	쪽제비싸리
은 단 풍	은백양나무	목 련	자작나무	연 산 홍
자귀나무	자두나무	까침박달	고광나무	풍 년 화
호도나무	홍 단 풍	낙산홍	낭 아 초	히 어 리
골 담 초	나무수국	병아리꽃나무	부 용 화	산 철 쭉
무 궁 화	박태기나무	은수원사시나무	이탈리아포플라	

덩굴성 식물

능 소 화	등 나 무	보리장나무		

기타 목

실 유 카	오 죽	왕 대	워싱턴야자	종 려
유 카				

지피목

벤트그라스	플 록 스	잔 디	

● 중간수

상록침엽수

반 송	삼 나 무	소 나 무	해 송	히말라야시다

상록활엽수

가시나무	녹 나 무	동백나무	팔 손 이	금 목 서
붉가시나무	빗죽이나무	종가시나무	동 청 목	피라칸사스
태산목	후박나무	광 나 무	참가시나무	회 양 목
꽝꽝나무	차 나 무			

낙엽활엽수

갈참나무	개회나무	계수나무	가래나무	오갈피나무
가중나무	느릅나무	단풍나무	대추나무	진 달 래
떡갈나무	멀구슬나무	목 련	배 나 무	황 철 쭉
백 목 련	백합나무	벽오동나무	산사나무	일본조팝나무
수양버들	아카시아	주엽나무	중국굴피나무	천선과나무
쪽동백나무	층층나무	팽 나 무	플라타너스	좀작살나무
피 나 무	회화나무	가막살나무	개 나 리	탱자나무
고추나무	망 종 화	조팝나무	꽃아카시아	쥐똥나무
노린재나무	누리장나무	단풍철쭉	댕강나무	황 매 화
딱총나무	말발도리나무	말채나무	명 자 꽃	흰말채나무
무화과나무	미선나무	백당나무	보리수나무	
붉은병꽃나무	산초나무	수수꽃다리	앵두나무	

덩쿨성 수종

노박덩굴	덩굴장미	위 령 선	인동덩굴	클레마티스

기타 수종

이 대	신 우 대		

지피류

매 매 추	훼 스 큐		

● 음수

상록침엽수

구상나무	금 송	독일가문비	맨 송	개비자나무
비자나무	섬잣나무	솔송나무	잣 나 무	눈 주 목
전 나 무	주 목			

상록활엽수

아그배나무	담 팥 수	굴거리나무	감탕나무	식 나 무
망 병 초	백 량 금	사철나무	산 호 수	자 금 우
서 향				

낙엽활엽수

노각나무	당단풍	마가목	귀룽나무	생강나무
물푸레나무	복자기	붉나무	산딸기나무	삼지닥나무
옴나무	밤나무	이팝나무	채진목	철쭉나무
칠엽수	팥배나무	개쉬땅나무	남천	화살나무
매발톱나무	매자나무			

덩굴성 수종

담쟁이덩굴	마삭줄	모람	송악	칡
오미자	으름덩굴			

기타목

조릿대

지피류

왕포아풀	바위떡풀	피나물	맥문동	복수초

● 건조지·습지에 알맞는 정원수종

● 건조지의 수종

상록침엽수

소나무	편백	곰솔	향나무	둥근측백
화백	눈향나무			

상록활엽수

가시나무	감탕나무	동백나무	붉가시나무	돈나무
소귀나무	조록나무	종가시나무	참가시나무	휘양목
다정금나무				

낙엽활엽수

때죽나무	떡갈나무	상수리나무	서나무	싸리나무
자귀나무	쪽동백나무	칠엽수	팥배나무	일본조팝나무
고광나무	꽃아카시아	낭아초	누리장나무	화살나무
댕강나무	말발도리나무	붉은병꽃나무		

덩쿨수종

| 마 삭 줄 | 모 람 | 인동덩굴 | |

기타 목

| 실 유 카 | 유 카 | 칡 | |

지피류

| 잔 디 | |

●저습지 정원수종

상록활엽수

| 담 팥 수 | |

낙엽침엽수

은행나무	낙 우 송	메타세퀴이아	중국굴피나무	가래나무
오리나무	용 버 들	전 나 무	물푸레나무	함박꽃나무
귀룽나무	느티나무			

낙엽활엽수

| 오갈피나무 | |

지 피 류

| 왕포아풀 | 잔 디 | |

●수분이 적당할 때 잘 자라는 수종

상록활엽수

구상나무	금 송	비자나무	독일가문비	개비자나무
반 송	백 송	솔송나무	삼 나 무	눈 주 목
서양측백	섬잣나무	전 나 무	실 화 백	눈향나무
연필향나무	잣 나 무	히말리아시다	주 목	둥근측백
측백나무	화백나무	옥 향	실 화 백	
가이스까향나무				

상록활엽수

감탕나무	자 금 우	꽝꽝나무	후피향나무	붉가시나무
동백나무	팔 손 이	만 병 초	금테사철	아왜나무
비파나무	휘 양 목	차 나 무	목 서	태 산 목
유카리나무	굴거리나무	피라칸사스	서 향	다정금나무
황칠나무	동 청 목	녹 나 무	치자나무	백 량 금
광나무	빗죽이나무	먼 나 무	협 죽 도	식 나 무
돈 나 무	조록나무	소귀나무	담 팥 수	통 탈 목
사철나무	후박나무	참가시나무	산 호 수	호랑가시나무

낙엽침엽수

낙 엽 송	은행나무			

낙엽활엽수

갈참나무	느티나무	호도나무	홍 단 풍	회화나무
개오동나무	떡갈나무	매실나무	멀구슬나무	모과나무
네군도단풍	마 가 목	물푸레나무	배 나 무	배롱나무
단풍나무	목 련	백합나무	벽 오 동	복 자 기
가래나무	백 목 련	산딸나무	산사나무	산 수 유
계수나무	붉 나 무	상수리나무	서부해당화	서 나 무
노각나무	살구나무	아그배나무	아카시아	야광나무
당 단 풍	석류나무	오동나무	왕벚나무	위 성 류
감 나 무	염주나무	은백양나무	일본목련	음 나 무
꽃아그배나무	은 단 풍	이팝나무	자작나무	자귀나무
느릅나무	자두나무	자 목 련	채 진 목	쪽동백나무
대추나무	주엽나무	참빗살나무	피 나 무	층층나무
개회나무	칠 엽 수	팽 나 무	귀룽나무	함박꽃나무
은수원사시나무		이탈리아포플라		

낙엽활엽수

가막살나무	단풍철쭉	보리수나무	옥 매	앵도나무
고추나무	매자자나무	개쉬땅나무	쥐똥나무	좀작살나무
망 종 화	무화과나무	괴불나무	풍 년 화	철쭉나무
노린재나무	병아리꽃나무	남 천	흰말채나무	황 철 쭉
매발톱나무	개 나 리	말래나무	산 철 쭉	삼지닥나무
무 궁 화	보리조팝나무	모 란	수수꽃다리	영 산 홍
백당나무	낙 산 홍	박태기나무	장 미	쪽제비싸리
까침박달	딱총나무	부 용 화	친선과나무	탱자나무
골 당 초	명자나무	분꽃나무	황 매 화	히어리
나무국수	미선나무	수 국	산초나무	

덩쿨성 수종

노박덩굴	능 소 화	담쟁이덩굴	칡 덩 굴	오 미 자
등 나 무	보리장나무	송 악	덩굴장미	클레마티스
위 령 선	으름덩굴			

기타 목

워싱턴야자	오 죽	이 대	왕 대	종 려
조 릿 대				

지피류

맥 동 문	비 배 추	바위떡풀	벤트그라스	복 수 초

■ 토양에 관계되는 정원수

● 비옥 토양에 적합한 수종

상록침엽수종

금 송	구상나무	히말리아시다	전 나 무	섬잣나무
비자나무	삼 나 무	독일가문비	개비자나무	주 목
솔송나무	잣 나 무	서양측백	백 송	눈 주 목
편 백				

상록활엽수

굴거리나무	피라칸샤스	목　　서	아왜나무	비파나무
동백나무	녹 나 무	치자나무	후피향나무	조롱나무
빗죽이나무	동 청 목	협 죽 도	백 량 금	꽝꽝나무
태 산 목	소귀나무	감탕나무	통 탈 목	서　　향
만 병 초	황철나무	먼 나 무	담 팔 수	팔 손 이
식 나 무				

낙엽침엽수

낙 엽 송	낙 우 송	은행나무

낙엽활엽수

가래나무	배 나 무	풍 년 화	히 어 리	흰말채나무
꽃아그배나무	배롱나무	백 목 련	백합나무	벽 오 동
느티나무	산사나무	산 수 유	산딸나무	서부해당화
모과나무	석　　류	아그배나무	야광나무	염주나무
감 나 무	오동나무	음 나 무	아팝나무	일본목련
귀룽나무	자두나무	자 목 련	주엽나무	중국굴피나무
마 가 목	채 진 목	층층나무	칠 엽 수	피 나 무
목　　현	함박꽃나무	호도나무	회화나무	까침박달
계수나무	괴불나무	나무수국	낙 상 홍	남　　천
노각나무	단풍철쭉	말채나무	매발톱나무	매자나무
매실나무	명자나무	모　　란	무 궁 화	무화과나무
물푸레나무	병아리꽃나무	부 용 화	삼지닥나무	수　　국
개오동나무	수수꽃다리	앵도나무	영 산 홍	오갈피나무
느릅나무	옥　　매	장　　미	천 선 과	탱자나무
멀구슬나무				

덩쿨서 수종

능 소 화	덩굴장미	등 나 무	오 미 자	위 령 선

기타 목

오　　죽	이 대	왕 대	조 릿 대

지피류

벤트그라스	맥 문 동	복 수 초	비 비 추	

● 보통 토양에 적합한 수종

상록침엽수종

실 화 백	반 송	측백나무	화 백	둥근측백
향 나 무	눈향나무	옥 향		

상록활엽수종

가시나무	치 나 무	돈 나 무	광 나 무	종가시나무
참가시나무	붉가시나무	호랑가시나무	사철나무	금테사철
다정금나무	후박나무	유카리나무	휘 양 목	자 금 우

낙엽활엽수종

갈참나무	쥐똥나무	개쉬땅나무	쪽동백나무	왕벗나무
당 단 풍	황 매 화	망 종 화	홍 단 풍	은백양나무
수양벗나무	개회나무	산 철 쭉	조팝나무	참빗살나무
위 성 류	때죽나무	진 달 래	미선나무	가막살나무
팽 나 무	수양버들	네군도단풍	일본조팝나무	노린재나무
개 나 리	은 단 풍	복 자 기	철 쭉	백당나무
댕강나무	자작나무	용 버 들	단풍나무	좀작살나무
분꽃나무	플라타너스	살구나무	화살나무	
은수원사시나무	이탈리아포플라			

덩굴성 수종

노박덩굴	담쟁이덩굴	마 삭 줄	으름덩굴	칡

기타

야 자	종 려	통 탈 목	

지피류

갈 대	

● 메마른 토양에 적합한 수종

상록침엽수종

리기다소나무	방크스소나무	소 나 무	곰　　솔	산 호 수

낙엽활엽수종

가중나무	싸리나무	보리수나무	꽃아카시아	아카시아
상수리나무	떡갈나무	생강나무	붉은병꽃나무	고추나무
오리나무	서 나 무	모감주나무	쪽제비싸리	누리장나무
고광나무	자귀나무	쉬 나 무	붉 나 무	산초나무
박태기나무	골 담 초	팔배나무		

덩굴성 수종

보리장나무	인동덩굴	

기타

실 유 카	유　　카	

지피류

잔　　디	

■ 바람에 잘 견디는 수종

● 뿌리가 강한 나무

적　　송	왕대나무	자귀나무	동　　백	물푸레나무
졸참나무	상수리나무	정금나무	때죽나무	대추나무
왕보리수	가시나무	밤	해　　송	

뿌리가 약한 나무

젖꼭지나무	소사나무	삼 나 무	벚 나 무	화백나무
자작나무	왜 금 송	호랑가시나무	마 가 목	감탕나무

● 해풍을 받는 정원에 알맞는 정원수종

● 해풍에 강한 나무

왜 금 송	감탕나무	광 나 무	다정금나무	회 양 목
털가시나무	해　　송	버드나무	섬쥐똥나무	사철나무

치 자	피라밋향나무	향 나 무	굴거리나무
돈 나 무	아왜나무	협 죽 도	병꽃나무

해풍에 약한 나무

적 송	은행나무	신 이 대	벗 나 무	포플러
수양벗나무	화백나무	화살나무	삼 나 무	등

● 토양의 성질에 따라 알맞는 정원수종

● 산성 토양을 좋아하는 수종

자 양 화	적 송	아잘레아	영산홍, 백	홍 단 풍
석 남	철 쭉	정금나무	겹 동 백	

알카리성 토양을 좋아하는 수종

늦 동 백	아애나무	피라밋향나무	무 궁 화	모과나무
회 양 목	장 미	쥐똥나무	홀 동 백	화살나무
청 단 풍	모미지단풍			

● 토질에 따라 알맞는 정원수종

● 사질양토에 적합한 수종

상록침엽수종

리기다소나무	히말리아시다	전 나 무	서양측백	백 송
비자나무	둥근측백	화 백	실 화 백	섬잣나무
소 나 무	구상나무	개비자나무	주 목	연필향나무
잣 나 무	반 송	옥 향	해 송	측백나무
편 백	삼 나 무	금 송	눈 주 목	향나무
솔송나무	방크스소나무	독일가문비	눈향나무	
가이즈까향나무				

상록활엽수종

가시나무	팔 손 이	돈 나 무	황칠나무	소귀나무
담 팔 수	회 양 목	사스레피나무	꽝꽝나무	종가시나무

붉가시나무	감탕나무	식 나 무	만 병 초	후박나무
아왜나무	동백나무	피라칸사스	사철나무	금테사철
참가시나무	비파나무	굴거리나무	치자나무	목 서
후피향나무	유카리나무	동 척 목	협 죽 도	산 호 수
다정금나무	태 산 목	빗죽이나무	녹 나 무	통 탈 목
백 량 금	광 나 무	조록나무	먼 나 무	호랑가시나무
서 향				

낙엽활엽수종

가중나무	백합나무	음 나 무	붉은병꽃나무	꼬리조팝나무
개오동나무	산사나무	이태리포풀라	무 궁 화	낙 산 홍
귀룡나무	벽 오 동	자두나무	백당나무	누리장나무
느티나무	상수리나무	주엽나무	분꽃나무	말밭도리나무
때죽나무	복 자 기	층층나무	생강나무	명자나무
멀구슬나무	서부해당화	피 나 무	앵두나무	미선나무
물푸레나무	붉 나 무	가막살나무	일본목련	보리수나무
가래나무	서 나 무	고추나무	자작나무	산초나무
개회나무	살구나무	꽃아카시아	팥배나무	수수꽃다리
네군도단풍	쉬 나 무	남 천	호도나무	오갈피나무
단풍나무	아카시아	단풍철쭉	개쉬땅나무	옥 매
떡갈나무	염주나무	말채나무	골 담 초	쥐똥나무
모감주나무	석 류	모 란	나무수국	철쭉나무
배 나 무	수양버들	박태기나무	노린재나무	황 철 쭉
감 나 무	오동나무	부 용 화	댕강나무	일본조팝나무
계수나무	용 버 들	삼지닥나무	매자나무	진 달 래
노각나무	산 수 유	싸리나무	무화과나무	풍 년 화
당 단 풍	산딸나무	아왜나무	병아리꽃나무	해 당 화
마 가 목	오리나무	자 목 련	수 국	장 미
모과나무	왕벚나무	중국굴피나무	영 산 홍	쪽제비싸리
배롱나무	수양벚나무	칠 엽 수	음 나 무	화살나무

갈참나무	아그배나무	플라타너스	자기나무	히어리
꽃아그배나무	야광나무	개 나 리	쪽 동 백	좀작살나무
느릅나무	위 성 류	고광나무	채 진 목	친선과나무
대추나무	은 단 풍	망 종 화	팽 나 무	황 매 화
매실나무	은수원사지	낭 아 초	홍 단 풍	흰말채나무
목 련	은백양나무	딱총나무	까침박달	맨발톱나무
백 목 련	참빗살나무			

덩굴성 수종

노박덩굴	능 소 화	담쟁이덩굴	덩굴장미	인동덩굴
등 나 무	마 삭 줄	모 람	보리장나무	칡
송 악	오 미 자	위 련 선	으름덩굴	클레마티스

기타 목

실 유 카	야 자	오 죽	유 카	종 려
이 대	왕 대	조 릿 대		

지피류

갈 대	맥 문 동	바위떡풀	밴드그라스	잔 디
복 수 추	왕포아풀	플록스	피 나 물	훼 스 큐

진흙땅에 적당한 수종

골 담 초	꽃아카시아	낭 아 초	싸 리	잔 디
쪽제비싸리	칡	왕포아풀		

모래땅에 적당한 수종

대추나무	위 성 류	철쭉나무	해 당 화	통 탈 목
능 소 화	인동덩굴	으름덩굴	실 유 카	갈 대
야 자	유 카	종 려		

■ 공해에 적합한 나무와 부적합한 나무

● 공해에 적합한 수종

상록침엽수

서양측백	스트로브나무	연필향나무	가이즈까 향나무	둥근측백

잣 나 무	측백나무	편 백	화 백	옥 향
향 나 무	히말리아시다	눈향나무		

상록활엽수

가시나무	종가시나무	참가시나무	황철나무	팔 손 이
조록나무	금테사철	돈 나 무	만 병 초	협 죽 도
광 나 무	사스레피나무	사철나무	자 금 우	호랑가시나무
목 서	붉가시나무	아왜나무	치자나무	회 양 목
동 청 목				

낙엽활엽수

가중나무	산철쭉꽃나무	나무수국	주엽나무	멀구슬나무
비군도단풍	쥐똥나무	무 궁 화	팽 나 무	오동나무
당 단 풍	개오동나무	부 용 화	개 나 리	은백양나무
쉬 나 무	노간주나무	수수꽃다리	낭 아 초	쪽동백나무
오리나무	때죽나무	황매화	백당나무	홍 단 풍
음 나 무	아카시아	개회나무	분꽃나무	개쉬땅나무
참빗살나무	위 성 류	느릅나무	싸 리	누리장나무
회화나무	이팝나무	떡갈나무	해 당 화	병아리꽃나무
꼬리조팝나무	칠 엽 수	염주나무	귀룽나무	장 미
명자꽃나무	가막살나무	보리수나무	단풍나무	
은수원사시나무				

덩굴성 수종

담쟁이덩굴	능 소 화	보리장나무	칡	덩굴장미
이동덩굴				

기타 목

실 유 카	야 자	종 려	

지피류

왕포아풀	플 록 스	잔 디	훼 스 큐	

공해에 부적합한 수종(약한 수종)

금 송	흰말채나무	삼지닥나무	이태리포풀라	서 향
녹 나 무	전 나 무	오 미 자	팥배나무	배 나 무
식 나 무	비파나무	소 나 무	생강나무	자작나무
산 수 유	낙 엽 송	백 량 금	바위떡풀	함박꽃나무
자귀나무	살구나무	가래나무	만 병 초	철쭉나무
고추나무	층층나무			

공해에 보통인 수종

구상나무	감 나 무	계수나무	꽃아그배나무	갈참나무
방크스소나무	느티나무	대추나무	마 가 목	노각나무
소 나 무	목 련	복 자 기	백 목 련	매실나무
곰 솔	붉 나 무	산딸나무	산사나무	백합나무
소귀나무	석류나무	서부해당화	수양벚나무	상수리나무
독일가문비	야광나무	왕벚나무	용 버 들	아그배나무
백 송	일본목련	자두나무	자 목 련	은 단 풍
솔송나무	채 진 목	피 나 무	호도나무	중국굴피나무
눈 주 목	고광나무	꽃아그배나무	괴불나무	까침박달
유카리나무	낙 산 홍	노린재나무	단풍나무	남 천
리가다소나무	말발도리나무	말채나무	망 종 화	댕강나무
비자나무	모 란	미선나무	매실나무	맨발톱나무
실 화 백	수 국	영 산 홍	오갈피나무	박태기나무
감탕나무	일본조팝나무	앵도나무	좀작살나무	옥 매
태 산 목	화살나무	철 쭉	탱자나무	진 달 래
반 송	등 나 무	황 철 쭉	히 어 리	풍 년 화
섬잣나무	위 령 선	마 삭 줄	모 람	노박덩굴
주 목	유 카	으름덩굴	클레마티스	송 악
굴거리나무	갈 대	이 대	왕 대	오 죽
후박나무	꽝꽝나무	백 문 동	벤트그라스	조 릿 대
후피향나무	피라칸사스	다정금나무	차 나 무	피 나 무
통탈목	낙 우 송			

● 기념 식수에 적당한 수종

기념 식수로 적당한 수종은 수명이 길고 오랜 세월 동안 자라서 장차 정원의 기본목이 될만한 수종으로 손질하기 용이하고 수형이 직간성으로 아름다운 상록수나 유실수를 선택하는 것이 바람직하다.

상록수

소 나 무	금 송	해 송	굴거리나무	히말라야시다
주 목	태 산 목	독일가문비	녹 나 무	목 서
향 나 무	유카리나무			

낙엽수

은행나무	팽 나 무	배롱나무	회화나무	꽃산딸나무
계수나무	느티나무	백 목 련	벚꽃나무	살구나무

■ 화목류 선택법

정원에서 꽃나무를 심어 계절에 따라 아름다운 꽃을 즐기기 위해서는 계절에 따라 꽃을 피울 수 있는 나무를 심는 것이 바람직하다.

봄꽃나무

매화나무	영 춘 화	남 매	산 수 유	애기사과
모과나무	꽃복숭아	개 나 리	벚 나 무	배 나 무
박태기나무	신 이	자 목 련	해 당 화	모과나무
조팝나무	라 일 락	철 쪽	등 나 무	꽃 사 과
모 란	황 매 화	등 나 무	마 취 목	라 일 락
왕작살나무	왜진달래	영 산 홍	진 달 래	숙과 송악
팔손이나무 등				

여름꽃나무

수 국	숙 과	백 마 골	무 궁 화	석류나무
배롱나무	수유나무	석 남	치자나무	영 산 백
협 죽 도	비 파			

가을꽃나무

매자나무	때죽나무	감 나 무	가 마 목	덩 굴 성
은 계 목	싸 리	부 용	장 미	굴거리나무
으름덩굴	치 나 무	등 나 무	늦 동 백	화살나무
숙 과	담쟁이덩굴	피라칸스	노박덩굴	애기사과
남 천	광 나 무			

겨울꽃나무 숙과

자 금 우	백 량 금	동 백	남 천	숙 과
신 나 무	먼 나 무	배쭈기나무	감탕나무	자 금 우 등

2. 정원석

정원석은 자연 상태에 산재해 있는 불규칙한 돌 전부가 정원석으로 사용할 수 있다.

자연석을 대별하면 관상용석과 건축용 2종류로 나뉘어지는데 일반적으로 정원석이라 하는 것은 관상용 돌을 말하는데 돌의 종류는 천태만상으로 출토 산지에 따라 자연석 (自然石), 산석 (山石), 천석 (川石), 해석 (海石), 택석 (澤石) 으로 구별되며 산지에 따라, 석질에 따라, 형태에 따라, 여러가지로 구별되고 있으며 호칭 또한 다양하다.

1) 자연석 (自然石)

自然에 산재해 있는 불규칙한 모양의 자연석은 자연 그대로 정원 조성에 이용할 수 있다.

2) 산석 (山石)

산사태나 인공적으로 땅 속에서 채취되는 돌로서 자연 풍화의 흔적이 거의 나타나지 않은, 거칠고 표면에 자연의 이끼 번식이 되지 않아 자연미가 나타나지 않는 것이 단점이다.

3) 택석 (澤石)

산과 산의 골짜기에서 산출되는 돌로서 오랜 세월 비, 눈, 물에 돌의 날카로운 부위가 자연스럽게 마모된 형태가 자연미를 연출하므로 정원석으로서의 품위를 갖추고 있어 정원 조성에 많이 이용되고 있다.

4) 천석(川石)

냇가에서 산출되는 돌로서 먼거리를 굴러오는 동안 돌과 돌이 서로 부딪치고 물에 마찰되어 각진 부분이 완전히 마모되어 표면이 매끄럽게 닳아진 돌로서 안정감을 주는 돌이다.

5) 해석(海石)

바닷가 물 속에서 오랜 세월 파도에 시달리는 동안 돌 표면이 매끄럽게 마모되고 때로는 침식되어 구멍이 생긴 돌로서 정원석으로서의 품위를 갖춘 돌이다.

가. 정원석 선택법

정원석이란 자연에 산재해 있는 돌 전체가 이용될 수 있으나, 모양, 색깔, 크기가 정원의 분위기에 균형을 맞추어 조화를 이룰 수 있는 돌이면 정원석으로서 적격이다.

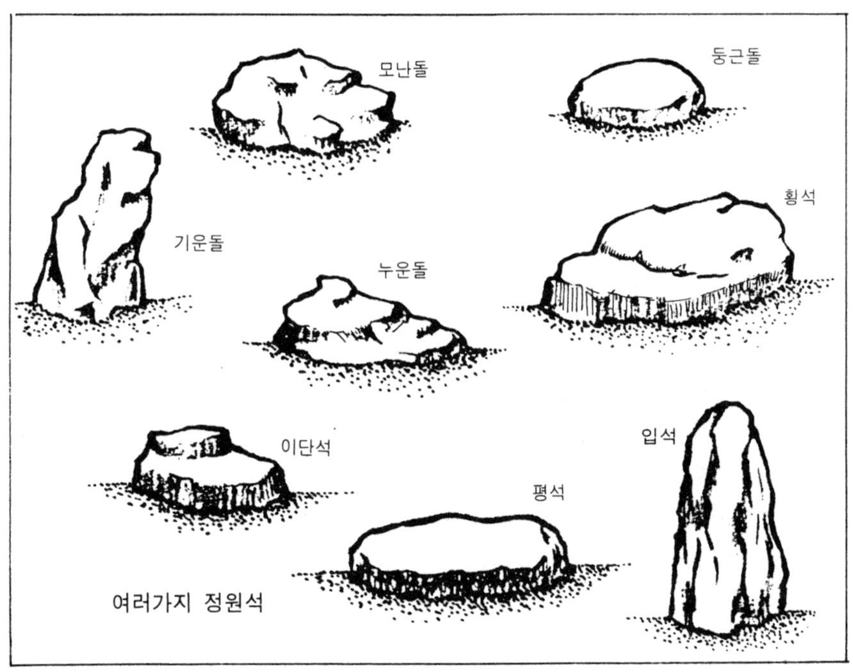

나. 정원석의 조건

① 돌의 앞면과 뒷면이 돋보이는 돌

② 모양이 특이한 돌

③ 타원형의 형태인 돌

④ 지면에 놓았을 때 안정감이 있는 돌

⑤ 주변의 정원석과 균형을 맞추기 용이한 돌

다. 경석과 장식석

1) 경석(景石)

자연석을 대상으로 해서 그 모양이며 풍정에서 천연이 자아내는 아름다움을 예술적 감흥의 세계로 높여 즐기는 것으로 정원의 포인트가 되는 장소에 박아 놓고 뜰의 경관을 짜임새 있게 하거나 경취(景取)를 풍부하게 할 수 있는 돌이다.

이것은 돌 짝맞추기와는 별도로 1개 또는 2-3개를 정원이 한 경치가 되도록 배치하는 것으로써 돌 하나하나의 개성을 살려 전체 정원의 균형을 맞추는 것이다.

2) 장식석

자연석 자체의 아름다움이나 멋을 관상하기 위해 정원 구성과는 관계없이 독립해서 돌 하나를 놓고 감상할 수 없는 돌을 말한다.

정원의 한 모퉁이나 현관 옆이나 가운데 뜰의 중심부나, 뒤뜰의 중심부에 장식하여 돌 의미를 감상할 수 있는 것이므로 기괴한 괴석을 사용하는 것이 일반적이다.

〔인간이 한덩이의 암석에서도 무한한 미를 찾아내는 것이 이 냉엄조강(冷嚴粗剛) 응연부동(凝然不動)의 개별 물체에서 희로애락·연고성쇠의 물결에 표류하는 인간의 삶을 초월한 자연의 영원한 존재상을 감득하기 위함이 아닐 수 없다. 자연석은 사체(死體)와 같은 사물(事物)이 아니라 생사를 초월한 존재자이며 생의 결여태(缺如態)는 생의 탈거태가 아니라 생의 초월적 부정태이므로 그 외견상으로는 아름답지 못한 형태임에도 불구하고 자연 존재의 실상을 암시하는 상징적인 대표자로서 매우 깊은 미적 가치를 내포할 수가 있다〕

정원석의 여러가지 형태 ①

정원석의 여러가지 형태 ②

라. 돌의 감상

돌에 취미를 가진 사람이라면 누구나가 돌에서 풍기는 의미를 단적으로 알고 싶은 마음이 생길 것이다. 그러나 몇 십년을 두고 수많은 수석을 보아와서 자기 나름대로 어렴풋이 돌에 대한 설명을 할 것 같으면서도 세밀히 분석해 보고 설명할려면 어려운 것이다.

이렇게 돌의 감상은 직감에 의해 깨닫는 수가 많아 반드시 논리적으로 분석할 수는 없기 때문이리라. 따라서 실제로 수석의 정확한 감상을 위해서는 수많은 명석을 보고

자기 스스로 자문자답하여 연구해 보는 외에는 특별한 방법이 없다. 다만, 여기서는 종래의 선인들의 설을 소개하면서 일단의 기준을 기술하는데 그치기로 한다.

오래 전 중국의 미원장 (未元章)의 돌 4원칙이 있다. 미원장은 북송 (北宋)시대의 문인으로서 호북이양 (湖北襄陽)이라는 사람이다. 미점묘법 (米點描法)의 창시자로서 산수화를 일변한 남종화 중흥의 시조로서 이름이 높다. 서예도 왕의 (王義)의 부자 (父子)에게 배워서 호방한 작품을 많이 남겼으나 무엇보다도 돌을 사랑한 풍류인이었다. 이러한 미원장의 〔돌의 4원칙〕을 설하였다.

① 투 (透) : 구멍의 운치
② 준 (皴) : 미적 주름
③ 수 (秀) : 특이한 기품
④ 수 (瘦) : 강한 선

그러나 사람에 따라 3요소인 형 (形), 질 (質), 색 (色) 설이 있고, 또한 5조건 형 (形), 선 (線), 색 (色), 질 (質), 표피 (表皮) 등이 있으나, 필자는 ① 질 (質), ② 모양 (形), ③ 색 (色), ④ 자연성 (自然性), ⑤ 고태 (古態), ⑥ 크기의 요소가 구비되어야 돌로서의 품위가 우수하고 감상 가치가 있다고 생각한다.

마. 정원석의 배치

정원석은 자연에 존재하는 자연석이므로 그 형태가 제각기 다르므로 한개의 돌로서의 감상 가치가 있는 것도 있고 2개 이상 균형을 맞추어 여러개의 돌이 한무리를 이룸으로써 관상 가치를 돋보이게 하는 것도 있다. 따라서 어느 경우라도 돌의 아름다운 부분만 노출시키고 돌의 단점을 가리면서 산 돌은 산의 경치에, 바다 돌은 바다의 경치를 모방하여 정원의 분위기를 살리는 것이 정원의 분위기도 살릴 수 있고 돌의 진가도 발휘할 수 있는 것이다.

또 어느 경우에도 단순히 돌이 땅에 놓여져 있다는 느낌으로가 아니라 땅 속에 묻혀 있는 큰 돌의 일부가 지상에 노출되어 있다는 느낌이 되도록 배치하는 것이 좋다.

경석을 실제로 배치할 때에는 다음 사항에 주의하도록 한다.

① 돌은 사람의 시야에서 볼 때 공손한 느낌을 주도록 앞으로 수그리는 듯하게 박아 놓아 안정감이 있도록 한다.

② 색깔이 밝은 돌이나 결이 있는 돌은 그 결의 방향을 비스듬히 위를 향하게 하여
　돌의 기세와 퍼짐을 내도록 한다.

③ 돌의 자리를 안정감있게 한다.

◆ 三石組의 例

◆ 五石組의 例

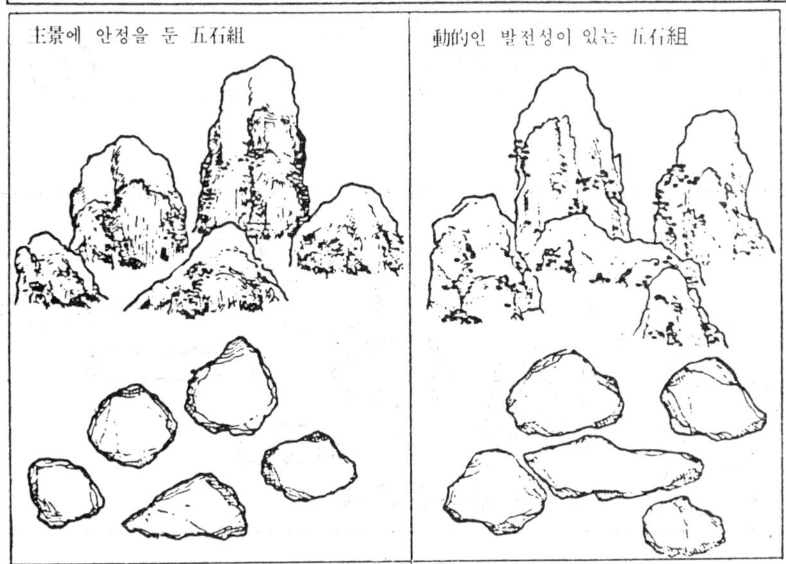

◆六石組의 例

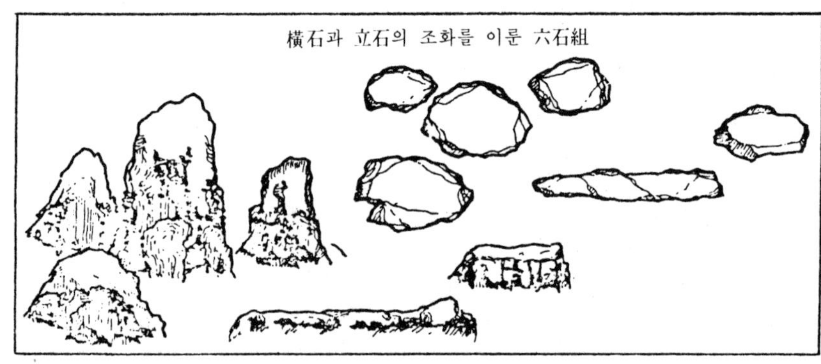

◆ 七石組의 例

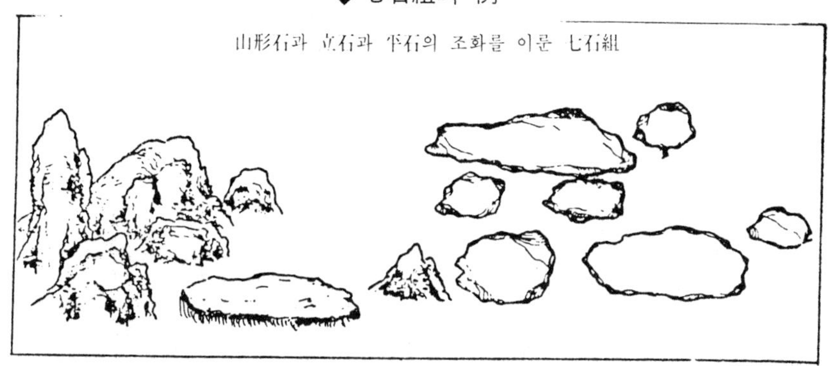

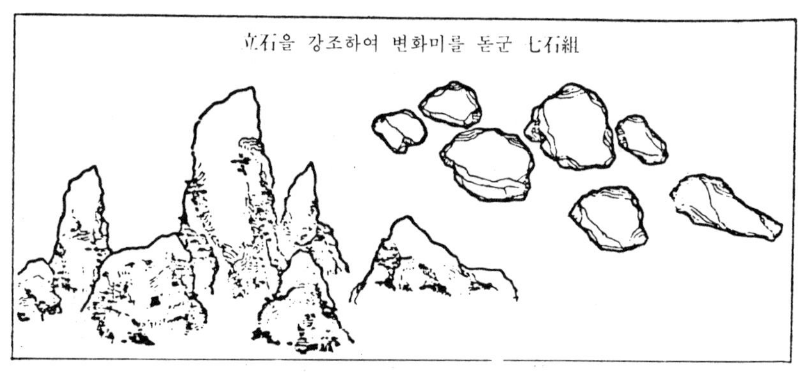

◆石組로 폭포 만들기

2단계의 폭포

소규모의 폭포

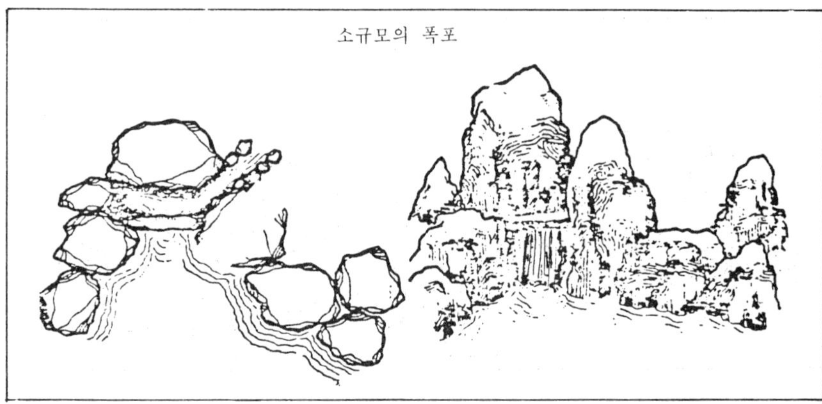

연못에 힘차게 떨어지는 폭포
돌 사이에 이끼와 野草를 적당히 심는다.

바. 정원석 설치 주의점

① 정원석의 크기는 정원의 크기에 맞도록 하고 돌의 크기가 다른 것을 쓴다.

② 돌 짝맞추기는 凹 凸으로 들쑥날쑥 또는 깊이가 있도록 한다.

③ 정원석은 가로 폭을 넓게 보이도록 하여 안정감이 있도록 한다.

④ 돌의 선과 면을 이웃해서 두개의 돌을 선정할 때는 어귀를 맞추어 고르게 한다.

⑤ 정원 전체의 균형을 유지하기 위해서는 전체의 정원석이 무리를 이루어 안정감
  있게 배치하여야 한다.

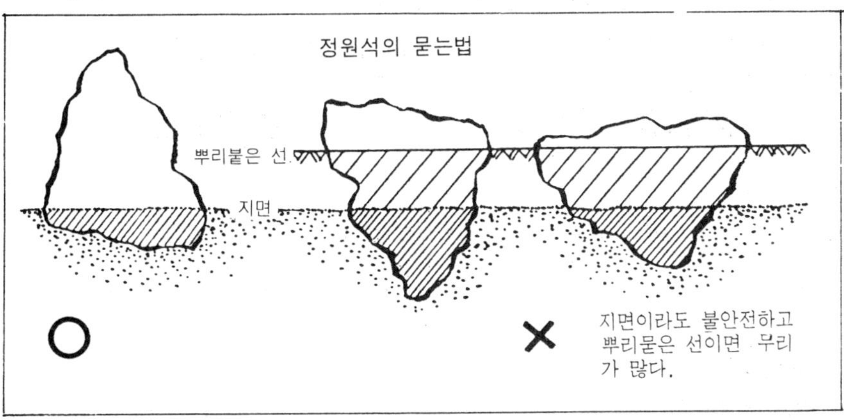

사. 돌 맞추는 요령

정원석을 맞추는 것은 여러가지 방법이 있으나, 간단히 요약한다면 연속 맞추기와
부분 돌 맞추기로 나눌 수 있다.

1) 연속돌 맞추기

정원을 조성함에 연못과 화단, 나무와 인도, 건물과 정원을 차단시키고자 할 때 연
속 맞추기를 한다.

2) 부분 맞추기

자연미를 창출하는 정원석을 맞출 때에는 2개, 3개, 5개, 7개 이상 놓을 때는 가
능하면 홀수로 맞추기를 하는 것이 기본이라 하겠다.

(가) 2개 맞추기

2개의 돌을 가지고 정원에 놓을 때는 반드시 주석 (主石)을 입석 (立石)으로 하고 첨석 (添石)을 옆으로 눕히도록 한다. 이 경우 첨석은 깊이나 입체감을 나게 하기 위해 같은 선상에 늘어놓지 않고 주석 (主石)의 우측 앞뒤, 왼쪽 앞뒤로 비켜 놓도록 한다.

어떤 배치법으로 할 것인가를 뜰의 분위기나 위치 혹은 돌의 형상 등에 의해서 정하여지는데 이 경우는 다음과 같은 것에 주의하여야 한다.

① 같은 형태와 크기가 같은 돌은 서로 이어지게 쓰지 않도록 한다.

② 2개의 돌은 서로의 간격을 조리있게 놓는다.

③ 시야에 들어오는 부분은 가급적 크고 아름답게 보이도록 놓는다.

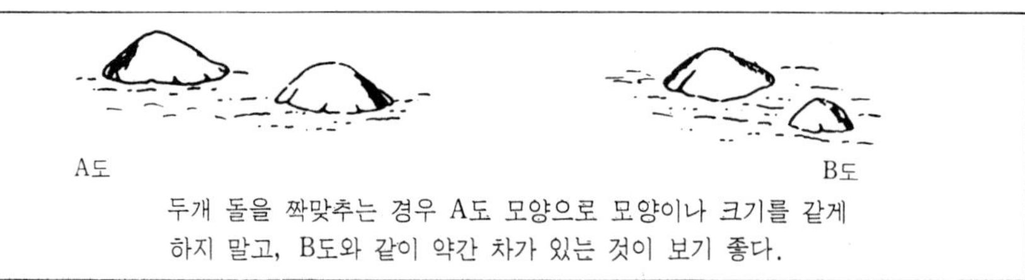

두개 돌을 짝맞추는 경우 A도 모양으로 모양이나 크기를 같게
하지 말고, B도와 같이 약간 차가 있는 것이 보기 좋다.

(나) 3개 돌 맞추기

3개 돌 놓기는 여러가지 방법 중에서 가장 짜임새 있고 안정감을 느끼게 하는 것이다. 돌의 단점을 서로 커버하면서 서로의 장점을 노출시킬 수 있다.
불교에서 부처님으로 모시는 삼존석 (三尊石) 놓는 법이 원형으로 되어 있는 모양으로 석가 3존 (釋迦三尊)에서도, 아마라 3존에서도 아뭏든 중앙의 하나가 크고 좌우의 2개가 짝이 되어 낮아지는데 이 3개 돌 놓기의 기본형도 하나의 주석에 대해 곁돌 (景石)로는 中石을 세우게 되는 것이다.

주의점은 각 돌의 균형을 잡고 서로 그 아름다움을 잃지 않도록 유기적인 관련을 지니게 하는 것이다.

구체적으로 설명한다면 평면적으로는 부등변 3각형으로 균형을 잡고 입면적으로는 주석 (主石) 대석 (對石) 첨석 (添石) 나름대로의 중량감, 형상, 기세 관계를 주석만이 돋보이지 않는 식으로 하면서 균등하게 되지 않도록 하고 주석의 힘이 대석이나 첨석에 부드럽게 흘려서 어울리게 되도록 한다.

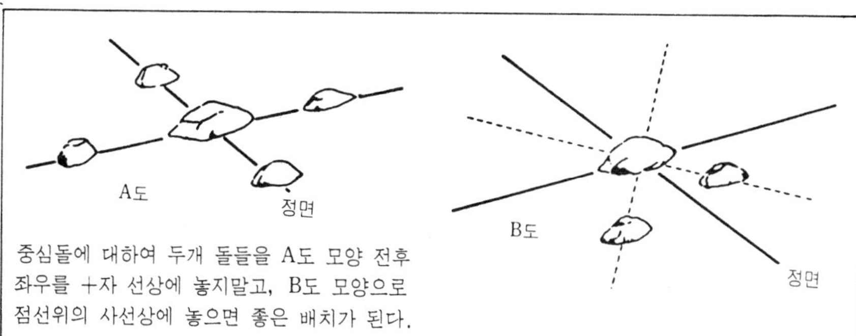

중심돌에 대하여 두개 돌들을 A도 모양 전후
좌우를 十자 선상에 놓지말고, B도 모양으로
점선위의 사선상에 놓으면 좋은 배치가 된다.

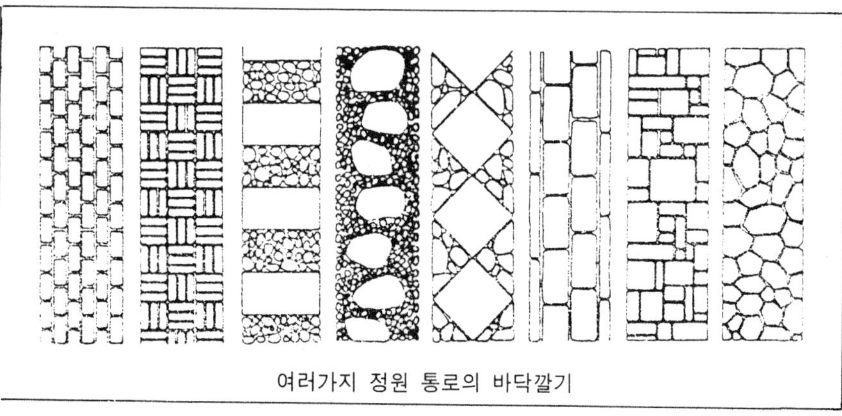

여러가지 정원 통로의 바닥깔기

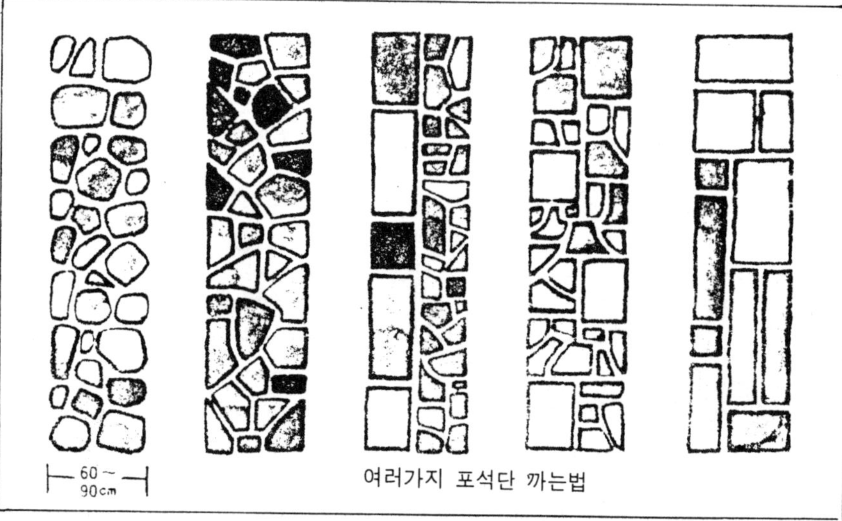

여러가지 포석단 까는법

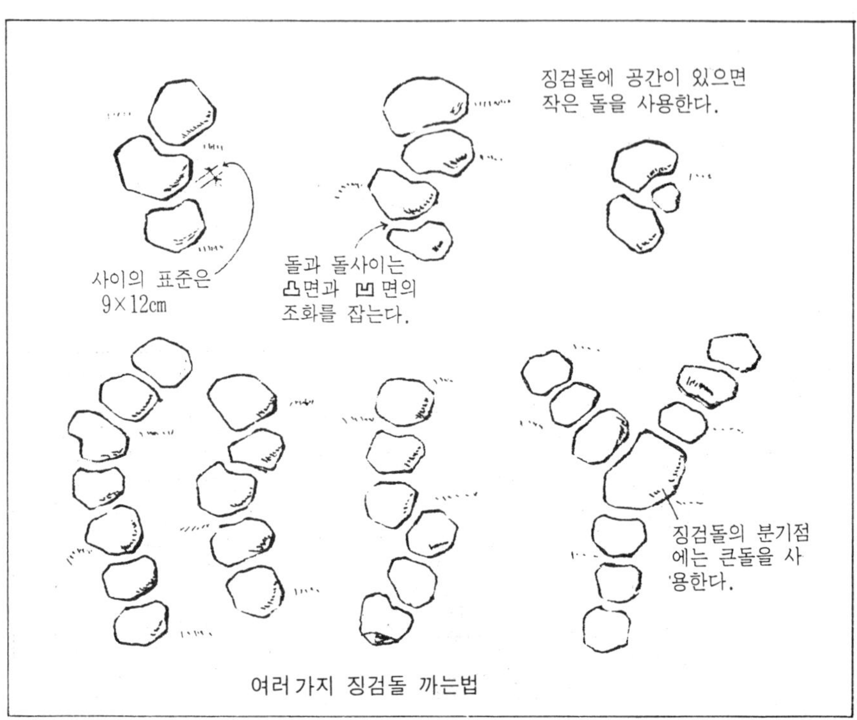

여러 가지 징검돌 까는법

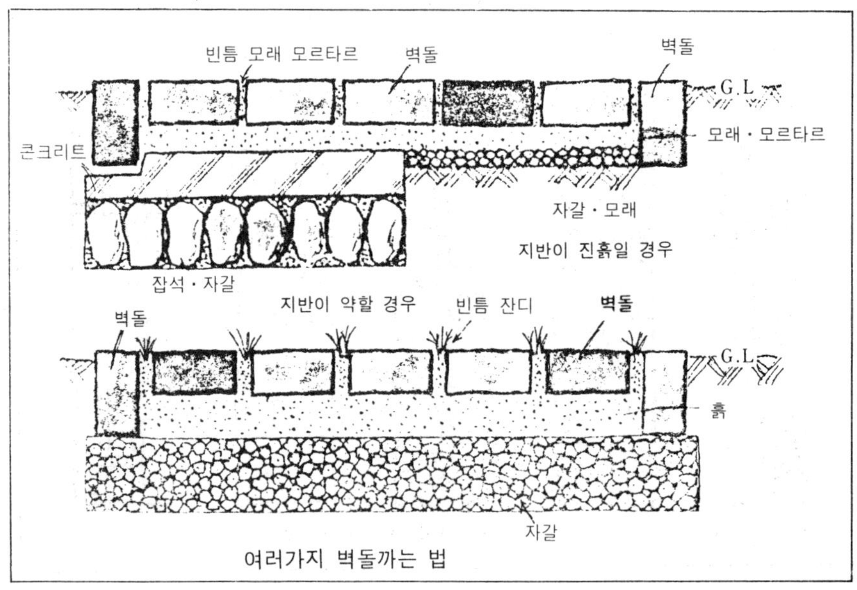

여러가지 벽돌까는 법

3. 연못과 물

물은 사람으로 하여금 갈증으로부터 해갈시켜 주는 친근감이 있어 사람의 시선을 끌게 하고 더위를 식혀 주는 시원한 느낌을 안겨 준다.

물은 인간의 생활에 꼭 필요한 존재이므로 주택 정원에 물을 도입하여 시야의 갈증을 해소시켜 주므로 호감을 얻게 되고 친근감을 느끼게 마련이다. 때문에 물의 특성을 살려 연출시키는 상황은 매우 중요한데 정원에 물을 이용함에 있어서 정형적이거나 혹은 비정형적이거나 정식적이거나 혹은 아주 단순하거나 간에 정원의 면적과 균형의 조화를 이루어야 한다.

연못은 정원 설계에서 축적과 비례는 아주 중요하다. 연못의 면적이 너무 커서 많은 물을 저장하는 것은 정원의 균형을 깨뜨려 기형적으로 만드는 결과를 초래할 뿐 아니라 그 반대로 너무 적은 경우는 왜소하고 진부한 느낌을 주므로 정원의 균형을 잃게 되므로 정원에 연못의 균형을 유지시켜 설계함으로써 아름다운 정원을 창조해 낼 수 있다. 그러므로 연못 만들기를 구상할 때는 우선 만드는 장소와 목적를 염두에 두고 구상하지 않으면 안된다. 이것은 어느 쪽이 중요하다는 것이 아니고 양쪽이 일치함으로써 비로소 좋은 연못이 될 수 있는 것이다.

연못을 만들려는 장소의 일조 조건, 건물의 외곽 혹은 방향의 느낌, 나무 숲의 모양 등등의 관계에 따라 연못의 느낌도 자연식, 정형식이 적합한가 혹은 낮은 연못 또는 높은 연못이 적절한가를 결정내릴 수가 있다. 또 연못을 만드는 목적, 즉 물고기를 기르기 위함인가, 수초를 즐기기 위한 것인가, 단순히 관상용인가에 따라서 고인 연못, 유수형, 낙차 (落差)형 폭포, 시냇물 등의 종류가 정해지는 것이다.

가. 자연식과 정형식

자연 연못은 자연의 아름다운 부분을 자연 그대로 축소시켜 연출시키는 연못으로 소박한 한식 건물이나 한식 정원에 적절한 형태로 민속 고유의 멋을 물신 풍기는 매력을 느끼게 한다. 그러므로 양식 건물 내부 장식으로도 잘 어울리고 목욕탕이나 여관 (호텔) 등에 좁은 공간을 이용하여 사치스러운 느낌을 주도록 만들 수도 있다. 한편 정형식은 직선을 주제로 한 인공적인 형태로서 양식 정원 양식 건물에 어울린다. 좁은 공간

에 실용적 면을 최대한 살려 손쉽게 만들 수 있음과 동시에 넓은 정원에도 묵직한 중량감을 줄수 있다. 세련된 아름다움과 화려함을 지니고 있어 여러 면에 맑고 아름다운 이미지를 정원에 연출시킬 수 있다.

나. 연못의 재료

연못을 구상하여 축조할 때는 여러가지 재료가 필요하게 마련이다. 연못을 만들려는 위치의 주위 환경, 나무숲이나 경석 등도 커다란 영향력을 지니고 있는데 특히 한식 연못에서는 다리, 등롱(燈籠), 평수반(平水盤), 노즐, 으름나무 시렁이나 등나무 시정 등도 경탄을 돋보이게 하는 악세서리로서 예로부터 즐겨 이용하고 있다.

근대에서는 물레방아, 연자방아, 돌절구, 수레바퀴, 돌구수 등 작은 것에서부터 실용적으로서의 커다란 것에 이르기까지 여러 형태를 잘 조화시키고 있다. 소재로서는 돌이나 나무, 흙 등이 주로 쓰여지고 있는데 돌의 경우 천연석이나 가공석 등의 주석을 사용함으로써 소규모 다리로 되는 것이 통례이나 나무 다리일 경우는 판자나 통나무로서 무지개 형태로 만들어 실제로 사용 가능하게 만드는 경우도 있다. 근래에는 P. V.C 산업의 발달로 자연석 모양 그대로의 형태를 만들어 시판하고 있어 자연 보호 차원에서 대치용으로 적절히 응용하고 있다.

양식 연못의 대표적인 소재는 조각물이다. 벽면 구조물, 조명기구, 아름다운 분수 등도 중요한 재료이다. 조각물은 작은 것에서부터 수원으로서의 실용적인 것에 이르기까지 여러가지가 있다. 호화로운 대리석에서부터 보통의 자연석, 시멘트, 석고, 도자기, P.V.C 등이 이용되고 있다. 조각물로서는 물과 인연이 있는 백조, 오리, 펭귄, 어류, 물개, 인어, 어린이 소변보기, 초화류, 수초 등이 많이 이용되고 있다.

폭포와 분수 예

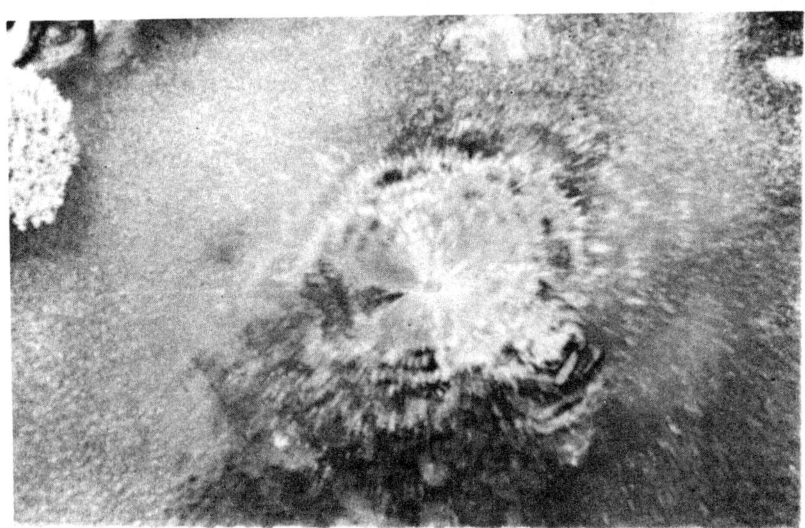

다. 관상용 물고기 연못

　정원외 형태와 입지에 따라 넓이와 깊이는 적절히 조절되겠으나 연못의 크기에 따라 물고기의 숫자와 크기는 조절되어야 생육이 가능하다. 또한, 산란 칩거를 위한 깊은 곳을 만들거나 증식시키고자 하는 생각이라면 얕은 산란 연못이나 부화 연못도 필요하게 마련이다.

　이때는 물론 급배수 시설도 완비해야 하지만 넘쳐 흐르는 물이 흘러가는 곳을 잘 선택하여 물 위에 먼지나 오물이 흘러 나갈 수 있도록 하고 물의 배수구도 연못의 제일 깊은 곳에 설치하여 물고기의 배설물이나 연못의 오물이 배수와 함께 제거되도록 설치해야 한다. 가능한 한 연못의 위치는 양지바른 쪽에 설치하여 바람이 부는 쪽에 나무를 심지

말고 가는 쪽에 심는 것이 좋다. 또, 연못의 물을 정화하거나 물고기의 성장을 촉진하기 위해 간이 정화 시설을 설치하는 것이 바람직하다.

또 물고기가 상처를 입지 않도록 날카로운 면이 있는 자연석보다는 마모된 돌을 이용하는 것이 보기에도 자연스럽고 안정감이 있으며, 물고기 보호에도 도움이 된다. 연못에 지면의 물이 들어가지 않도록 지면보다 약간 높게 설치하는 것이 좋으며 시설이 완료된 연못은 물을 담아 시설 재료에서 나오는 독물이 완전히 제거 (빠진) 후 배수시켜 빼내고 물고기를 넣으므로 물고기가 폐사되는 것을 방지할 수 있다.

라. 유수의 풍류

정원에 물의 흐름을 이용함으로써 메마름을 없애주는 윤활유 역할을 한다.

흐르는 물을 인공적으로 흐르게 만드는 것은 매우 풍류가 있어 아름답다. 흐르는 물길은 정원의 규모에 따라 균형을 맞추어 구상하고 흐르는 경사면은 완만하거나 폭포를 만들고 사람의 눈으로 감상하기에 알맞게 부드러운 경석으로 주변을 장식하고 모서리가 나지 않도록 곡선을 유지시키고 언덕에는 영산홍이나 야생 철쭉, 동백나무나 소나무 (현애형이나 문인목형)가 어울리며 나무와 나무 사이의 공백은 석창포, 창포, 황죽, 청죽, 조릿대, 오죽을 첨가하여 심어 놓으면 더욱 품위를 높인다. 이러한 물줄기를 만

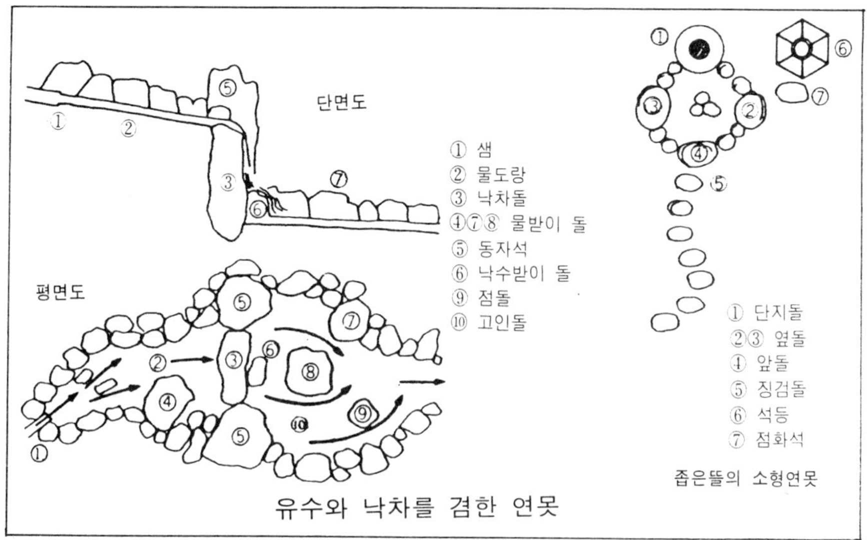

유수와 낙차를 겸한 연못

들면 자연의 시냇물을 보는 듯한 친근감이 있어 졸졸 흐르는 옛정취를 느끼게 만든다.

물을 이용하는 기술의 발달로 바닥에는 자갈을 까는 법과 양쪽에 자연석을 균형있게 설치하여 물이 자유로이 흐르게 미적 감각을 살려 구사하는 것이 요령이 되기도 한다. 물의 흐름은 돌의 사용에 따라 물의 세력을 교묘히 구사하여 풍류와 낭만을 표현하는 것만이 정원의 풍취를 좌우하게 된다.

한편 물이 흐르지 않는 호수와 폭포를 만들 수도 있으나 재료를 구하기 어려운 것이 단점이라 하겠다.

물을 사용하기 힘든 정원에 폭포석을 이용하여 폭포를 연상케 한다든가, 산수경석을 연상하여 산수를 만들기란 고도의 지혜와 기술이 요망되나 돌을 맞추는 표현력이 풍부해야 아름다운 산경을 구상할 수 있다.

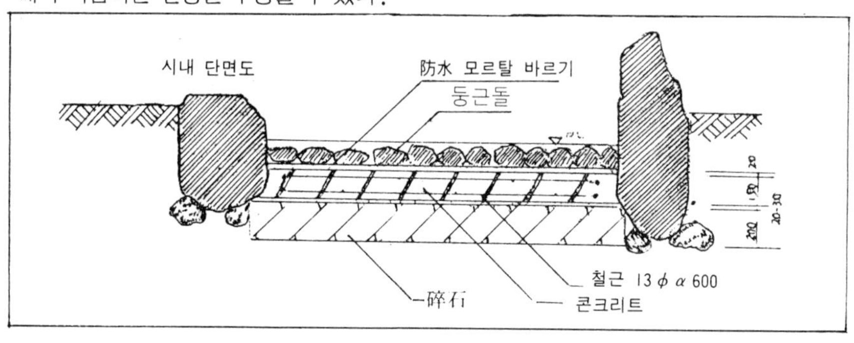

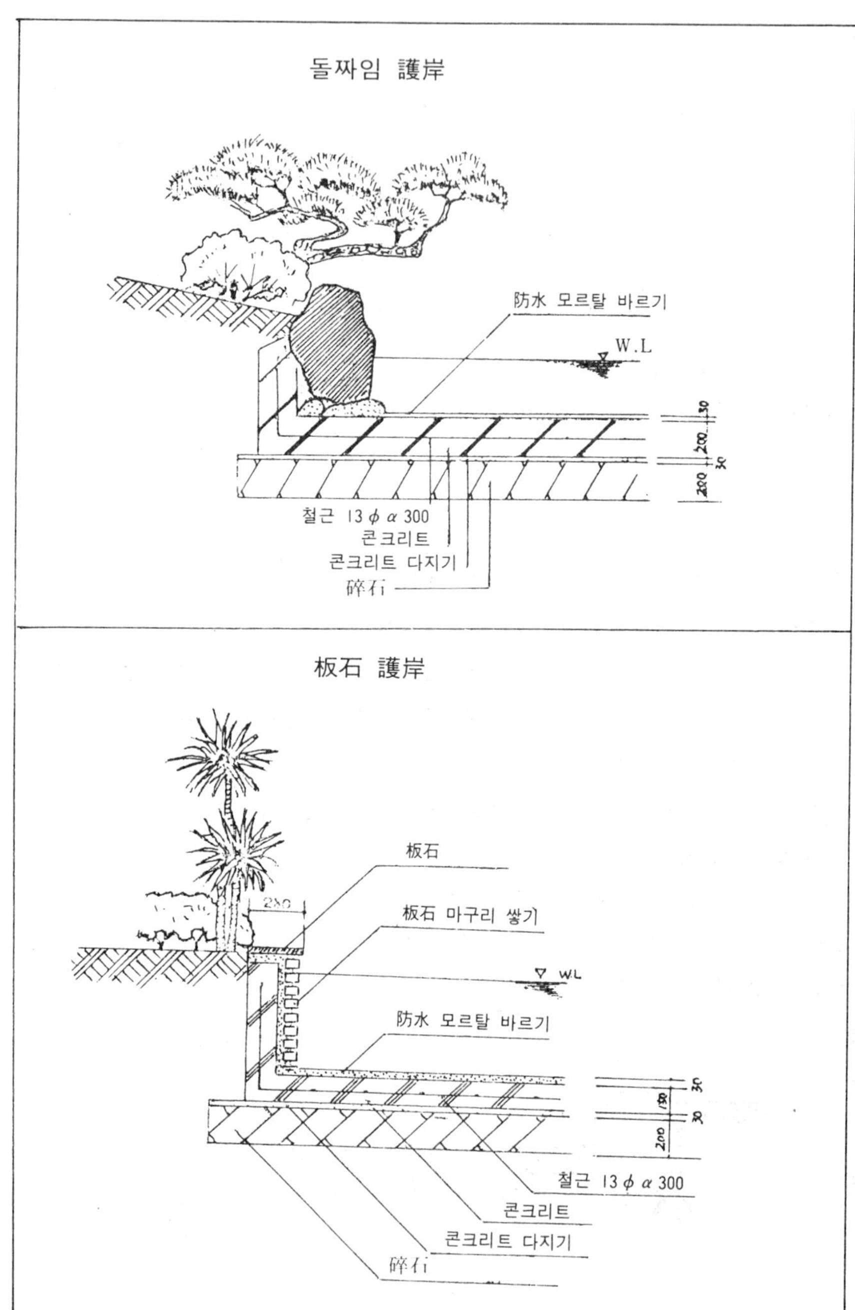
돌짜임 護岸
防水 모르탈 바르기
W.L
철근 13 φ α 300
콘크리트
콘크리트 다지기
碎石
50
200
200
板石 護岸
板石
板石 마구리 쌓기
280
W.L
防水 모르탈 바르기
철근 13 φ α 300
콘크리트
콘크리트 다지기
碎石
30
50
50
200

마. 수초의 감상

  정원의 연못에서 수초를 기르는 멋 또한 낭만적이라 아니 할 수 없다. 연못의 위치에 따라 식물을 선택하여야 하겠으나 깊이, 주위 환경에 따라 수초의 수고를 조절하는 것이 바람직하다.

  수초는 해오라기난초, 석창포, 큰방울새난, 큰고랭이, 연, 부평초, 붕어마름, 통발 등이 적절하다.

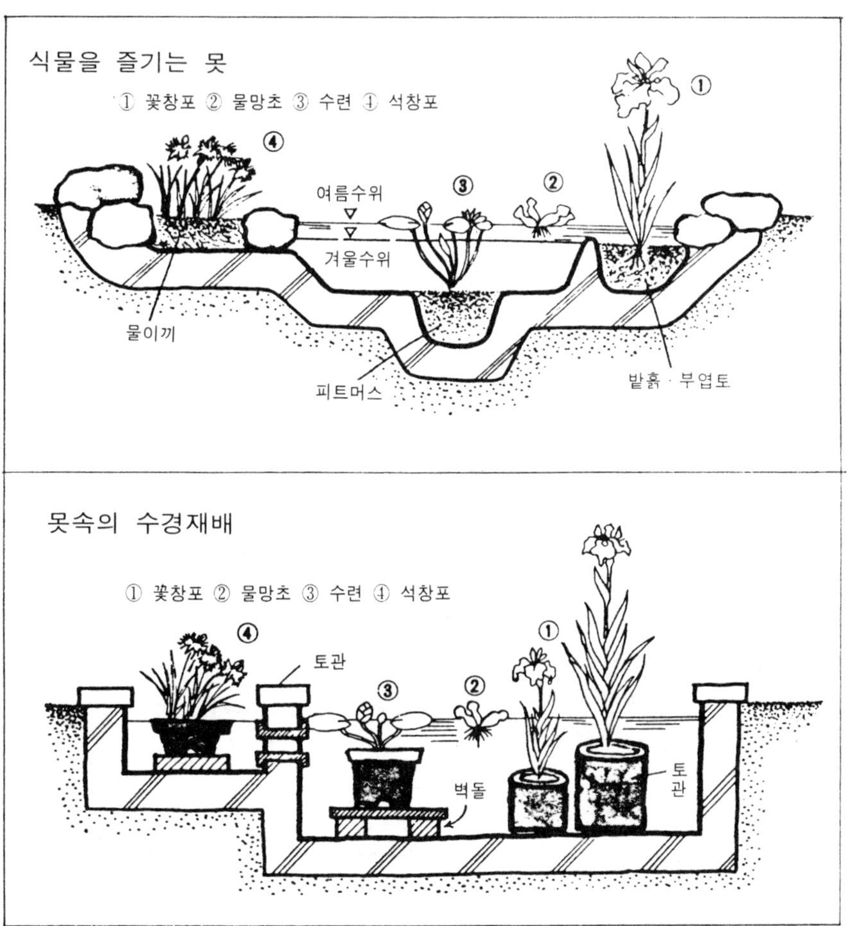

4. 화단

정원의 공간에 화단을 적절히 구상하여 봄부터 가을까지 연속적으로 꽃을 감상할 수 있도록 조성함으로써 손질하는 기쁨도 만끽할 수 있다.

화초는 양지바르고 배수가 양호해야 생육이 좋으나 장소에 따라 일조 조건에 따라 환경에 적응할 수 있는 종류를 선택하여 심는 것이 바람직하다.

배수가 좋지않은 화단에는 꽃창포, 제비붓꽃 등 습지에서 잘 자라는 종류를 기르도록 하면 될 것이다.

그늘진 정원이라면 새우난초, 옥잠화, 자란, 호접화 등의 응달에서도 잘 자라는 종류를 심으면 될 것이다.

화단 손질을 할 수 있는 가정이라면 잔디로 테라스 옆, 현관 앞, 대문에서 현관까지 통로 등 집 가까운 부분에 만드는 것이 효과적이며 4계절 아름다운 모양의 화단이 적합할 것이다. 한편 손질이 충분히 미치지 못하는 형편이라면 울타리 밑이라든가 나무숲 사이나 앞 등 집에서 먼곳에는 숙근초 화단을 만들어 놓는 것이 적절하다.

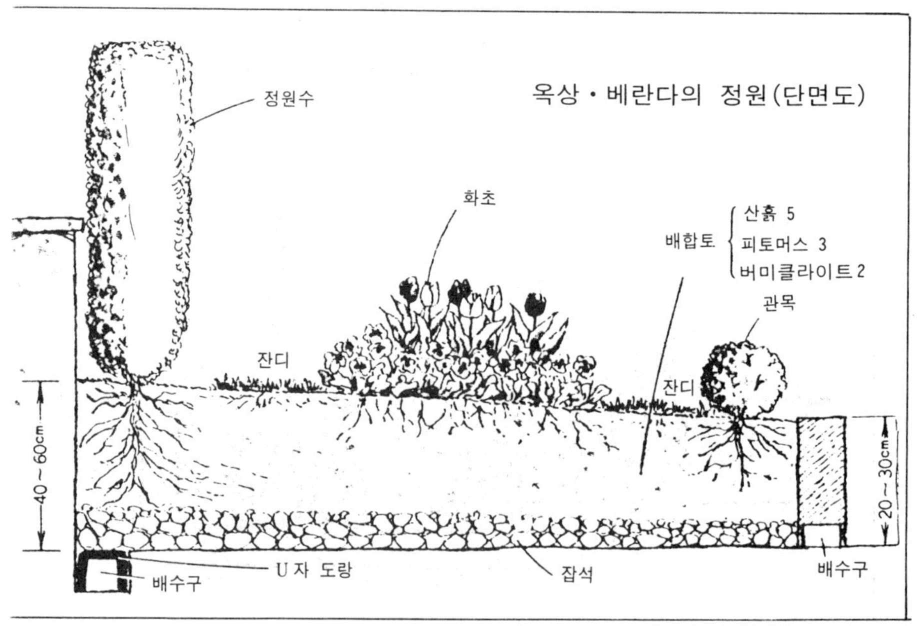

가. 화단의 종류

1) 모양 화단(模樣花壇)

연중 화단에서 꽃을 볼 수 있도록 조성된 화단을 말한다. 여기에는 꽃이 아름답고 비교적 키가 낮으며 개화 시기를 쉽게 조절할 수 있는 1, 2년 초가 주로 쓰이고 있다. 공원이나 도로변에서 볼 수 있는 모양화단이 연중 아름다운 꽃이 피게 되는데 이것은 꽃이 지면 묘상에서 가꾸어 놓은 꽃을 교체하여 심어 놓기 때문이다. 그런만큼 비용과 노력이 걸리는 것인데 계절에 따라 봄 화단, 초여름 화단, 여름 화단, 가을 화단, 겨울 화단(남부지방)을 만들어 즐길 수 있다.

2) 숙근초 화단(宿根草花壇)

모양 화단과 같이 화려함은 없으나 초봄의 생동감은 매력적이다. 숙근초는 종류에 따라 모양이나 성장 속도가 차이는 있으나, 균형을 맞추어 심으면 연중 즐길 수 있으며 한번 심어 놓으면 매년 손쉽게 감상할 수 있는 장점이 있다.

3) 구근화단(球根花壇)

구근초화는 꽃이 화려하므로 매우 아름답다. 더욱이 구근에는 양분이 축적되어 있으므로 자체 양분으로도 눈이 나오고 꽃을 피우게 하는 힘이 있으므로 꽃을 피게 하는 것만이라면 손쉽게 꽃을 피게 할 수 있는 매력도 지니고 있다. 다만 씨앗을 파종하는 화단보다는 비용이 많이 든다는 것이 결점이라 하겠다.

구근은 화려한 꽃을 피운 다음은 잎만 남게 되므로 여러가지 구근을 꽃이 피는 순서에 따라 적절히 조절하여 식재함으로써 계속 화려한 꽃을 감상할 수 있도록 연구하여 심는 것이 필요하다.

나. 화단 구성

화단을 구성하고자 할 때는 모양 둘레의 처리, 화초의 모양 등을 단조롭게 구성하여야 한다.

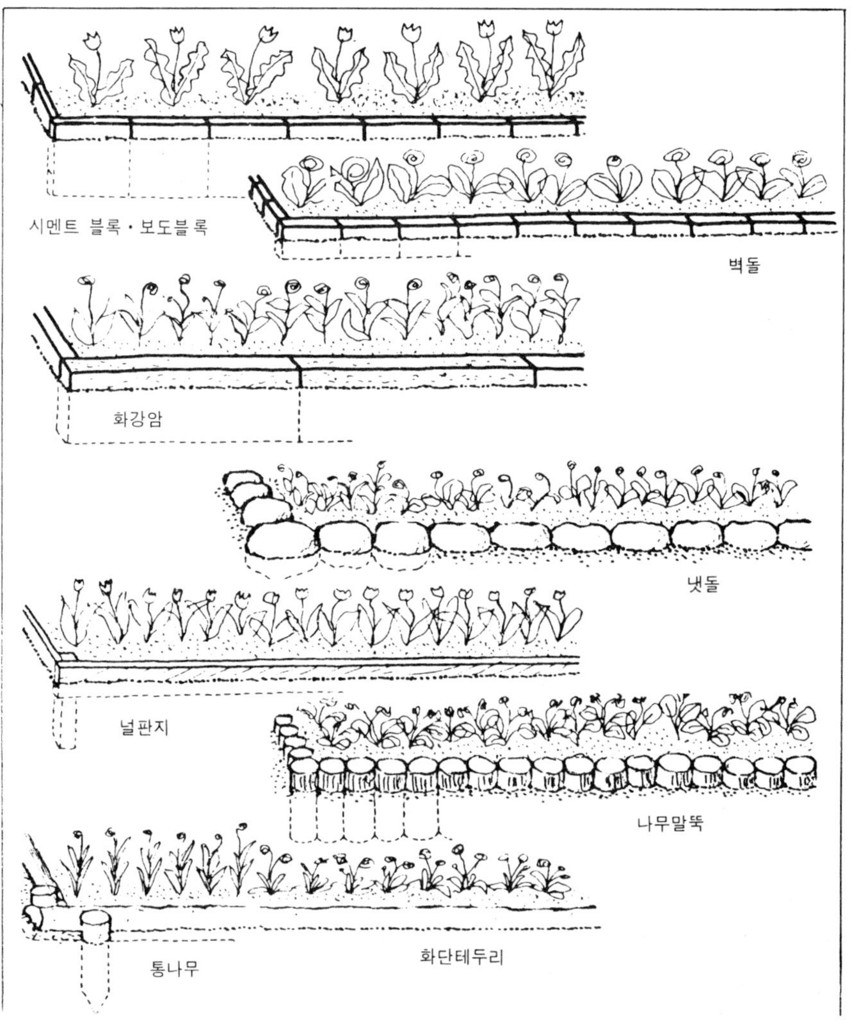

1) 모양과 크기

정원의 장소와 모양에 따라 여러 형태가 있겠으나 복잡을 피하고 단조롭게 만들어 정원의 분위기를 살려야 한다. 화단은 정원을 꾸미는데 있어서 악세서리 역할을 하므로 정원 전체의 조화를 도울 수 있도록 구성되어야 한다. 따라서 간단한 원형, 타원형, 삼각형, 정방형, 장방형 등이 어울린다. 정원 내에 꾸미는 화단은 될 수 있는데로 적고 아담하게 만들어 손질하기 쉽게 조성하는 것이 바람직하며 가정에서 정원 조성의 여유가 없는 뜰이나 코너의 경우는 좀 크다 할지라도 손질 능력에 맞도록 조성하는 것이 좋을 것이다.

2) 화초 선택

화단에 욕심을 부려 너무 많은 양의 화초를 심어 밀식되지 않도록 각별히 주의를 해야 한다. 같은 종류의 화초만 심는 것보다는 연속적으로 꽃을 볼 수 있는 종류를 골라 계절에 따라 아름다움을 즐길 수 있는 화초를 선택하는 것이 좋다.

3) 모양

여러 종류의 화초를 밀식하는 것보다는 가급적 단순한 느낌이 드는 것이 효과적이다. 화초의 실재 폭은 일정하므로 예각적인 모양이나 좁은 폭의 한계가 실제로 표현하기 어려운 것이다. 종이 위의 표현이 훌륭했다 할지라도 실제로 화초를 식재하다 보면 엉뚱한 모양이 되어 버리거나 오히려 반대의 모형이 되어 버리므로 작은 것은 피하고 되도록이면 큰 것을 선택하여 식재하는 것이 성공의 확률이 높다.

5. 정원의 조성

가. 정원수

1) 심는 법

심기 전 주의점

운반된 정원수는 뿌리가 마르기 전에 심는 것이 좋으나 그렇지 않은 경우는 뿌리가 마르지 않도록 흙에 묻어 가식을 하든가 아니면 마르지 않도록 거적이나 가마니를 뿌리에 덮고 건조되지 않도록 물을 뿌려 주도록 한다.

정원수를 파올릴 때는 부득이 뿌리를 절단해야 하므로 절단할 때는 예리한 전정 가위나 톱으로 깨끗이 잘라 주어 다음 뿌리가 돋아날 때 부패되지 않도록 한다. 또 정원수를 파올릴 때는 흙을 뿌리에 붙여 파올리는 것이 좋다. 수종에 따라서는 흙이 붙으면 해로운 수종도 있으나 가급적 흙을 2/3이상 붙이도록 하는 것이 좋다. 흙을 붙여 파올린 나무는 흙이 떨어지거나 갈라져 운반 도중 흙이 떨어져 잔뿌리가 상하지 않도록 가마니나 새끼로 뿌리를 감싸 주어 뿌리를 보호하도록 한다.

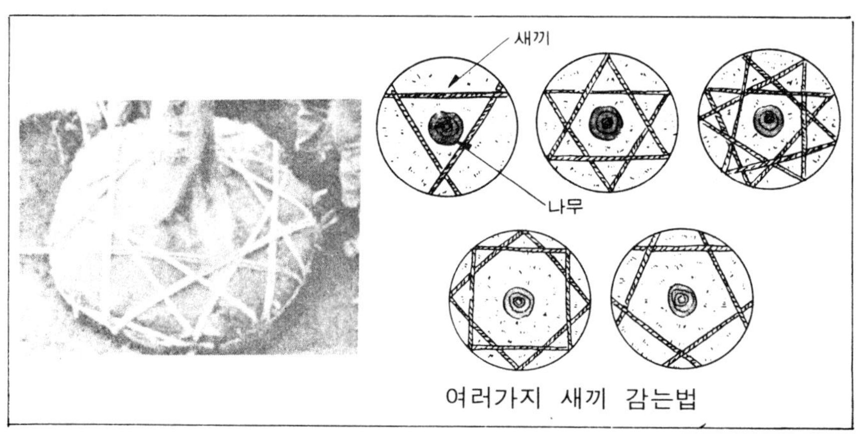

여러가지 새끼 감는법

심을 때의 주의점

심을 장소에 구덩이를 팔 때는 뿌리 크기의 4-6배 정도 크게 파고 심을 때는 수목의 중심을 정확히 잡고 뿌리 사이에 흙을 채우면서 서서히 흙을 넣고 다진다.

심을 때의 흙은 되도록이면 깨끗한 흙을 넣는 것이 좋다. 비료분이나 균이 많은 흙을

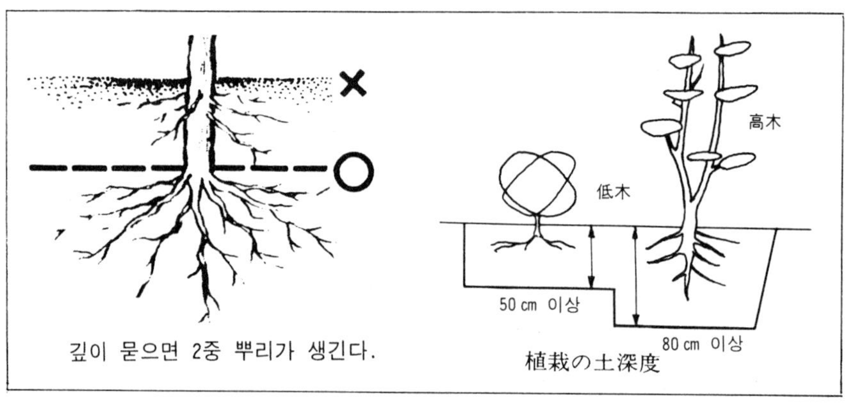

깊이 묻으면 2중 뿌리가 생긴다.　　　植栽の土深度

사용하면 잘린 뿌리 부위가 부패되어 나무가 고사하는 경우가 생기므로 명심해야 한다.

흙을 모두 채워 심기가 끝났을 경우는 바람과 나무가 흔들리지 않도록 지주를 세워 고정시킨 다음 정원수의 뿌리목을 지면과 같이 고르고 급수를 충분히 해준다.

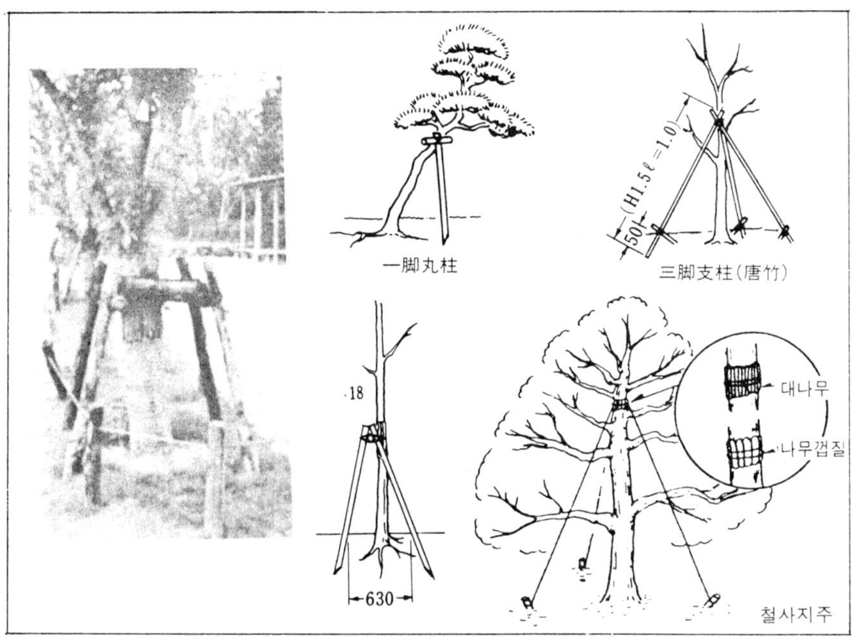

심은 후의 관리

나무를 완전히 고정시킨 다음 수목의 불필요한 가지는 전지를 하고 잎이 너무 많이 붙어 있으면 적절히 제거해 준다.

뿌리에서 빨아올리는 수분과 잎에서 증산 작용을 하는 수분의 양을 조절하기 위해서 가지와 잎을 제거하는 것이다. 만일 뿌리를 자르고 가지나 잎을 자르지 않으면 흡수량

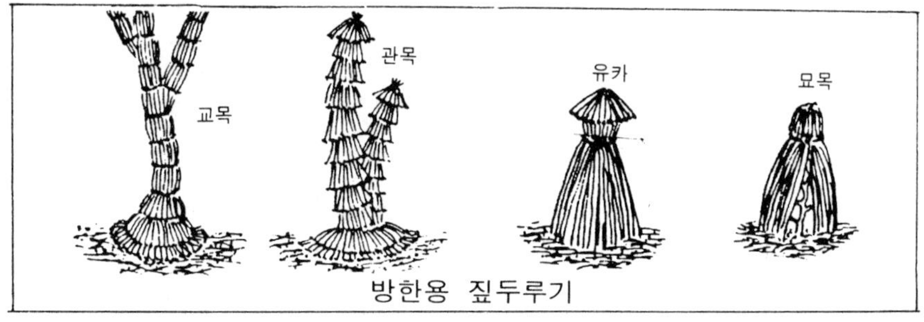

보다 증발량이 많아지므로 수분 부족 현상이 일어나 시들게 되고 심할 때는 고사하는 경우가 생기므로 명심해야 한다. 가을에 이식하였을 때는 추위 피해를 막아 주기 위하여 줄기나 가지를 짚으로 싸주거나 새끼로 감아주어 동해 피해를 예방하여야 한다.

2) 심는 시기

정원수를 옮겨 심는 시기는 생장이 정지 상태나 휴변기가 제일 적기라 할 수 있으나 수분 조절만 잘 해주면 어느 때나 옮겨 심어도 별문제가 되지 않는다.

일반적으로 적합한 시기는 발아 직전인 가을부터 다음해 봄 사이나 그 중에서도 잎이 나기 직전인 봄이 제일 적기라 할 수 있다. 그러나 정원 조성은 연중 실시하게 됨으로써 시기를 찾기 보다는 나무의 생리를 잘 파악하여 이식하고 관리하는 기술을 익혀 정원 공사에 차질을 빚지 않도록 하는 것이 좋을 것이다. 수종에 따라 적기는 다음과 같이 나누어진다.

가) 침엽수종

침엽수는 상록수로서 뿌리 돌림을 했을 경우는 연중 가능한 수종이다. 그러나 침엽수는 물 관리를 철저히 해야 되므로 여름 장마철에 이식을 했을 경우는 뿌리 부위에 물이 스며들지 않도록 특별한 주의를 기울여야 한다. 침엽수인 경우는 잡목류와 달리 물을 좋아하지 않으므로 과습되었을 경우는 뿌리가 부패하므로 고사하게 된다.

이식이 제일 좋은 시기라면 가을부터 봄까지는 언제나 가능하나 최적기라 한다면 잡목류의 잎이 나오기 직전이 적기이다. 온도는 21~23℃가 제일 좋다.

나) 상록 관엽수

잎이 나오기 직전이 최적기이나 장마철이나 가을에도 가능하다. 시기에 관계없이 이식을 하였을 때는 하루에 2회~3회 정도 엽수를 뿌려 주거나 반그늘을 만들어 주는 것이 바람직하다.

3) 낙엽 관엽수종

가을부터 봄까지 가능한 수종이며 적기라함은 잎이 나오기 직전인 봄이 제일 적기이다. 여름철에 이식하였을 때는 잎을 제거하거나 잔가지 정리를 하여 수분 증발을 억제하는 것이 좋다. 그러나 꽃이 맺거나 열매가 달렸을 경우는 꽃을 따버리는 것이 나무에 무리를 주지 않는 방법이다.

4) 대나무류

겨울철 뿌리 줄기의 마디에 새순의 활동이 정지되었을 때가 최적기이다. 그러나 대나무의 종류에 따라 조금씩 차이가 있다.

〔왕대〕가을부터 봄까지 〔해장죽〕4월

〔설죽〕10월 상순경 〔오죽〕봄, 가을, 겨울

특수류

소철, 종려, 파초류는 연중 가능하다. 지방에 따라 다소 차이는 있으나 추운 지방인 경우는 소철, 종려, 파초류의 이식 시기는 봄철에 이식하고 가을철에 월동 준비를 해 주어야 한다.

나. 정원수 배치(配置)

인간이 아름답다고 느끼는 경관은 일반적으로 세가지 요소에 의해 구성된다. 그 요소는 지형(地形)과 물 그리고 정원수인 식물(植物)이나 정원수가 조화를 잘 이루어 균일있게 배치되어야 아름답게 보여 윤기가 있고 생기가 감돌게 되며 오묘한 운치와 아기자기한 아름다움을 느낄 수 있다. 따라서 정원의 주재료인 정원수 배치는 정원수가 지니고 있는 아름다움을 표현할 수 있도록 심어졌을 때 아름다운 풍취를 충분히 발휘할 수 있을 것이다.. 이러한 정원수 배치법에는 자연식 배치와 정형식 배치 두 가지로 나눌 수 있다.

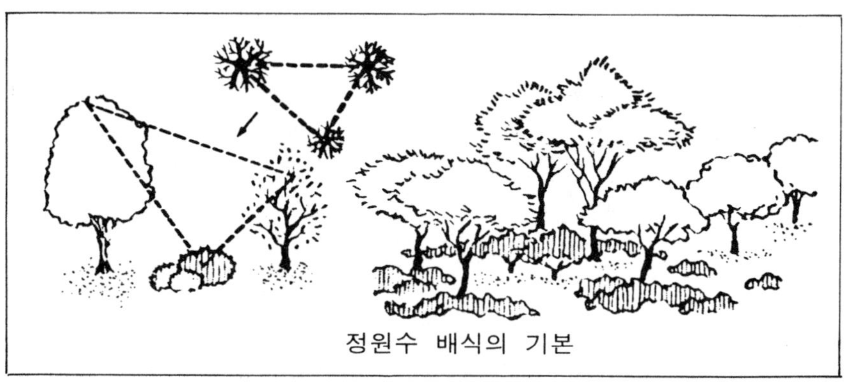

정원수 배식의 기본

1) 자연식 배치

정원수를 자연스럽게 배치하는 것으로 한식 정원에서 많이 찾아볼 수 있다. 자연 배치는 전망이 중심이 되는 주목으로는 소나무류, 비자나무, 나한송, 주목, 향나무류 등과 같은 묵직한 수간의 것을 고르고 여기에 늦동백, 때죽나무, 단풍나무, 소시나무, 매화, 라일락, 벚나무 등을 배치하고, 관목으로 철쭉, 마취목, 화살나무, 애기주목 등을 심는 것이 일반적이다. 따라서 한식 정원에 배식하는 방법으로서 중심이 되는 나무(主木)와 곁에서 도와주는 역할을 하는 나무(添木)와 그에 대립하는 뜻을 지닌 나무(對木) 등의 3종류의 짝맞춤이 기본이며, 다시 그 한 무리의 앞에 조화와 주경을 위한

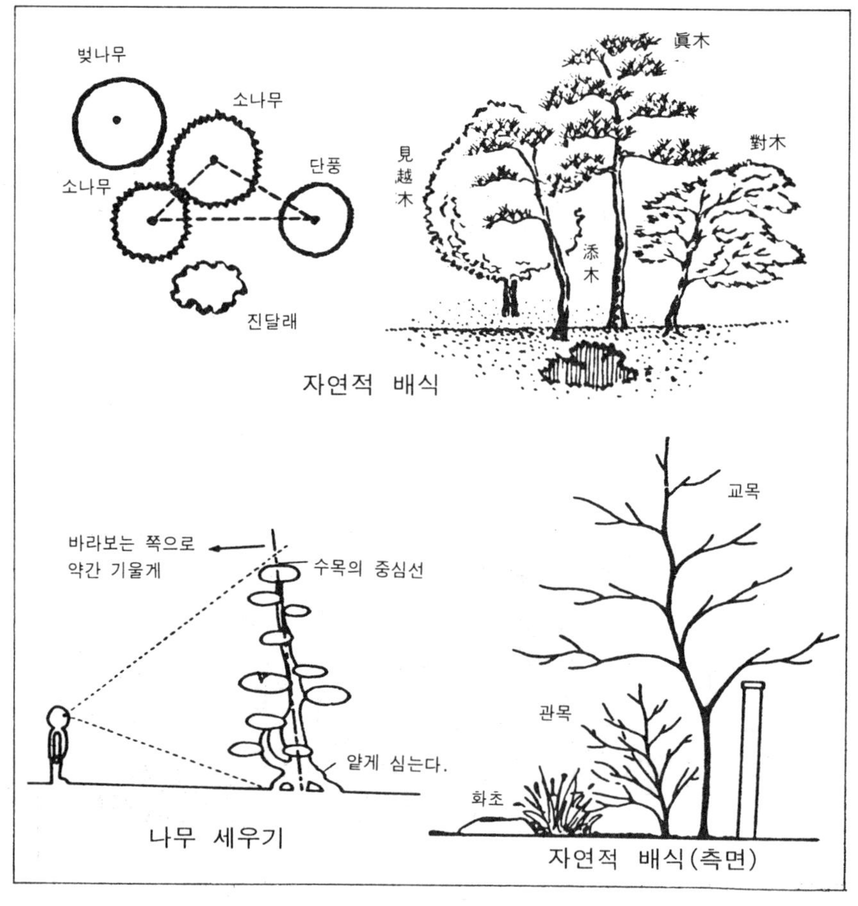

나무를 뒤쪽에도 수경이 되는 나무를 배치하여 전체가 하나의 풍경을 구성해 내도록 한다. 그리고 이 3종의 짝 맞춤을 할 때는 일직선으로 늘어서지 않도록 하며, 또 같은 간격이 되지 않도록 부등변 삼각형으로 심어 놓는다.

그윽한 나무 숲을 만들 때는 이런 기본형 몇가지로 짝 맞추어 가면 되는 것이다. 그러므로 정원 전체에 심을 때는 이와 같이 3주 중에서 1주를 중심으로 해서 심고 다시 3주씩의 덩어리 중에서도 한 덩어리를 중심으로 해서 심으면서 전체적인 정원 균형을 잡아 심어간다면 아름다운 나무 숲이 이루어지게 될 것이다. 그렇다고 정원수가 서로 붙어있는 식으로만 심는다면 묘미가 없다. 역시 친근미가 필요하다. 자연 상태에서 나무들끼리 지엽을 서로 무성하게 하면서 조금도 부자연함을 느끼지 않고 사이좋게 우거져 있는 것을 볼 수 있는데 이것이 친근미로서 정원수 배치도 자연상태에 있는 수목의 배치와 같도록 자연스럽게 배치함으로써 자연풍경을 연출할 수 있는 것이다.

2) 정형식 배치(整形式)

정원의 형태가 뚜렷한 선으로 구성되어 있는 직선형의 통로나 네모형이나 원형으로 되어 있는 정형식 정원에서는 정원수도 그에 알맞는 수직선의 아름다움이 돋보이는 것이 어울리게 된다.

종려, 향나무, 노송나무, 화백나무, 후피향나무, 삼나무, 주목 등 직간성 나무에 영산홍, 돈나무, 철쭉류, 치나무 등 관목을 짝 맞추어 심으면 정형식의 균형이 맞게 된

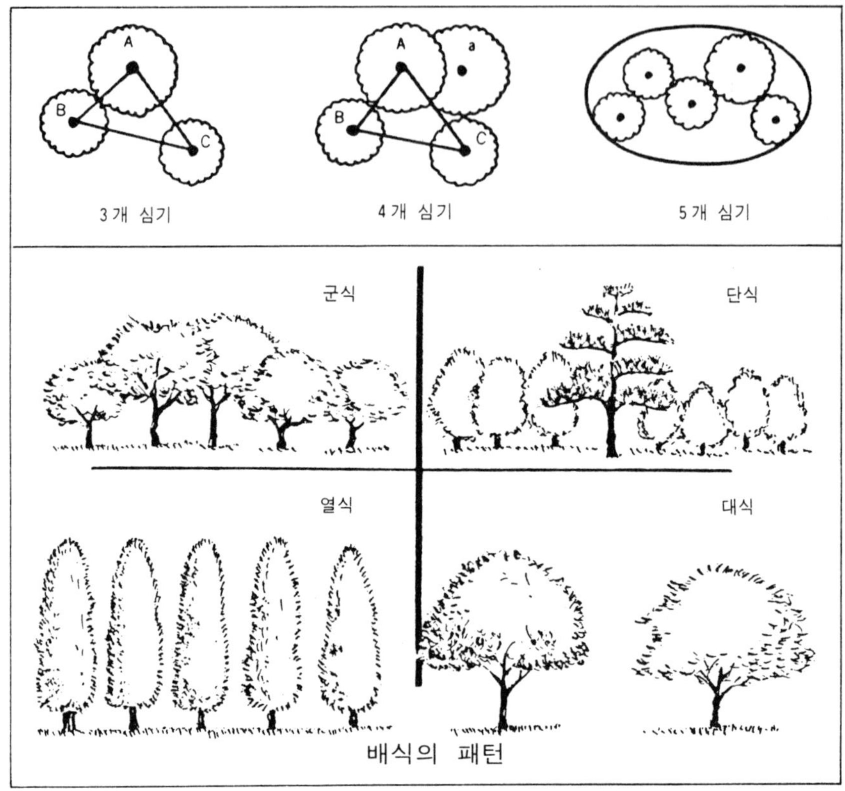

다. 수목의 배치는 단식, 군식, 대식, 열식 등이 있으나 [단식]은 하나의 돋보이는 배식을 통해서 다른 부분을 생생하게 노출시키는 것이다.

[군식]

정원수를 집단으로 심었을 경우의 구성적인 아름다움을 노린 것으로서 여기에는 단일 수종을 사용하는 경우와 2종 이상의 수종을 혼용하는 경우가 있다.

[대식]

건물이나 구조물 좌우에 고르게 심어 건물이나 구조물을 돋보이게 할 때 심는 방법이다.

[열식]

강한 힘과 정연한 인상을 만들어낼 수 있는 배치로서 통로나 길 옆에 가로수처럼 나란히 심어 눈가리기로 아주 적격한 방법이다.

다. 정원수 옮겨 심기

1) 옮겨 심기 요령

정원 공사를 수목 이식 적기에 실시하는 것이 제일 좋으나 시기를 놓쳤을 경우는 옮겨 심을 때 충분한 주의가 필요하게 된다. 정원 공사는 토목 건축 관계 공사가 완성되었을 때 행하여지는 것이 보통이며 이때는 이미 적기를 지난 후 이식을 하게 되는데 이럴 경우에는 아래와 같은 대책을 취하여야만 옮겨 심은 수목을 착근시킬 수 있다.

(1) 작은 묘목일 경우, 눈이 나와 있을 경우는 땅을 파고 옆으로 눕여서 가식을 해 두어 일시적인 휴면 상태를 유지해 두었다가 적절한 시기에 정원에 옮겨 심는 것이 바람직하다.

(2) 정원수일 경우는 이미 잎이 나와 있는 경우는 수분 증발을 억제하기 위하여 잎을 따고 불필요한 가지는 전지를 한다음 옮겨 심고 하루에 2~3차례 엽수를 해줌으로써 수분 증발이 적어져 활착율이 좋아진다.

2) 옮겨 심기 좋은 나무

나무를 옮겨 심을 때는 잔뿌리가 많이 나와 있는 정원수를 선택하여 심는 것이 활착율이 가장 높다. 때문에 정원수를 구입할 때는 잔뿌리가 많은 나무를 골라 구입해야 한다.

묘목상이나 나무 시장에서 구입할 때는 이식을 여러번 해서 잔뿌리가 많이 나온 것은 착근이 빠르고 고사하는 경우가 많지 않으나 단번에 옮겨 심는 정원수는 실패율이 높다. 더욱이 노목이나 대목일 경우는 이식하기가 어려우므로 뿌리를 돌려가면서 미리 잘라주어 잔뿌리가 많이 나도록 한 다음 옮겨 심는 것이 바람직하다.

● 옮겨 심기 좋은 나무

상록침엽수종

반 종	눈향나무	향 나 무	주 목	리기다소나무
방크스소나무	서양측백	눈 주 목	화 백	측백나무
비자나무	섬잣나무	연필향나무	실 화 백	히말리아시다
편 백	솔송나무	잣 나 무	옥 향	
가이즈까 향나무	독일 가문비나무			

상록활엽수

아왜나무	휘 양 목	피라칸사스	치 나 무	사철나무
금레사철	조혹나무	종가시나무	협 죽 도	통 탈 목
산 호 수	돈 나 무	사스레피나무	후박나무	호랑가시나무
팔 손 이	자금나무			

낙엽침엽수

은행나무	

낙엽활엽수

개 나 리	이팝나무	당 단 풍	좀작살나무	백당나무
금 자 매	칠 엽 수	배롱나무	화살나무	산 철 쭉
단풍철쭉	회화나무	서 나 무	노각나무	옥 매 화
명자나무	고광나무	용 버 들	매실나무	쥐똥나무
병아리꽃나무	나무수국	자두나무	백 목 련	황 매 화
수 국	댕강나무	팽 나 무	석 류	느릅나무
장 미	무 궁 화	골 담 초	위 성 류	모과나무
풍 년 화	보리수나무	낙 상 홍	참빗살나무	복 자 기
계수나무	싸리나무	매발톱나무	피 나 무	수양버들
단풍나무	쪽제비싸리	미선나무	조팝나무	은백양나무
목 련	해 당 화	부 용 화	남 천	채 진 목
산딸나무	아그배나무	앵도나무	매자나무	홍 단 풍

덩굴수종

노박덩굴	능 소 화	담쟁이덩굴	덩굴장미	칡
등 나 무	으름덩굴	인동덩굴		

기타 수종

실 유 카	오 죽	왕 대	이 대	종 려

지피류

맥 문 동	바위떡풀	훼 스 큐	복 수 초	폴록스피나무
잔 디				

● 옮겨 심기 나쁜 나무

상록침엽수종

구상나무	백 송	적 송	전 나 무	개비자나무

상록활엽수종

감탕나무	만 병 초	참식나무	태 산 목	유카리나무
붉가시나무	녹 나 무	동백나무	먼 나 무	후피향나무
참가시나무	비파나무	빗죽이나무		

낙엽활엽수종

가중나무	배 나 무	상수리나무	음 나 무	자작나무
감 나 무	백합나무	아카시아	일본목련	쪽동백나무
떡갈나무	붉 나 무	오동나무	자귀나무	중국굴피나무
말채나무	살구나무	은단풍	자 목 련	박태기나무
생강나무	철쭉나무	탱자나무		

덩굴수종

마 삭 줄	모 람		

3) 뿌리 돌리기법

　모든 수목은 뿌리끝의 털뿌리에서 수분과 양분을 빨아올려 생육해 간다. 그러므로 굵은 뿌리를 잘라주어 실뿌리가 많이 나오도록 유도해 주어야 한다. 때문에 뿌리 자르기를 하지 않고 방치해 두면 큰뿌리가 상당히 먼곳까지 뻗어 나가게 되므로 멀리 떨어진 곳에 나있는 털뿌리에 의해 수분과 양분을 흡수하게 된다. 이렇게 되면 수분과 양분 흡수 경로가 길어지게 된다. 또한 이와 같은 정원수를 옮길 때는 상당히 큰 구덩이를 파야 하므로 힘이 들기 때문에 힘이 들지 않고 이식이 용이하도록 이식 전에 굵은 뿌리를 짧게 잘라 주어 새 뿌리가 많이 나도록 하는 것이 좋다.

4) 정원수목 굴취

　정원수로 선택된 수목은 수목의 직경 3-5배 정도의 둘레를 파내려 가면서 굵은 뿌리와 잔뿌리를 예리한 가위나 톱으로 절단하면서 굴취해 내려가 직근이 노출되면 조여 잘라주고 실뿌리를 보호하면서 파 올린다.

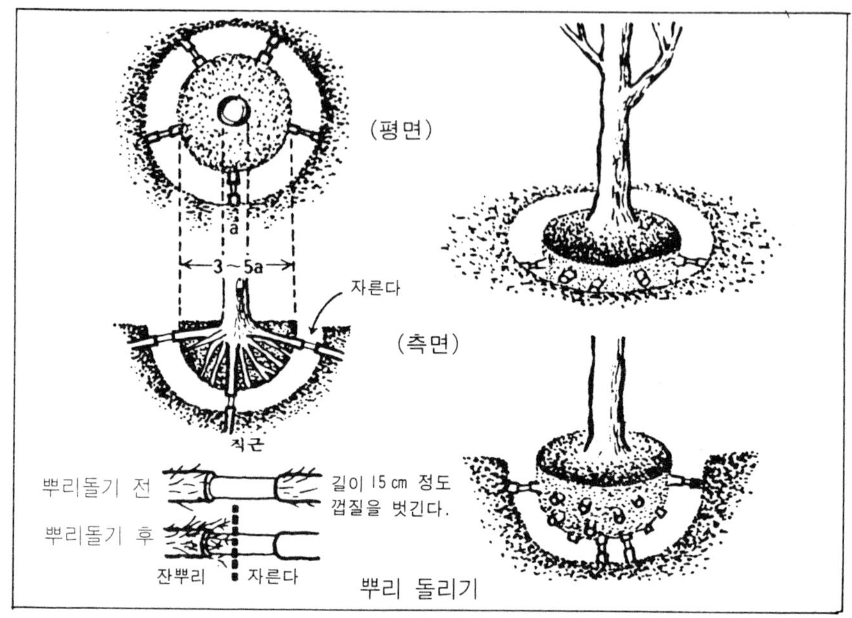

파올리기 전에 뿌리틈에 붙어 있는 흙이 떨어지지 않도록 새끼나 굵은 고무줄로 돌려 가면서 튼튼히 감아 뿌리에 붙어 있는 흙이 갈라지거나 손상되지 않도록 하여 파올린 다.

파올린 수목의 뿌리 부분이 직사 광선에 건조되지 않도록 즉시 심거나 시간이 지체되 면 음지를 만들어 주고 물을 뿌려 건조를 방지해 주거나 임시로 가식을 하는 것이 바람 직하다.

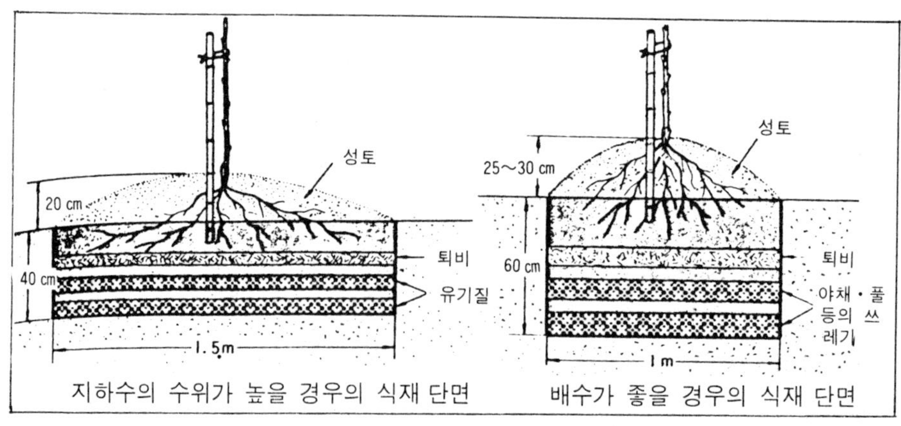

라. 정원수 번식

1) 실생법

가) 종자 채취

자연 상태에 산재해 있는 수목의 열매를 채취하는 경우도 있으나 자연 상태에 있는 수종은 잡종이 많이 되는 결과를 초래하므로 채취할 때는 잡종이 많지 않은 종자를 수집하는 것이 바람직하다. 간혹, 우수한 잡종 품종이 생기는 경우도 있으나 대다수가 저질의 품종이 많다. 때문에 자연 상태의 종자를 채종할 때는 이 점을 유의하여야 한다.

종자를 구하고자 할 때는 믿을 만한 종묘상이나 수입상에서 직접 구입하는 것이 바람직하다.

나) 종자 관리

종자를 채집하였을 때는 비닐봉지에 모래와 같이 혼합하여 건조되지 않도록 음지에서 관리하던가 채취 즉시 수종명, 채집 장소, 채종 일시를 적어 꼬리표를 달고 건조되기 전에 노천 매장하였다가 적당한 시기에 파종하는 것이 최상의 일이다.

다) 저장 방법

채종한 종자를 파종할 때까지의 기간 동안 잘 저장해야 발아의 효율을 올릴 수 있으므로 다음 몇가지 방법을 소개하고자 한다.

(1) 노천 매장

양지바른 장소에 땅을 파고 매몰하는 방법으로 땅 속 해충의 피해에 주의하여야 하며 지온이 너무 높아 매몰 상태에서 종자가 발아되지 않도록 하여야 한다.

(2) 눈속 매몰

종자를 눈속 바닥에 매몰했다가 파종 시기에 파내서 파종하는 방법이다.

(3) 건조 저장

가을에 채종한 종자는 대부분 다음해 봄까지 특별한 저장이 없이도 활력이 저하되지 않으나 종자에 따라서는 건조에 약한 품종이 있음을 염두에 두어야 한다. 그러나 장기

저장에는 종자를 0°C~5°C의 저온에서 보관하는 것이 바람직하다.

라) 종자 발아 촉진법

종자를 묘판에 파종하고 보통 1~2년에 걸쳐서 발아되는 품종도 있다. 발아에 적합한 수분, 온도, 공기 등 외적 조건이 갖추어지지 않았기 때문에 발아가 늦어지는 것으로 이런 종자를 휴면 종자라 한다. 이러한 원인을 해소하고자 인공적으로 발아를 촉진시키는 방법은 다음과 같다.

(1) 상처내는 법

단단한 종자의 껍질을 인공적으로 상처를 주어 파종하는 방법.

(2) 열 처리법.

종자의 껍질이 견고하여 80°C의 열탕에 몇초에서 몇분 동안 또는 40~50°C의 온탕에서 1일~수일 담그어 열처리하여 파종하는 방법

(3) 침수법

종자를 수일 동안 물에 담그어 종자에 수분을 완전히 흡수시켜 파종하는 법

(4) 저온 처리법.

습한 모래에 섞든가 수태에 종자를 차서 0~5°C의 저온에서 1-2개월 저장하는 방법

(5) 온도차 이용법

25°C~0°C-5°C의 온도차를 주어 1-2개월 번갈아 가면서 보관하였다가 파종하는 방법

● 발아가 양호한 수종

상록침엽수종

리기다소나무	소 나 무	편 백	히말리아시다	주 목
방크스소나무	실 화 백	해 송	눈향나무	반 송
삼 나 무	연필향나무	향 나 무	눈 주 목	구상나무
서양측백	측백나무	화 백	옥 향	가이즈까향나무

상록활엽수종

조록나무	금테사철	산호나무	통탈목	회양목
광나무	목서	가금우	피라칸사스	은행나무
꽝꽝나무	사철나무	차나무	호랑가시나무	

낙엽활엽수종

귀룽나무	당단풍	꼬리조팝나무	무화과나무	장미
느릅나무	매실나무	남천	부용화	진달래
때죽나무	산수유	단풍철쭉	삼지닥나무	황매화
산딸나무	아그배나무	매발톱나무	앵도나무	홍단풍
야광나무	오동나무	무궁화	일본조팝나무	골담초
석류나무	참빗살나무	보리수나무	쥐똥나무	낙상홍
위석류	꽃아그배나무	산초나무	화살나무	누리장나무
자두나무	대추나무	싸리	팽나무	망종화
가중나무	모과나무	옥매	고광나무	모란
단풍나무	상수리나무	쪽재비싸리	나무수국	백당나무
떡갈나무	아카시아	해당화	노린재나무	산철쭉
산사나무	용버들	팔배나무	댕강나무	수수꽃다리
수양버들	음나무	개나리	명자꽃나무	오갈피나무
염주나무	채진목	꽃아카시아	미선나무	좀작살나무
은백양나무	층층나무	낭아초	분꽃나무	탱자나무
주엽나무	회화나무	딱총나무	수국	흰말채나무
갈참나무	매자나무	영산홍	은수원사시나무	

덩굴수종

능소화	담쟁이덩굴	덩굴장미	등나무	인동덩굴
마삭풀	모란	보리장나무	송악	칡
오미자	위령선	으름덩굴		

기타목

실유카	오죽	왕대, 갈대	이대, 조릿대

지피류

맥 문 동	바위떡풀	벤트그라스	비 비 추	훼 스 큐
왕포아풀	플 록 스	피 나 물	잔 디	

● 발아가 보통인 수종

상록침엽수종

금 송	독일가문비	섬잣나무	솔송나무	전 나 무
잣 나 무				

상록활엽수종

담 팥 수	붉가시나무	종가시나무	돈 나 무	식 나 무
동백나무	빗죽이나무	감탕나무	만 병 초	치자나무
동 청 목	소귀나무	가시나무	사스레피나무	팔 손 이
먼 나 무	아왜나무	다정큼나무	서 향	협 죽 도

낙엽활엽수종

개회나무	느티나무	목 련	배롱나무	수양벚나무
계수나무	마 가 목	복 자 기	백 목 련	쉬 나 무
네군도단풍	멀구슬나무	붉 나 무	백합나무	은 단 풍
노각나무	모감주나무	배 나 무	서 나 무	일본목련
병아리꽃나무	자 목 련	쪽동백나무	풍 년 화	까침박달
황 철 쭉	가막살나무	고추나무	피 나 무	생강나무
호도나무	말채나무	박태기나무	괴불나무	히 어 리
천선과나무				

덩굴수종

노박덩굴				

기타 목

유 카				

● 발아가 불량한 수종

상록침엽수종

백 송	비자나무	개비자나무		

상록활엽수종

굴거리나무	녹 나 무	백 량 금	비파나무	태 산 목
황칠나무				

낙엽침엽수종

낙 엽 송	낙 우 송			

낙엽활엽수종

감 나 무	철쭉나무	중국굴피나무	자작나무	칠 엽 수
자귀나무	가래나무	살구나무	왕벚나무	

기타 목

야 자	종 려			

지피류

복 수 초				

마. 파종

저장된 종자를 파내어 파종하고자 할 때는 소량인 경우는 상자나 포트를 이용하고 다량일 경우는 밭에 파종상을 설치하여 파종하는 것이 바람직하다.

● 파종상

파종상을 만들 때는 먼저 깨끗한 흙을 사용하여야 함을 명심해야 한다.

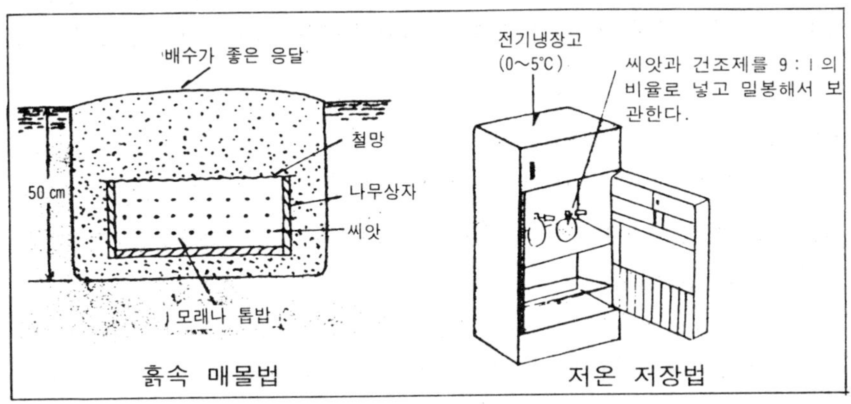

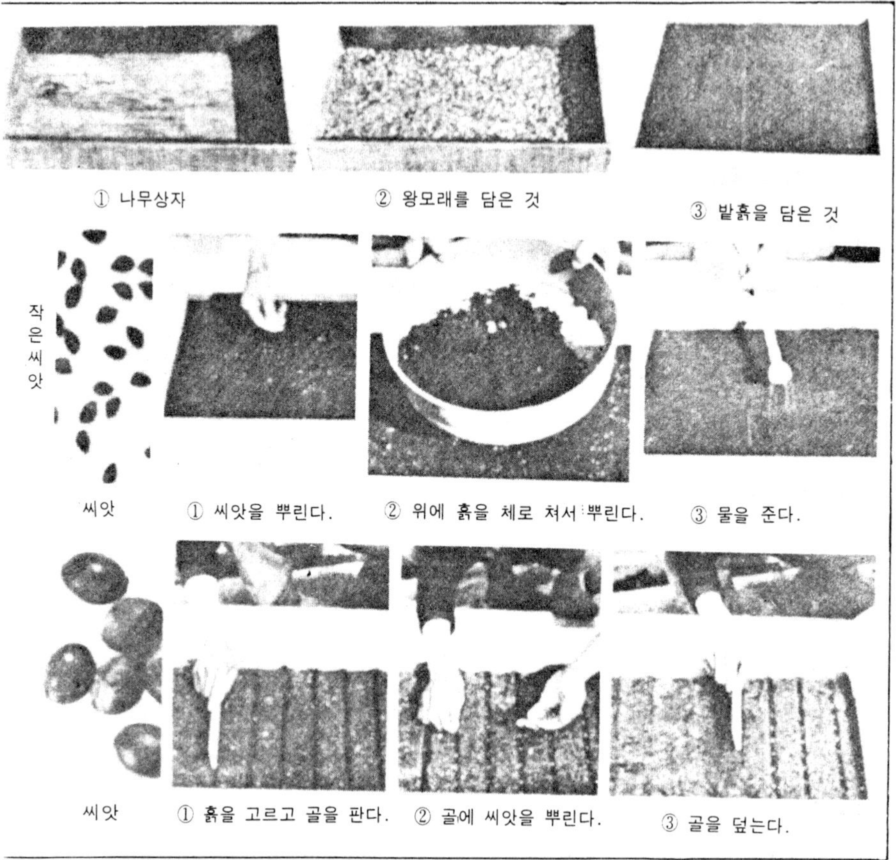

깨끗한 흙을 2-3mm체로 쳐서 고운 입자의 흙은 쳐내고 4-5mm체로 큰 입자의 흙알을 쳐내고 파종상을 만든 후 종자를 파종하고 충분한 급수를 해주고 비닐하우스에 넣어 온도를 높여 준다.

● 이식

파종하여 종자가 자라는 정도에 따라 1년~3년째 이식을 하는 것이 좋으나 묘목이 15cm 정도 자랐을 때 봄이나 가을에 하지만 15cm 이하인 묘는 발육을 촉진시켜 다음해에 하는 것이 바람직하다.

이식하고자 하는 곳에는 미리 퇴비, 계분 등 유기질 비료를 사용하고 이식할 묘목의 뿌리를 약간 전지해 주어 이식 후 잔뿌리의 발생이 많도록 한다.

이식 후에는 해가림을 해주고 엽수를 충분히 하여 건조를 막아주고 약제 살포, 시비를
철저히 해주어 생장이 왕성하도록 한다.

2) 꺾꽂이법(삽목＝挿木)

지구상에서 살아가는 모든 수목은 꺾꽂이로서 번식을 할 수 있으나 인간이 번식에 적
합한 조건을 만들어 주느냐에 따라 발근이 잘 되고 발근이 잘 되지 않는 결과가 나오게
된다. 따라서 발근 조건이 수종에 따라 다르므로 수종의 성질에 따라 적합한 조건을 만
들어 주는 것이야말로 삽목의 기술이므로 많은 경험과 연구가 필요하다.

정원수는 실생법보다 삽목법으로 번식을 많이 하고 있다. 삽목법은 대량으로 증식할
수 있으며, 비용을 적게 들여 다량의 묘목을 간편하게 얻을 수 있다. 뿐만 아니라 삽목
으로 얻어진 묘목은 어미 나무의 좋은 성질을 그대로 이어받을 수 있으며 개화 결실을
단시일에 얻을 수 있는 장점이 있다.

그러나 하나의 단점이라면 실생 묘목에 비하여 모양이 매끄럽지 못하고 직근의 발달
이 잘 되지 않는 것이 결점이라 하겠다. 또 삽목이 잘 되지 않은 수종은 부득이 삽목
이외의 방법으로 증식을 해야 한다.

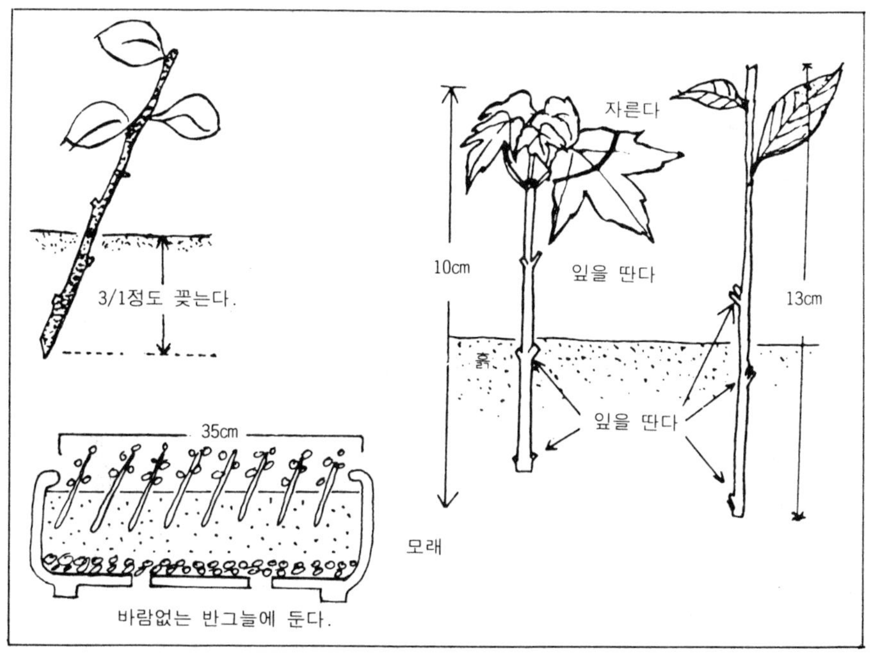

●삽목이 불량한 수종

수 종 명	수 종 명	수 종 명	수 종 명	수 종 명
감 나 무	밤 나 무	비파나무	소 나 무	떡갈후박
미국목련	사과나무	배 나 무	꽃 사 과	애기사과
전 나 무	흑 송	섬잣나무	백 송	은행나무
태 산 묵	대추나무	감탕나무	심산해당	매실나무

가) 삽목 방법(꺾꽂이)

(1) 삽목 적지

소량의 경우는 포트나 나무 상자, 화분 등으로 할 수 있으나 다량의 경우는 밭이나 정원의 공지를 이용할 수 있다.

밭이나 정원의 공지를 이용할 때는 양지 바르고 바람을 막아줄 수 있는 장소로 너무 건조하지 않은 장소가 적당하다.

(2) 삽목에 적당한 토양

비료분이 적은 황마 사토로서 보습성이 좋고 배수가 잘 되는 깨끗한 토양이면 무난하다. <참고 서적 : "현대분재기술"오성출판사 발행 참고>

(3) 적당한 삽수

침엽수의 경우는 묵은 가지보다는 당년 가지를 선택하는 것이 바람직하다.

활엽수인 경우도 묵은 가지 보다는 1년생 가지를 선택하는 것이 바람직하나 묵은 가지도 발근은 양호하나 시간이 오래 걸리는 단점이 있다.

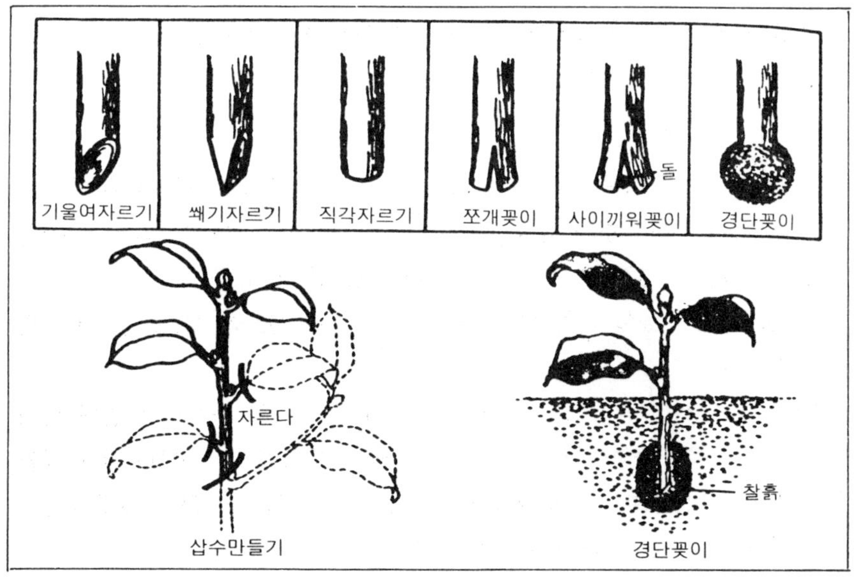

(4) 삽수 만들기

당년 가지를 10-17 cm 길이로 잘라 삽수를 만든다. 봄인 경우는 흙 속에 묻히는 부분의 잎만 제거하고 삽목하면 무방하나 여름인 경우는 잎을 2-3 개 남기고 따 버린다.

자를 때는 예리한 가위로 목질부가 상하지 않도록 자른 후 건조되지 않도록 물 속에 3-4시간 담근 후 삽목을 하므로 발근 효과를 얻을 수 있다.

(5) 삽수 자르는 법

사면(斜面)으로 자르기, 직각으로 자르기, 쪼개 자르기, 경단 붙이기 등의 방법이 있으나 나무의 성질에 따라 선택할 수 있다.

● 가장 안전하게 착근시키는 방법

① 깨끗한 분토를 사용한다.
② 뿌리 사이의 공간이 생기지 않도록 흙을 채운다.
③ 잎이 직사광선을 받지 않도록 한다.
④ 통풍을 막아 준다.
⑤ 뿌리는 물을 적게 주고 엽수를 자주 준다.
⑥ 줄기와 가지의 온도보다 뿌리 부분의 온도가 높도록 한다.
⑦ 뿌리와 가지가 균형을 이루게 한다.

(6) 삽수꽂이와 관리

꺾꽂이용 삽수를 삽목상에 삽수의 1/3~2/3 정도 흙에 묻히도록 꽂은 다음 충분한 급수를 해주어 흙이 굳혀지도록해준다. 삽목이 끝난 후 비닐하우스를 설치하여 삽상의 건조를 방지해 주고 공중 습도를 높혀 준다.

여름철 온도가 높을 때는 반음지를 만들어 주어 온도가 올라가는 것을 방지해 주어야 한다.

겨울철에는 서리가 오기 전에 방한을 해주어 삽상의 동해를 미연에 방지해 준다. 이렇게 하여 뿌리가 내린 것은 눈이 움직이기 시작하면서 성장을 하게 되면 액비를 묽게 타서 시비를 해주므로 생육을 왕성하게 해주어 만1년간 기다렸다 다음해 봄에 이식을 한다.

가) 접목(接木)

접목은 접목하는 장소와 시기 대목 접목의 방법에 따라 다음 그림과 같이
여러가지 방법이 있다.

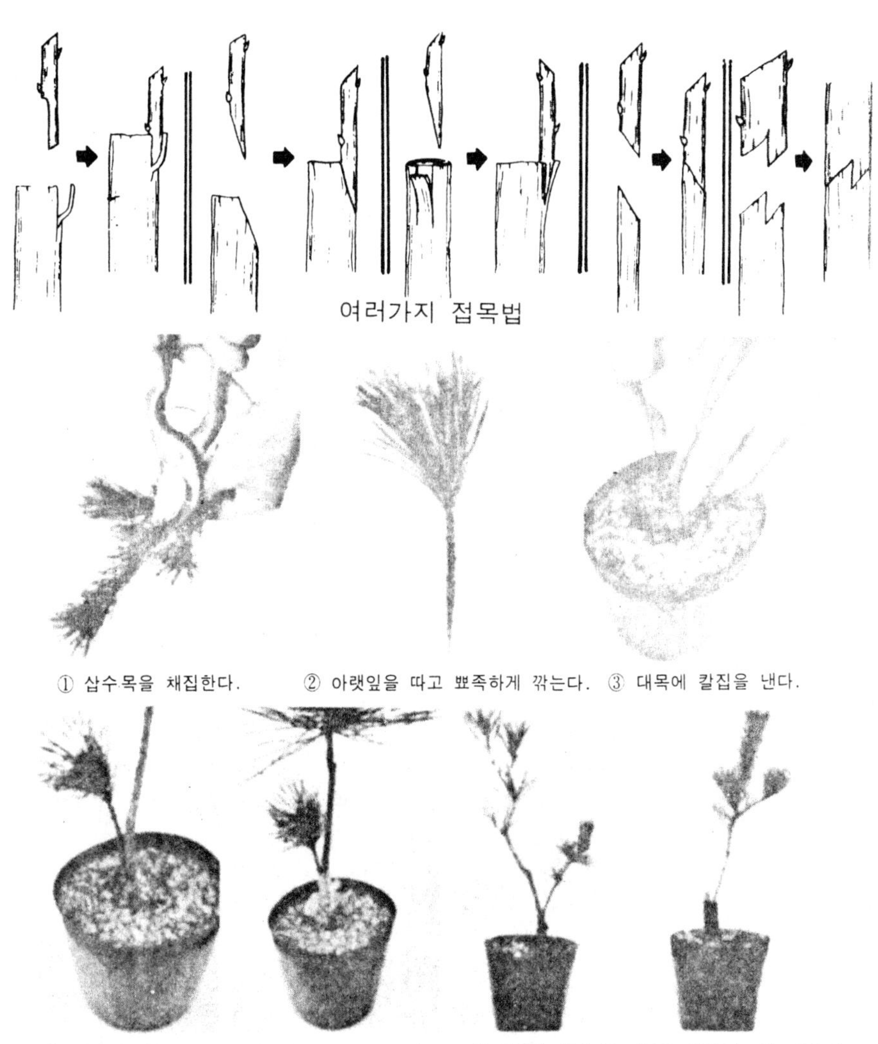

여러가지 접목법

① 삽수목을 채집한다. ② 아랫잎을 따고 뾰족하게 깎는다. ③ 대목에 칼집을 낸다.

④ 칼집에 삽수목을 꽂는다. ⑤ 비닐로 감는다. ⑥ 활착한 상태 ⑦ 대목을 접목된 위는 자른다.

(1) 접목 시기

접목 시기는 수종이나 방법, 지방 기후, 기온에 따라 다르지만 대부분 봄, 여름을 적당한 시기로 본다.

(2) 접목 순서

① 접수는 휴면기에 수집한다.

② 접순의 잎은 제거한다.

③ 형성층을 정확하게 따낸다.

④ 자른 부위를 예리한 칼로 매끈하게 한다.

⑤ 대목과 접수가 움직이지 않도록 고정한다.

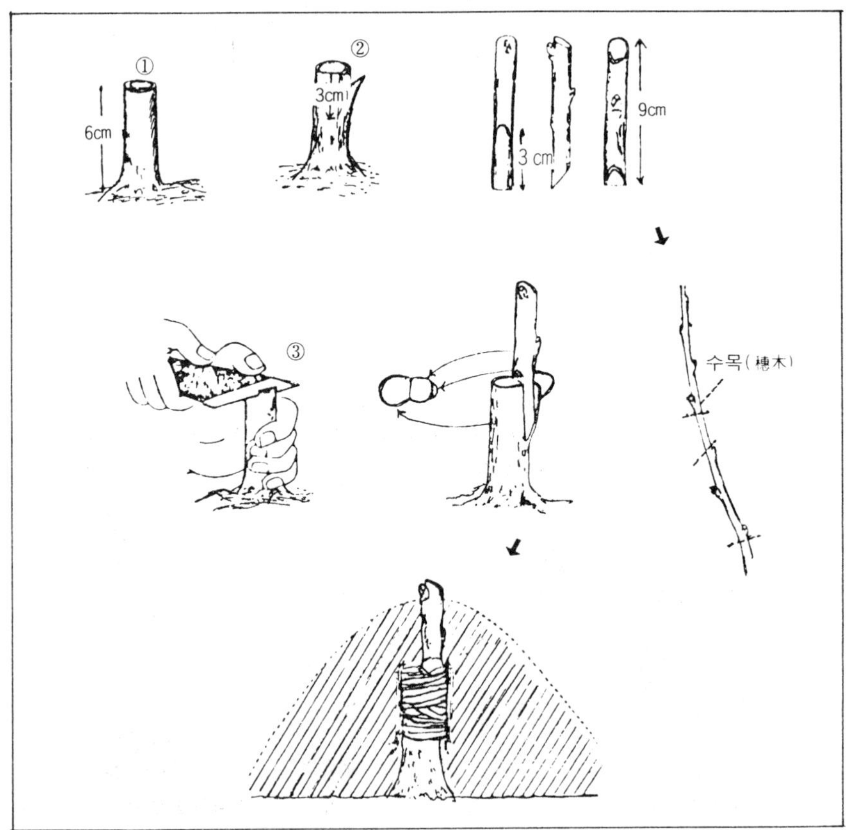

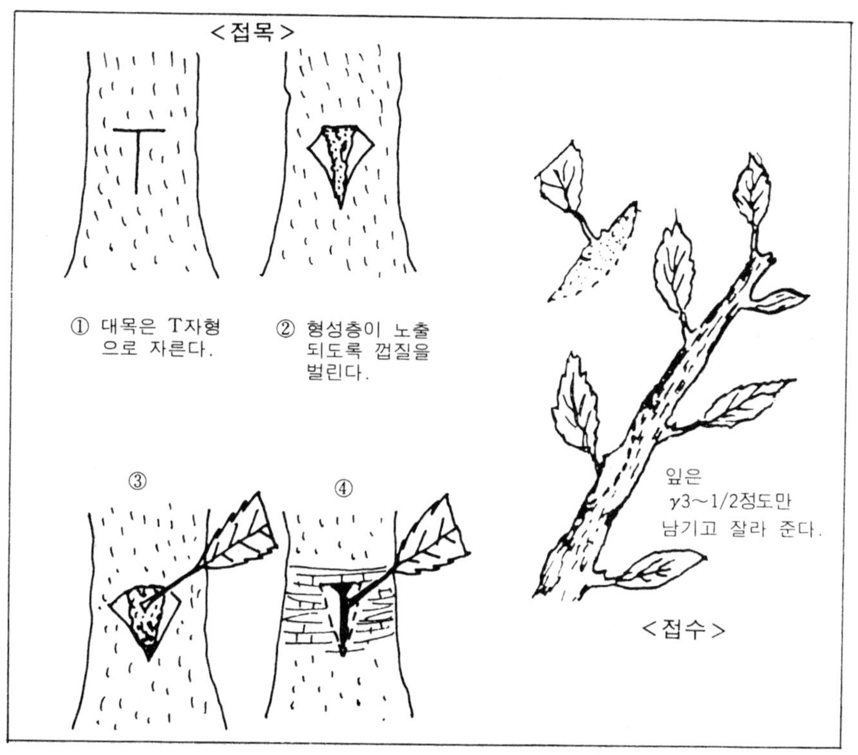

접목 활착 요령

대목이나 접순은 충실한 것을 선택하여야 하고 대목과 접순의 목질부와 표피를 잘 밀착되도록 예리한 접도를 사용하여야 한다. 그리고 접목 적기에 접목을 하는 것이 중요하다.

다) 포기 나누기(분식)

수목의 성질에 따라 분주가 가능한 것이 있으나 다량으로 생산할 수가 없는 것이 단점이라 하겠다.

(1) 방법

봄철 새순이 활동하기 전에 뿌리털이 많이 붙은 것을 파 올린다. 뿌리에 붙어 있는 흙을 완전히 제거한 다음 옆 뿌리에 붙어 있는 뿌리를 차례로 떼어가면서 단단히 붙어 있는 뿌리는 실톱이나 조각칼 등의 도구를 사용하여 분주시킨다.

● 분주 후의 관리

뿌리가 많지 않은 묘는 충분한 수분 공급을 해주고 직사 광선을 받을 때는 해가림을 해주어 증산 작용을 억제해 준다.

라) 취목(取木)

줄기나 가지 껍질을 직경의 1.5배~2배를 벗기고 깨끗한 황토로 싸주며 수분 공급으로 발근을 시켜 모수로부터 분리해 내는 방법으로 높이떼기와 휘묻이 2가지로 구분할 수 있다.

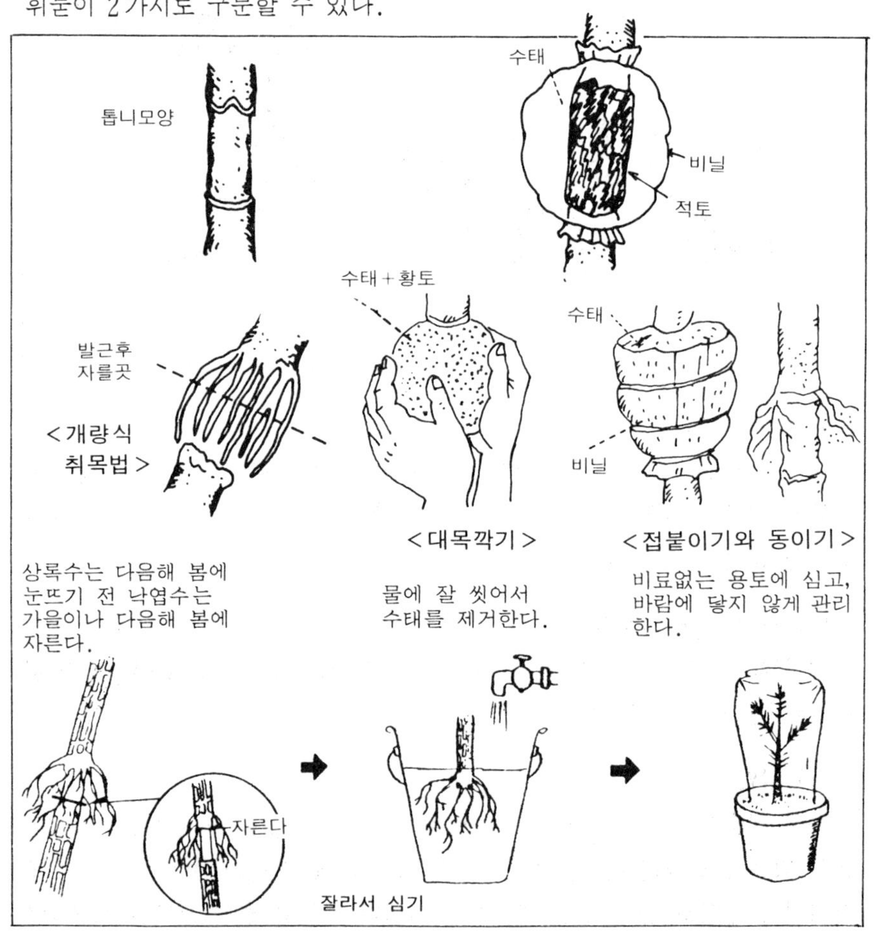

(1) 취목의 적기(높이떼기)

잡목류의 취목은 대부분 발근율이 양호한 편이나 송백류의 취목은 2년에 걸쳐 관리하는 경우가 허다하다.

잡목을 취목할 경우나 송백류을 취목할 경우든 수목의 잎이 완전히 자란 6월 하순이나 7월 상순이 적기라 할 수 있다.

●취목 방법

① 먼저 취목할 가지를 선정한다.

② 예리한 칼로 박피를 한다. (직경 1.5-2 배)

③ 박피한 부분에 깨끗한 황토를 붙인다.

④ 황토를 붙인 부위를 이끼로 싼다.

⑤ 이끼를 투명한 비닐로 싸고 급수 부분과 비수 부분을 만들어 준다.

●모수에서 분리

2-3 개월이 경과하면 비닐 속으로 굵은 뿌리가 노출되기 시작할 때 자르면 되나 뿌리가 굵어진 후까지 기다려 분리시키는 것이 뿌리를 보호해 줄 수 있어 바람직하다.

마) 휘묻이

대부분 주립성의 관목에 응용되는 방법이다.

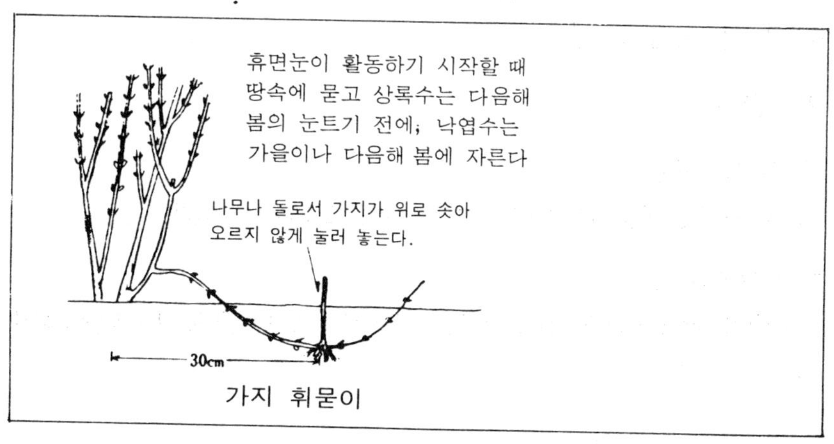

가지 휘묻이

(1) 휘묻이 시기

이른 봄 새눈이 활동하기 직전이 적기라 할 수 있다.

(2) 휘묻이 방법

● 줄기 휘묻이(높이뛰기)

　수목의 밑둥으로부터 약 10 cm 정도 높이에서 박피하고 황토나 사질 양토를 박피 위에 5 cm 정도까지 복토한다. 새 가지는 흙 위로 생장하고 박피한 윗부분은 발근하여 새 뿌리가 나온다.

● 절단 시기

　뿌리가 노출되어 굳어졌을 때 조심스럽게 잘라 이식한다.

● 가지 휘묻이

　상록, 잡목수나 다같이 휴면기에 하는 것이 무방하나 활동 중에도 별 지장 없이 할 수 있다. 가지를 휘어서 지면에 고정하고 박피를 한 다음 줄기 취목과 같은 방법으로 하여 잘라내는 방법으로 가을까지 발근하는 경우가 허다하지만 만약 발근이 되지 않은 경우는 다음 해 발근될 때까지 기다려 발근시키고 발근이 된 낙엽수나 상록수인 경우도 다음해 봄에 새잎이 돋기 전에 잘라 이식하는 것이 관리에 편리하다.

6. 정원 시공 요령

가. 잔디

1) 잔디의 종류

잔디를 대별하면 동양 잔디와 서양 잔디 2가지로 크게 나눌 수 있다.

가) 동양 잔디

동양 잔디는 건조한 곳이나 천박지에 잘 견디며 산성 토양을 좋아하고 난지형이 대부분이다.

(1) 잔디

한국, 일본, 중국 남부지방에 자생하는 산야 잔디로 잎이 억세고 줄기, 잎 양면에 긴털이 나있다가 후에 떨어진다.

도로옆, 사방공사, 묘지 사초용으로 사용되고 있다.

(2) 고려잔디 (금잔디)

대만, 일본, 한국이 원산으로 잔디 중에서 제일 작은 종류로 난지형이다.

줄기의 초장이 2-5cm 폭으로 가늘고 마디 사이가 1cm 내외로 밀생하여 치밀한 잔디밭을 만든다.

(3) 들잔디

제주도, 완도, 경남·북, 충남·북, 강원, 경기, 황해도 전국에 야생하는 잔디로 대부분 해안에 자생하는 다년초로 키가 20cm정도 자란다.

엽질은 다소 억세며, 엽초에 털이 없다.

(4) 참잔디

일본, 대만, 인도 등 동남아시아에 자생한다. 잔디밭에 다량 이용되는 잔디로 섬세하고 유연하며 줄기는 5-15cm 정도가 된다. 내음성과 내습성이 강하며 밝기에 견디는 힘이 강하다.

나) 서양잔디

(1) 부루우 그래스

널리 알려진 대표적인 양잔디로 잘못 알고 많이 쓰이는데 종자는 가늘고 길다.

(2) 벤트 그래스

레드톱 품종 이외에는 일반적으로 떼붙임용 잔디로 사용하는데 런너를 갖는 것도 있다.

(3) 훼스큐

유럽, 아시아, 온대, 한대에 걸쳐 자생하는 종류로 토질을 가리지 않고 잘 자란다.

(4) 버어뮤다 그래스

서양 잔디 중 우리나라 잔디와 같은 난지형으로 미국에서 개량종이 만들어져 이용되고 있다.

2) 잔디 이식

잔디를 심는 시기는 연중 가능하나 적기라고 볼 수 있는 시기는 3월이나 10월이라 할 수 있으나 무더운 여름철 급수만 충분히 해주면 무난하다. 그러나 10월 이후 겨울이 닥쳐오므로 월동 대책을 세워 추위를 막아주는 것이 상식이라 하겠다.

잔디를 만드는 방법은 심는법과 까는법이 있다.

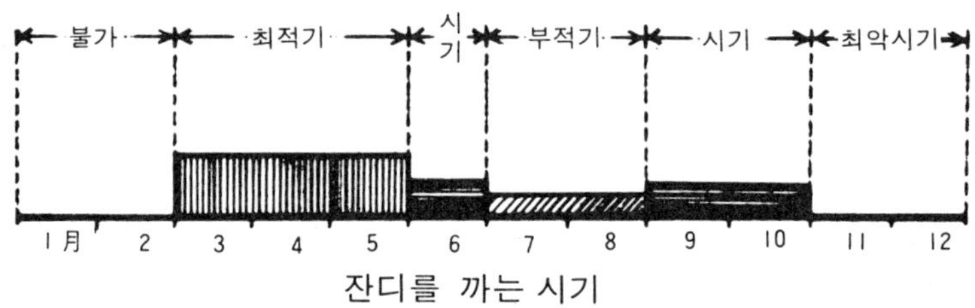

잔디를 까는 시기

가) 까는 법

잔디판을 4각으로 잘라 지면에 그대로 까는 방법으로 지면을 깊이 12-15㎝로 갈아 울퉁불퉁한 것이 없도록 고른 다음 적당한 간격을 유지시켜 간다.

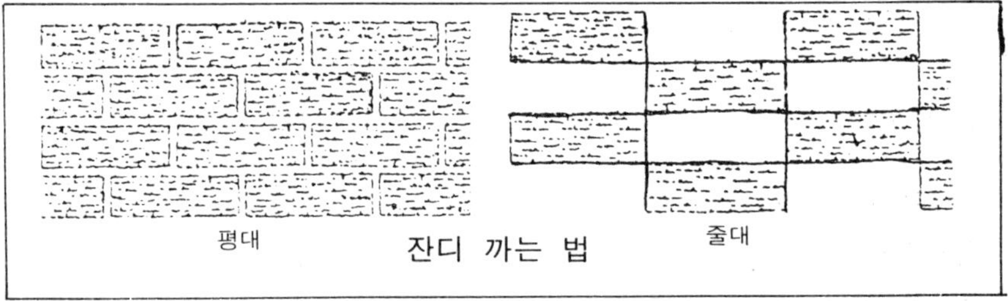

나) 심는 법

금잔디를 증식할 경우에는 잔디의 뿌리흙을 완전히 제거한 후 뿌리 줄기를 풀어 7-10㎝의 길이로 2-3마디 이상 붙어서 잘라 흙 표면 전체에 균일하게 일정한 간격으로 배치하여 심어 놓으므로 잔디밭을 조성할 수 있다.

이 방법은 까는법에 비해 잔디의 양이 5/1~10/1로 절약할 수 있는 장점이 있으며, 잡초 제거에도 도움이 되는 장점도 가지고 있다.

그러나 잔디가 완전히 깔려지기까지에는 시간이 걸리는 결점이 있다.

다) 잔디밭 관리

(1) 잔디전지

토양에 따라 잔디의 생육이 차이가 있으므로 생육을 관찰하여 크다고 판단되거나 아름답지 못할 때는 2-3cm 정도로 깎아 아름다운 잔디밭을 유지해 주어야 한다.

(2) 관수

잔디는 수분이 많으면 잡초와 같이 자라므로 되도록이면 건조하게 관리하는 것이 일반 상식이다.

(3) 잡초 제거

쌍자엽 잡초는 2, 4-D를 살포하여 제거할 수 있으나 일반 잡초는 나타나는 즉시 제거하는 것이 바람직하다.

(4) 시비

시비는 되도록이면 하지 않는 것이 좋으나 생산을 목적으로 할 때는 질소, 인산, 칼리를 생장기에 소량 보충해 주어 생장을 촉진시켜 주고 건조하게 관리한다.

(5) 객토

잔디를 깐 후 3-4년이 경과하여 조밀하게 잔디가 자라면 적절한 간격(10-20cm)으로 솎아내어 밀식되는 것을 막아 주고 솎아낸 자리에 흙을 넣어 잔디 표면과 동일하게 만들어 준다.

(6) 병충해 방제

잔디는 병충해에 강하나 과습이 연속됨으로써 뿌리가 부패되어 잔디가 죽어가는 경우가 있는데 이때는 배수를 철저히 하여 구제할 수 있다.

간혹 녹병, 황화병, 입고병, 반엽병 등이 발생되는 경우가 있으나 잔디를 보호하기 위해서는 톱신앰을 봄, 여름에 살포해 줌으로써 예방할 수 있으며 가을철 월동 직전에 석회유황합제를 살포해 주면 다음해에도 병해를 예방할 수 있다.

7. 미니 정원 조성

주위의 자연이 나날이 황폐화되어 가고 콘크리트 빌딩 숲속에서 여러가지 공해에 시
달리는 현대 생활에서 녹색 자연의 존귀함을 깨닫게 됨으로써 좁은 공간이라도 자연과
접할 수 있는 자연환경을 만들어 생활주변에서 자연을 만끽하고자 좁은 마당, 옥상,
창문, 베란다, 현관, 응접실, 등등 좁은 공간에 조그마한 정원을 만들어 생활의 풍요

로움과 정서적인 마음을 가질 수 있는 활력소를 찾고자 관심을 기울이고 있는 현대인에게 좁은 공간을 이용한 미니 정원 조성은 생활에 도움이 될 것이다.

　빌딩의 옥상으로부터 조그마한 일반 주택에 이르기까지 좁은 공간을 최대한 활용하여 정원을 만들고 정원수와 화초를 아름답게 기를 수 있는 요령을 소개하고자 한다.

가. 건물의 조건

① 정원을 조성하고자 하는 건물의 부분이 정원 조성에 적합 여부를 판단하여 결정을 한다.

② 배수, 방수, 물 주기가 빈번하므로 장기적인 안목에서 방수를 철저히 하여 건물에 피해를 주지 않도록 한다.

③ 용도는 되도록이면 적게 사용하고 보습성을 갖는 토양을 사용한다.

나. 건물 공간에 알맞는 정원 구성

　일반 건물의 옥상이나 베란다, 현관앞, 응접실 등의 공간을 이용하여 화단이나 정원을 만들고자 할 때는 화단이나 정원의 크기를 최대한 축소시키고 흙의 양도 최대한 적게 사용하는 것이 좋다.

　관목이나 분재수를 심을 때는 30-40cm 정도면 충분하다. 그리고 정원수가 너무 크다 보면 영구성이 없을 뿐더러 생육에 많은 지장을 초래하게 되므로 분재를 가꾸듯 아담한 형태의 수형을 만들 수 있는 수종을 선택하여 심는 것이 바람직하다.

　장소에 따라 수종을 선택하여야 하겠으나 가능하면 음지에는 음수, 양지에는 양수를 심는 것이 일반 상식이다.

　정원 구성에 주의해야 할 점은 다음과 같다.

① 건물 구조물의 적격 여부

흙의 무게를 견딜 수 있는지의 여부를 세심하게 파악한다.

② 배수와 방수

급수를 계속해야 하므로 배수를 철저히 하고 건물 내부에 수분이 스며들지 않도록 철저한 방수 시설을 한다.

③ 흙은 보습성이 있는 흙을 사용하고 깨끗한 용토가 적합하며 무기질 비료를 사용함은 피하고 화학 비료를 사용하는 것이 좋다. 무기질 비료를 사용하여 악취와 해충이 발생되지 않도록 한다.

④ 건물 구조에 어울리는 관상수를 선택하고 수목의 습성을 파악한 다음 선택하여야 생명력을 유지시킬 수 있다.

음지인 경우는 음지에서 자랄 수 있는 수목이나 덩굴성 식물을 심는 것이 좋다.

8. 연못 만들기

연못을 만들고자 할 때는 먼저 급수와 배수의 조건 등 연못으로서의 적격 여부를 세심히 관찰한 다음 연못 구성을 연구하여야 하고, 건물의 위치 조건을 참작하여 건물 구조, 물, 수목이 조화를 이룰 수 있도록 설계하여야 한다.

가. 필요한 기구

① 삽 ② 흙손 ③ 양동이 ④ 지면을 다질 수 있는 도구 ⑤ 수평기 ⑥ 물조루 ⑦ 톱 ⑧ 망치 등등

나. 소요 재료

① 자갈 : 기초용으로 콘크리트 바닥에 사용

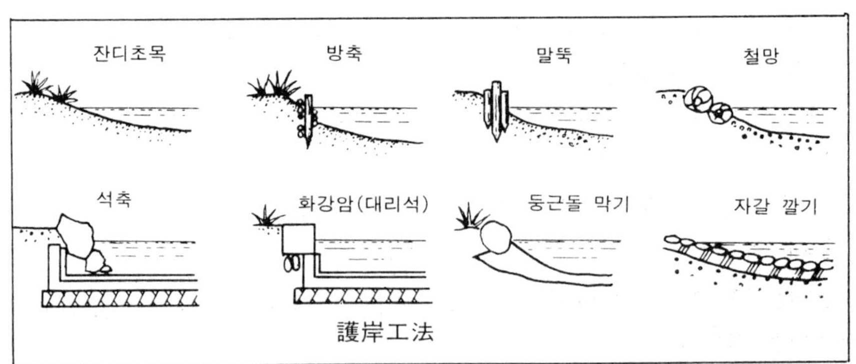

② 시멘트 : 레미콘을 직접 이용
③ 모래 : 기초용으로 자갈과 같이 사용
④ 자연석 : 연못의 구성에 적절하게 선택
⑤ 철망 : 콘크리트 속에 넣어 균열을 방지
⑥ 비닐 : 방수용으로 콘크리트를 하기 전 모래 위에 깔고 콘크리트를 한다.
기타 벽돌, 타일 화강암, 등등

다. 연못 만드는 순서

① 예정된 연못의 크기를 표시한 다음 흙을 파낸다.
② 연못 공사에 소요되는 공간 면적을 예상하고 폭과 깊이를 더 파낸다.
③ 파낸 연못의 기초를 다진 다음 자갈과 모래를 넣어 다지면서 고른다.
④ 비닐을 깐다 (바닥과 벽면을)
⑤ 철근망이나 철사망을 넣는다.
⑥ 배수관을 설치한다.
⑦ 콘크리트를 한다.
⑧ 측면의 철근을 짜고 형틀을 만든다.
⑨ 콘크리트를 한 다음 굳어진 후 형틀을 제거한다.
⑩ 공간 벽면을 흙으로 채운다.
⑪ 적절히 자연석을 이용하여 테두리를 만든다.
호 안은 물에 가리어지는 부분을 불균형 시멘트 말뚝이나 자연석으로 가리고 자갈 언덕을 만들어 자연성을 연출시켜 자연미를 창출해 낸다.

라. 독물 제거

콘크리트의 균열을 막기 위하여 사용한 콘크리트가 굳어지면 즉시 물을 채워 시멘트 독물을 제거하여야 한다.
리트머스시험지를 넣어 적색이 청색으로 될 때까지 물대기와 물빼기 작업을 반복하여 계속한 다음 물이끼가 생길 때 물고기를 넣어야 안전하다. 콘크리트 독물이 제거되지 않으며 물고기가 폐사하게 된다.

9. 포석과 징검돌 설치

가. 포석 설치

포석용 재료는 시멘트 보도블록 벽돌(오지) 적벽돌, 내화벽돌, 자연석 등을 이용할 수 있다.

이러한 재료를 구입할 때는 정원의 구조와 조화를 이룰 수 없는 재료를 선택하여야 한다.

1) 설치법

① 설치 장소를 표시한 다음 설치 재료에 알맞도록 흙을 파내어 지면을 정리 한다.

② 지면에 모래나 자갈을 깔고 포석 재료를 설치한 다음 염산이나 셀모톤으로 표면를
  청결하게 닦아낸다.

③ 재료의 종류에 알맞도록 틈새를 모래나 자갈, 잔디 등으로 포석이 돋보이도록 채
  워 아름답게 한다.

나 징검돌 박는 요령

징검돌의 재료는 정원의 구성에 맞추어 어울릴 수 있는 자연석이나 인조 블럭이나 인
조목을 선택하여 사용할 수 있다.
그러나 형태는 사람의 통행을 도울 수 있도록 모진 부분은 감추고 부드러운 면을 노출
시켜 안전감있게 설치함이 바람직하다.

1) 설치 순서

① 설치 장소의 요소에 징검돌을 놓아 본다.

② 돌 사이에 징검돌을 적절히 배치한다.

③ 실제로 도보를 실시하여 적격 여부를 확인하고 단점을 시정한다.

④ 정원과 조화, 도보에 불편함 여부 등을 고려하여 이상이 발견되지 않으면 돌의 위
  치를 확정한다.

⑤ 확정된 돌은 수평을 맞추어 흙을 파내고, 위치를 고정시킨다.

⑥ 돌 밑에 틈이 생기지 않도록 흙과 자갈, 모래로 채운다.

⑦ 모래, 잔디 등으로 징검돌을 돋보이도록 화장을 한 다음 물로 깨끗이 청소를 한
  다.

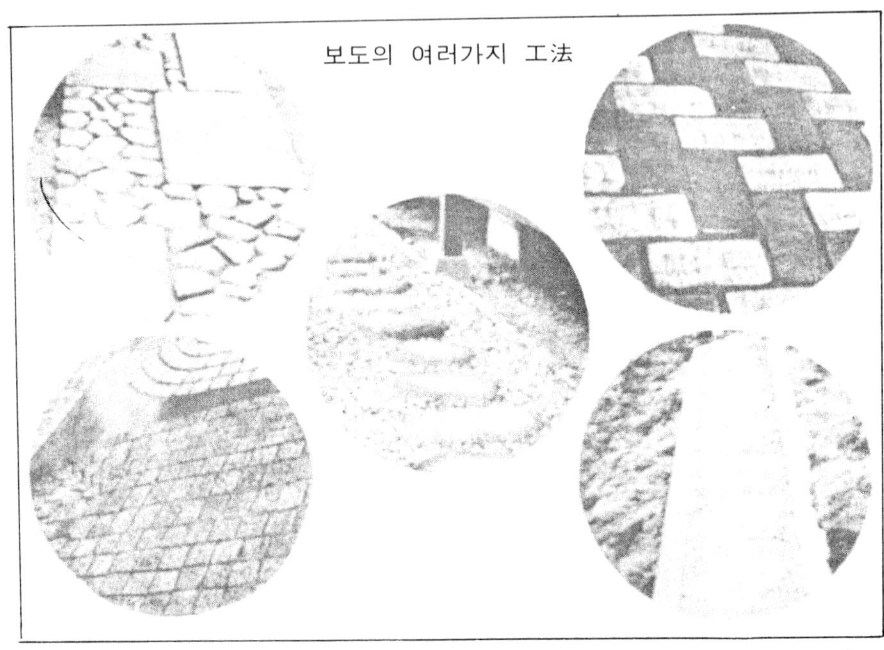
보도의 여러가지 工法

제 6 장 정원수 관리

1. 정지(整枝)와 전정(剪定)

정원수는 대자연 속에서 자유스럽게 자라 나무 특유의 개성을 살려 나무 특유의 수형을 즐기는 것이 이상적이나 정원이라는 좁은 공간 속에서는 여러가지 제약을 받게되므로 정지와 전정을 하여 나무 생장에 도움을 주어야 생장을 원만히 할 수 있는 것이다. 따라서 관상을 목적으로 하는 나무이므로 보기에 아름다운 모양을 갖추어야 한다. 그러므로 수목이 자유롭게 자라게 두어 수목의 수형이 흐트러지기 전에 전지를 하여 모양을 만들어 주기 위하여 해마다 전지 작업을 해주게 된다.

가. 전지의 필요성

관상수가 자라면서 보기가 흉하게 아무렇게나 모양을 가지는 것을 방지하고 모양이 반듯하게 유지되도록 하기 위해서 전지가 필요하지만 좁은 정원에서 수목이 활력이 넘치는 생장을 할 수 있도록 하기 위해서도 전지가 필요하다.

관상수가 커감에 따라 전지를 하지 않고 자유스럽게 자라도록 방치해 두면 몇 해 안 가서 수형이 망가져 정원이 우스운 꼴이 된다. 이런 점을 방지하고 정원수의 수형을 유지시켜 주기 위해서 불필요한 가지는 제거하고 필요한 가지만 자라게

하려는 것이다. 꽃이나 열매가 목적이라면 꽃이 잘 피고 열매가 잘 맺게 잘라주고 그 밖의 수목은 자라 는 모양을 적절히 조절해 줄 수 있다.

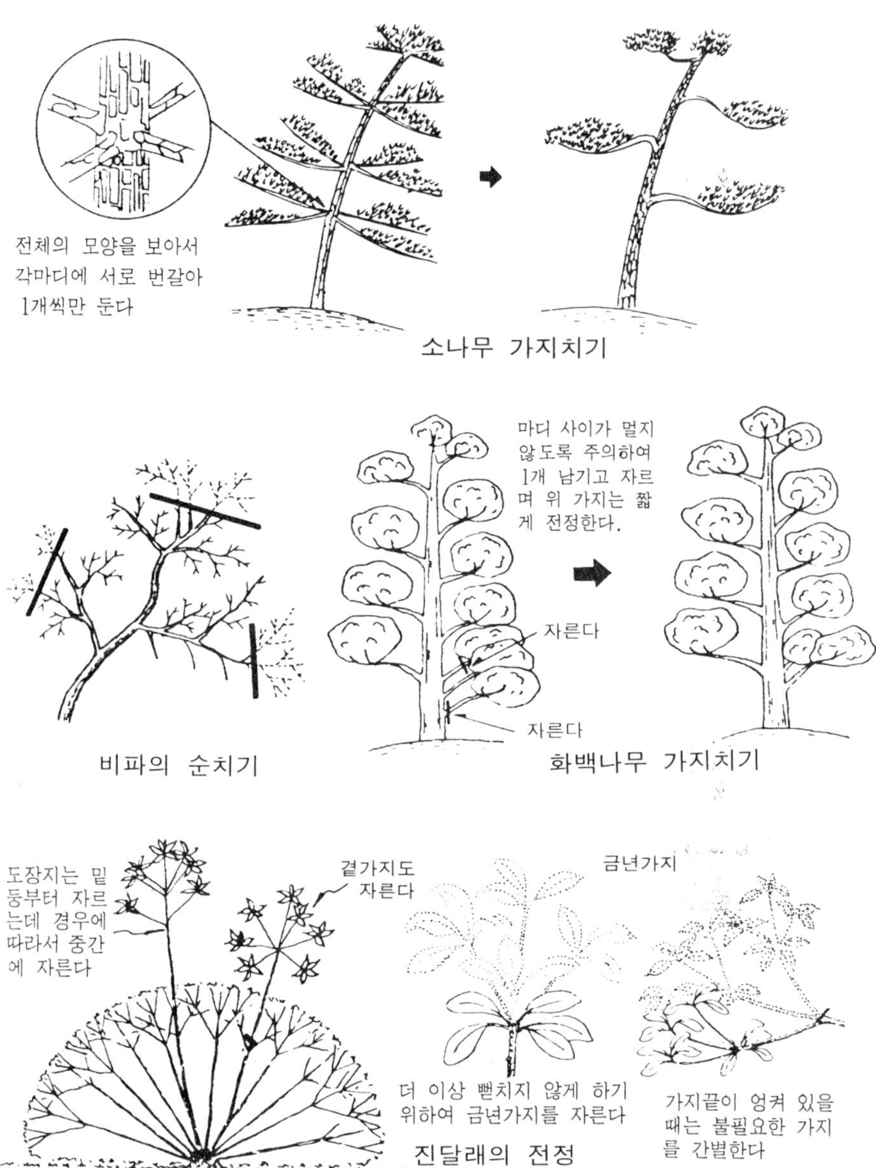

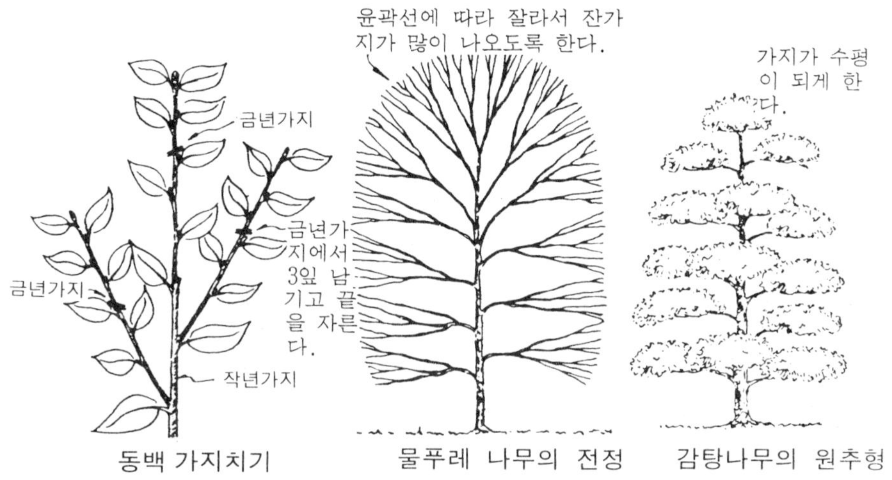

나. 전지의 기본

관상수 전지 요령을 요약하면 아래와 같이 할 수 있다.

① 불필요한 가지를 제거하여 햇빛이 관상수 전체에 받을 수 있게 한다.

② 가지 사이에 통풍을 원할하게 한다.

③ 병충해의 서식처를 제거한다.

④ 가지 치기로 영양분을 고루 운반되게 함으로써 가지의 고사를 막아 준다.

⑤ 꼭 필요한 가지만 자라게 함으로써 수형을 유지시켜 줄 수 있다.

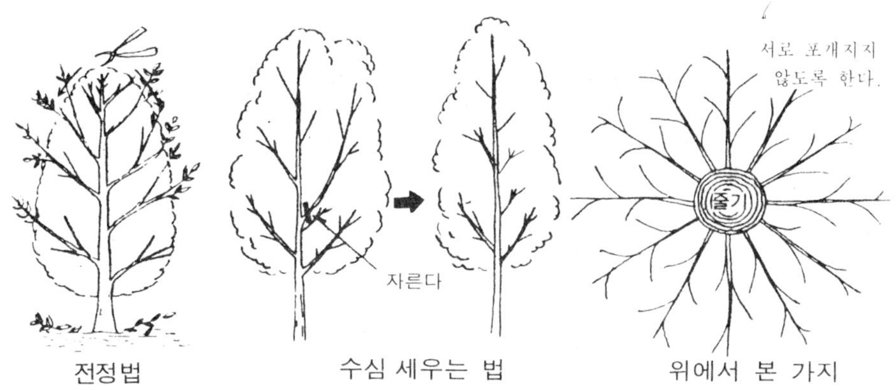

1) 제거할 가지

① 마른 가지

② 길게 도장된 가지

③ 헛 가지

④ 뿌리목에서 나온 가지

⑤ 나무의 중심부에서 한 곳에
   모아져 여러 개의 가지가
   나와 있는 가지 중 속가지

⑥ 원가지에 교차된 가지

⑦ 병충해에 걸린 가지

⑧ 거꾸로 자란 가지

⑨ 줄기에 평행하거나 상하로
   평행한 중복된 가지 중 약한 가지

⑩ 너무 총총히 가지가 배열되어 채광과
   통풍을 방해하는 가지

⑪ 가지가 서로 엉킨 가지

수목의 수형을 보아 전지를 해준다.

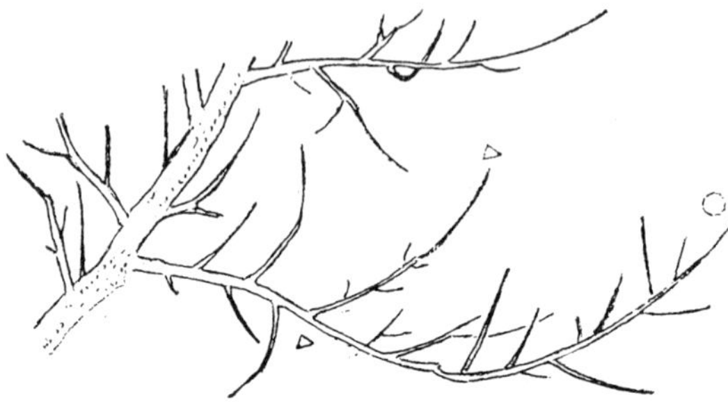

< 수평 이하로 늘어진 곁가지 >

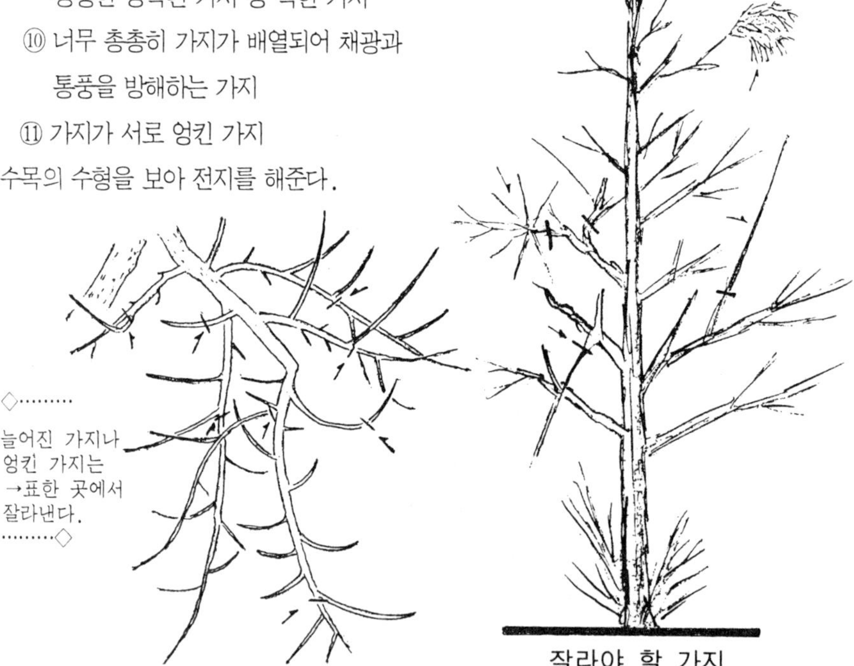

< 지면가까이에 늘어진 가지의 전정 >

잘라야 할 가지

다. 생장 촉진 조절

수목은 나무끝 쪽으로 생장하기 때문에 위쪽으로 세력이 강해진다. 따라서 강한 부분의 전정은 강하게, 약한 부분은 가볍게 전정을 해주어 나무 전체의 세력을 균일하게 조절해 준다.

수목의 세력이 한쪽으로 치우칠 경우 약한 가지는 고사하게 되고 강한 가지는 도장하게 되므로 수형이 흐트러지게 된다. 때문에 정원수는 기본형을 유지하여 관상 가치를 유지할 수 있도록 세심한 관찰로 전지를 하여 수형을 유지시켜야 한다.

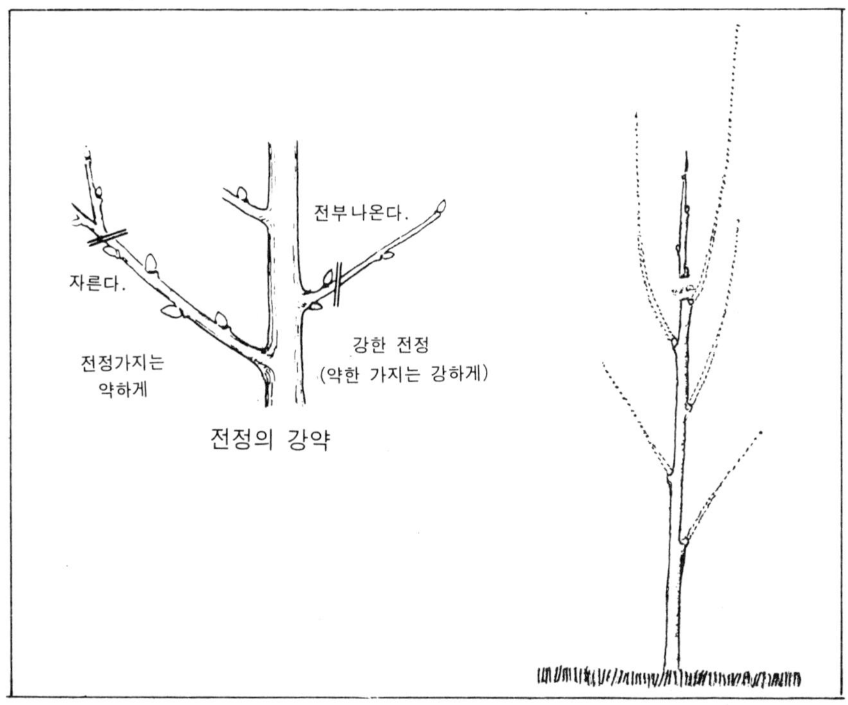

라. 생장 억제

소나무는 솔잎을 남기지 않고 잘라 버리면 새 가지가 나지 않으나 수종에 따라서는 분별없이 눈이 돋아 가지가 생기는 경우가 있다. 그러므로 나무의 습성을 파악한 다음 나무의 습성에 맞도록 적절히 전지를 하여 생장을 억제시킬 수 있다.

소나무의 경우는 신소를 적절히 잘라 생장을 억제하고 솔잎 사이에서 많은 가지가 생겨 잎이 많아지므로 수형도 빨리 갖추고 무성하게 만들 수 있으므로 많이 이용된다.

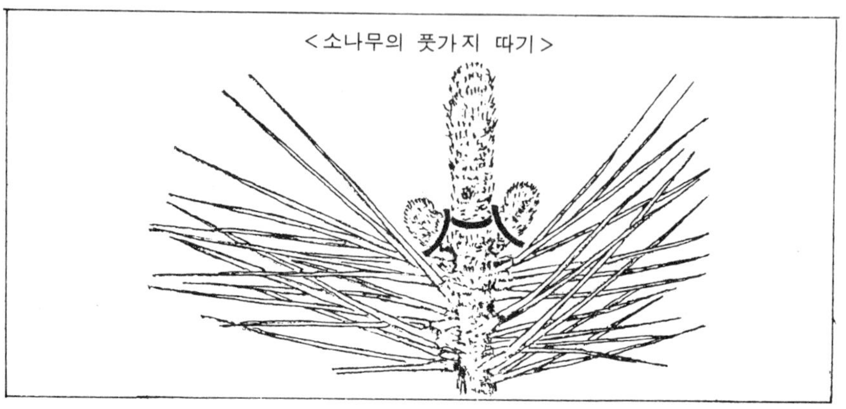

<소나무의 풋가지 따기>

마. 노목의 전정

정원수가 오랫동안 자라 가지가 굵어지고 잎이 엉성해지면 관상 가치가 떨어지게 되므로 주지의 끝을 짧게 조여 잘라 준다. 그러면 다음해에 부정아가 다량 싹트게 되므로 새롭고 세력이 왕성한 가지가 나오므로 나무의 노쇠 현상을 막을 수 있다. 그러나 침엽수에서는 이용이 곤란하나 활엽수에서는 가능하다.

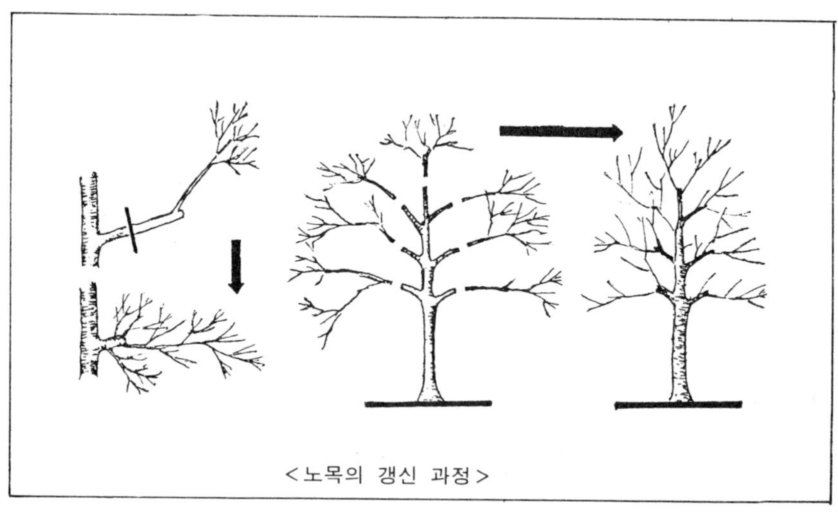

<노목의 갱신 과정>

바. 활착을 돕는 전정

정원수를 이식하게 되면 직근은 물론 잔뿌리를 자르게 되므로 수분 증발의 균형을 유지하기 위하여 뿌리가 잘린 만큼 가지도 전지를 하여 주면 수분 증발을 억제하므로 나무가 쇠약해지는 것을 방지할 수 있다. 따라서 가지를 칠 때는 간격이 고르게 적당히 숙아내고 정돈되도록 하면 활착 후 수형을 만들기가 쉬워진다.

사. 가지 전정

수목의 가지에는 마디마다 눈이 붙어 있다. 수목의 수형에 맞추어 2~3의 눈을 남기
고 전지를 하여 원하는 수형을 만들므로써 관상가치를 높일 수 있다.

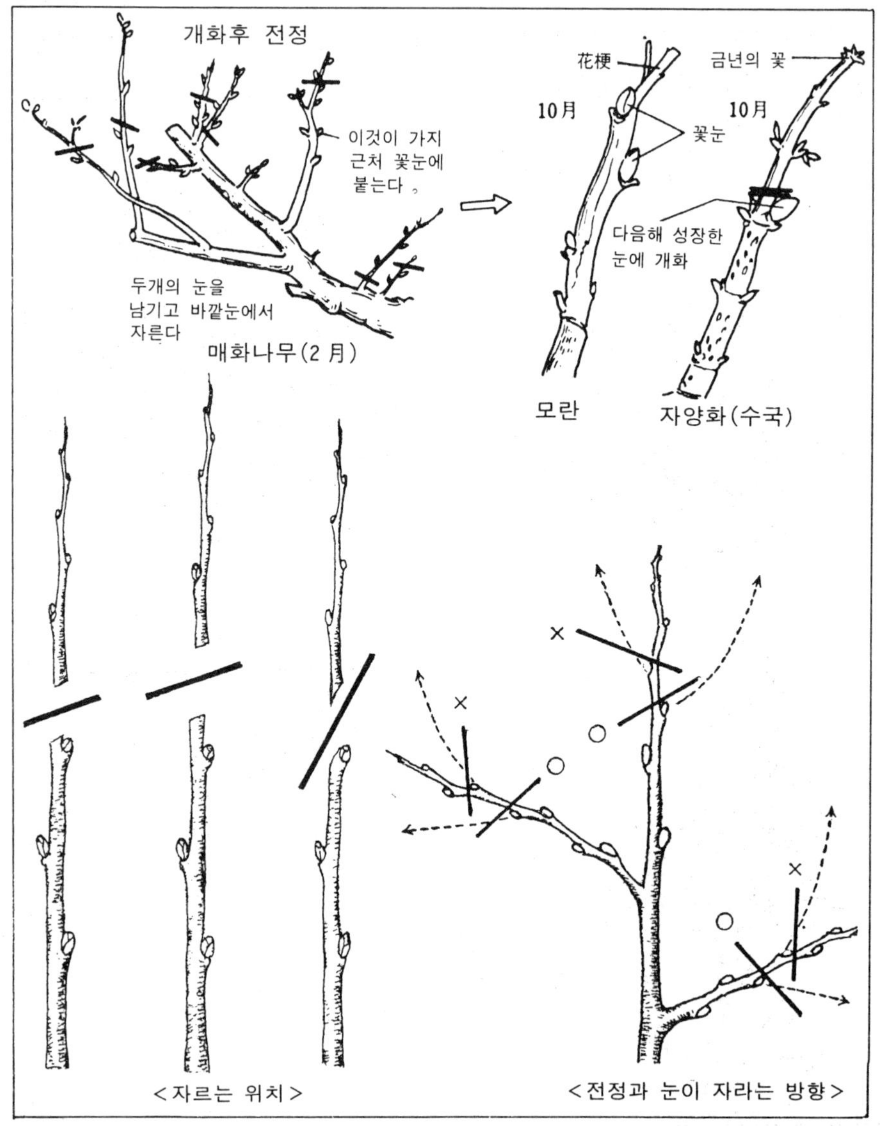

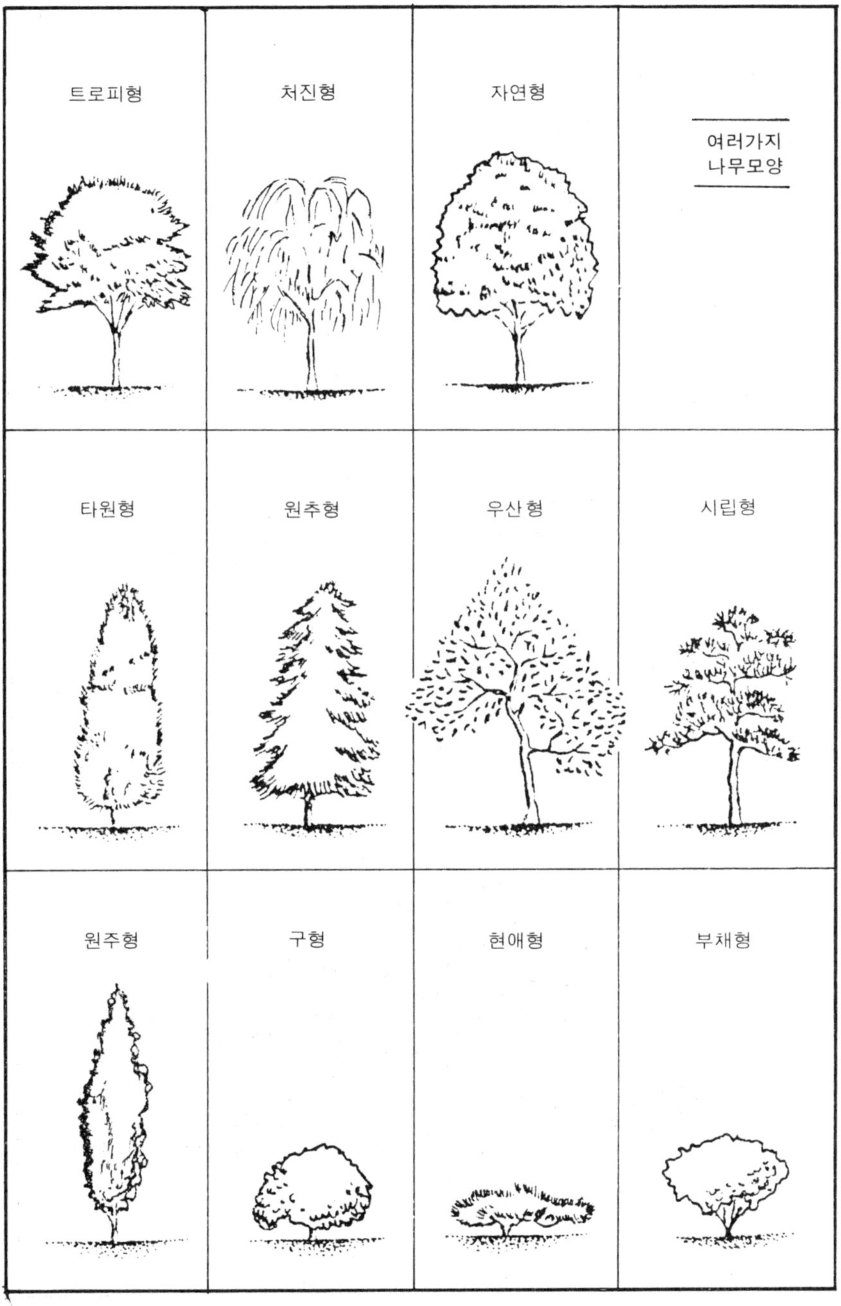

트로피형	처진형	자연형	여러가지 나무모양
타원형	원추형	우산형	시립형
원주형	구형	현애형	부채형

2. 정원수의 수형

적송, 흑송, 섬잣나무, 잣나무

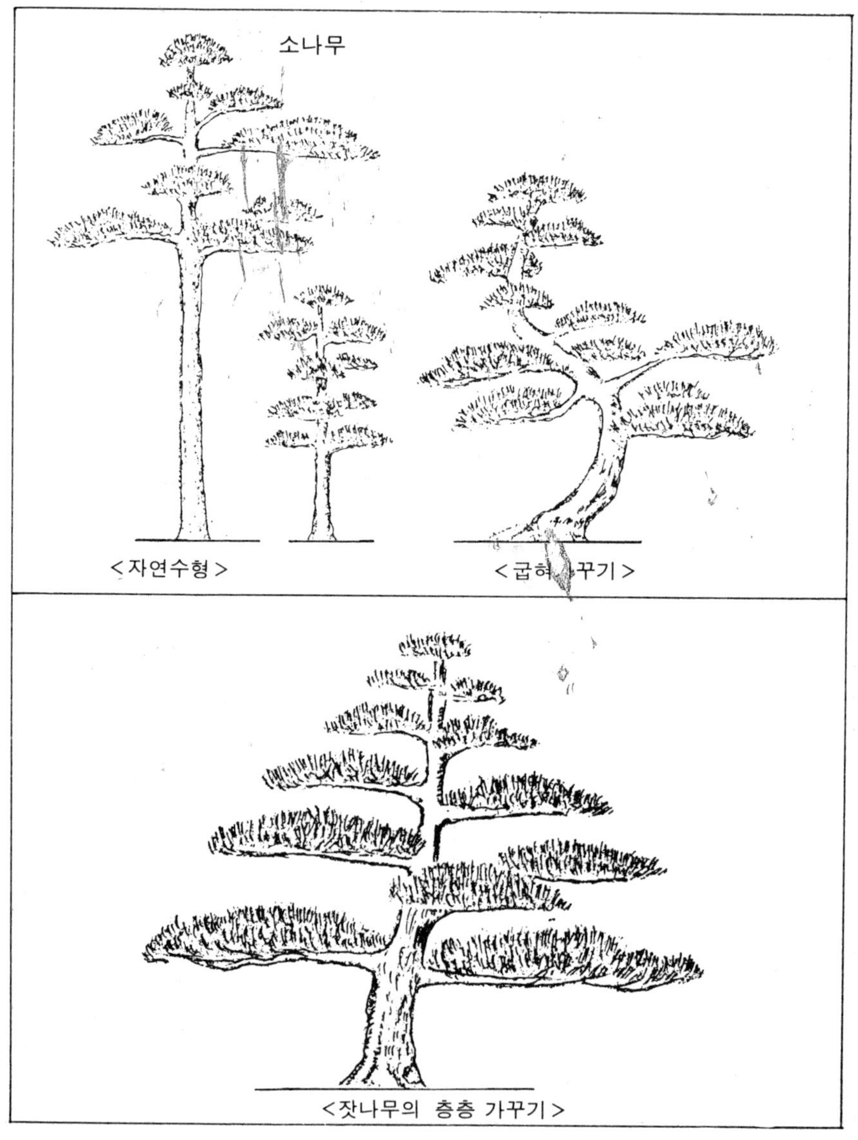

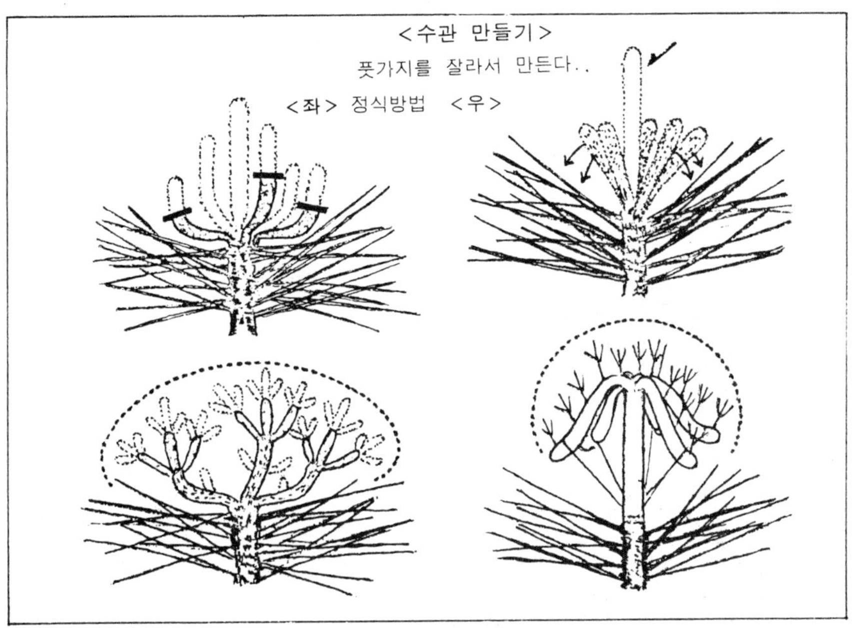

●향나무

가이즈까 향나무

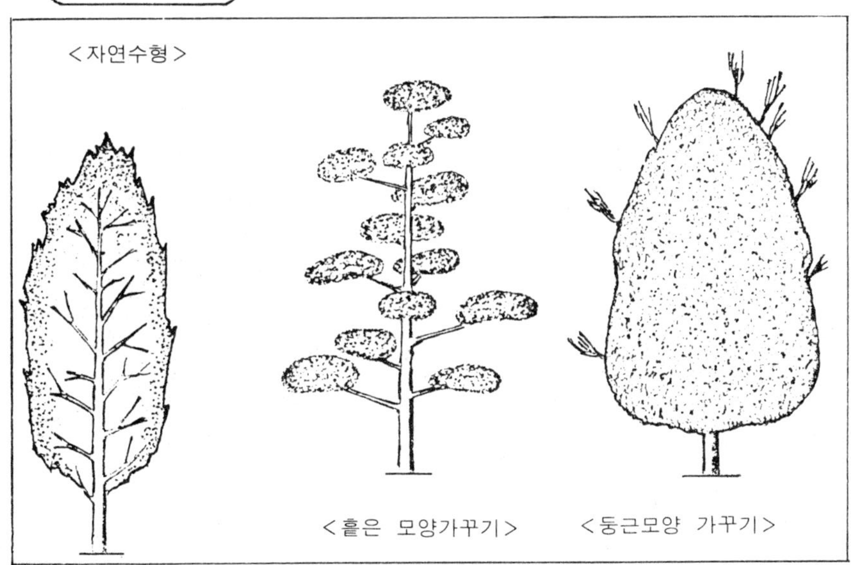

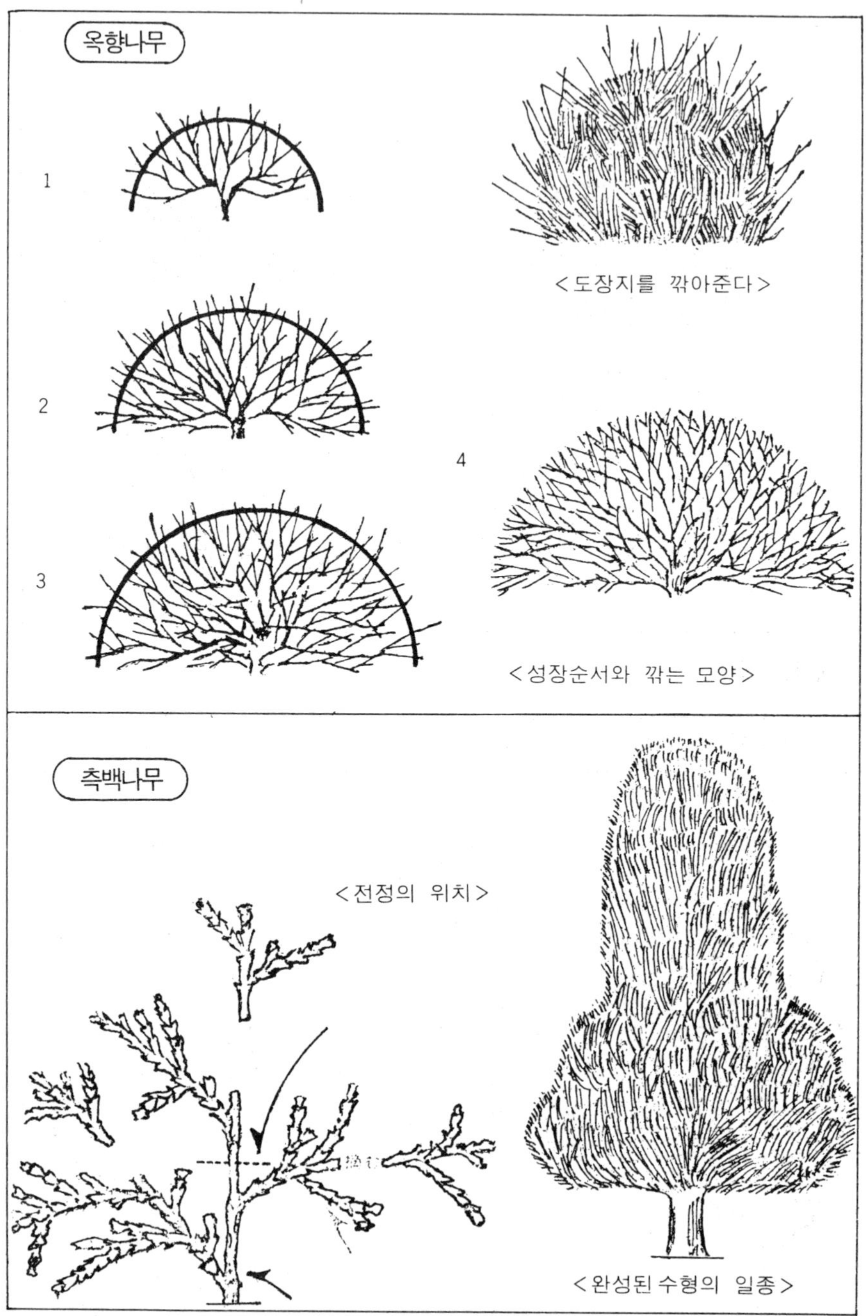

옥향나무
1
2
4
3
<도장지를 깎아준다>
<성장순서와 깎는 모양>
측백나무
<전정의 위치>
<완성된 수형의 일종>

주목

이그림 정도로 가꾸려면
오랜 시일을 요한다. 흩
어 가꾸기에서는 미리 좋
은 가지를 골라두었다가
해마다 끝을 깎아간다

가장 일반적인 수형이다.
자라는데 따라 가지를 쳐
내지 않고 그대로 끝만
깎아 간다.

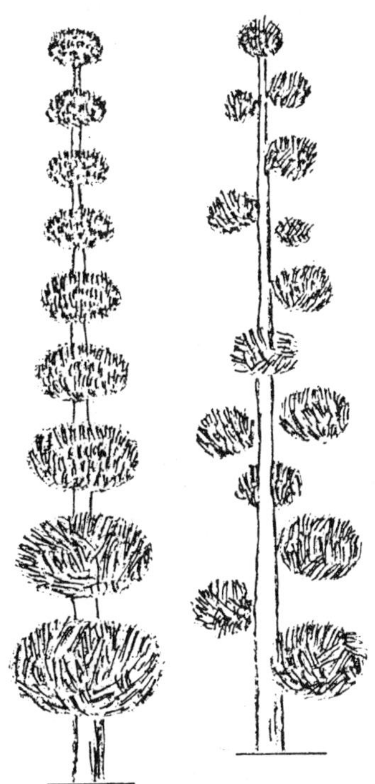

< 흩어 가꾸기 >

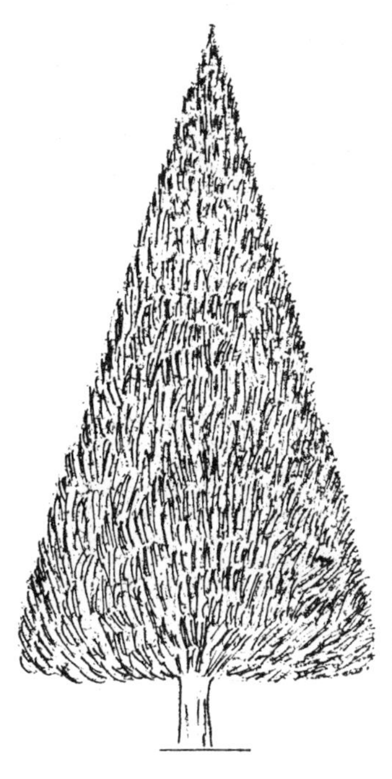

< 원뿔 가꾸기 >

전나무

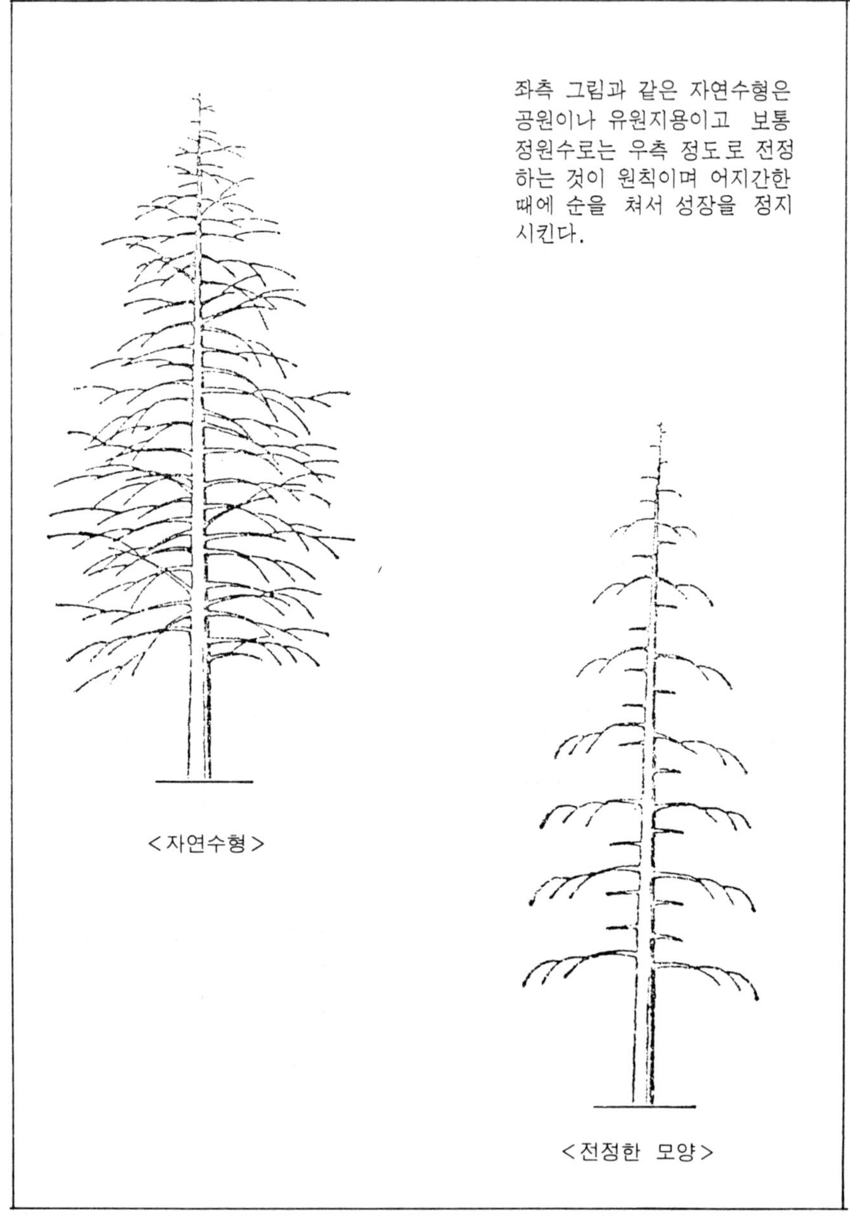

좌측 그림과 같은 자연수형은 공원이나 유원지용이고 보통 정원수로는 우측 정도로 전정하는 것이 원칙이며 어지간한 때에 순을 쳐서 성장을 정지시킨다.

< 자연수형 >

< 전정한 모양 >

울타리 수형

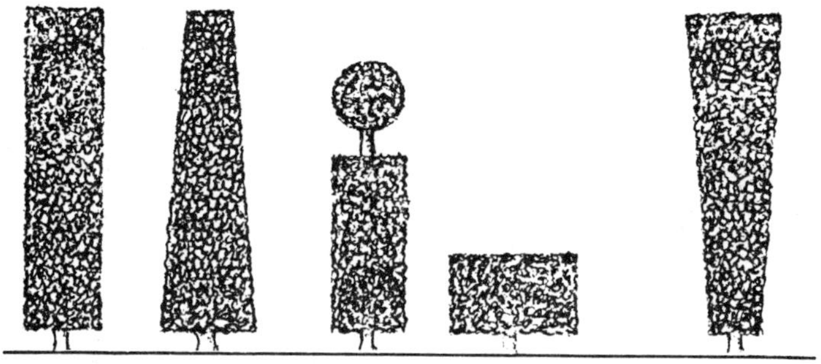

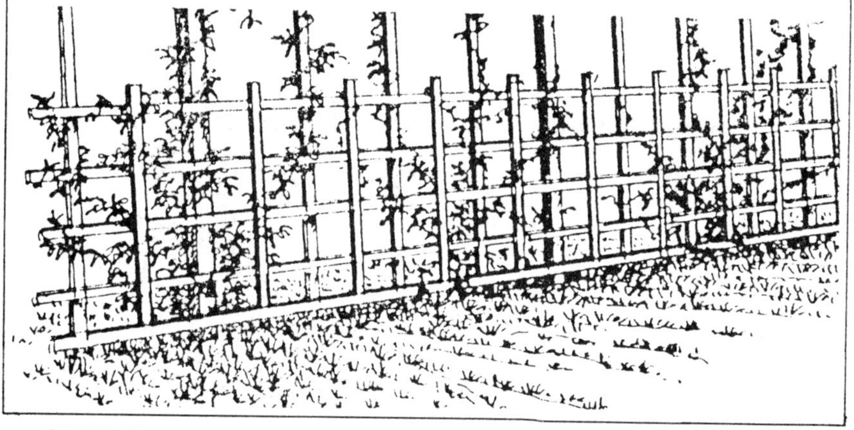

대나무

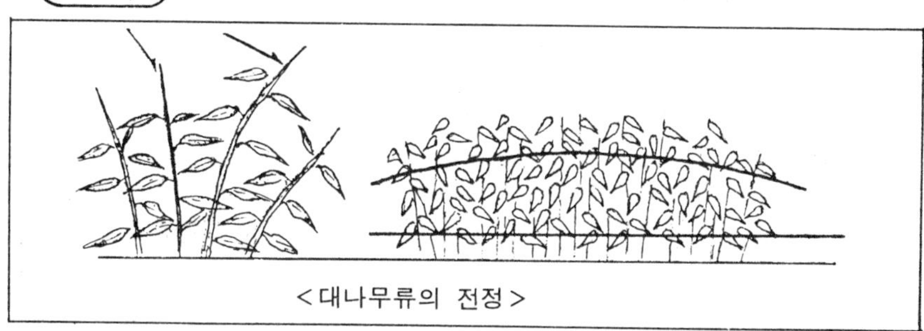

<대나무류의 전정>

활엽수 전정

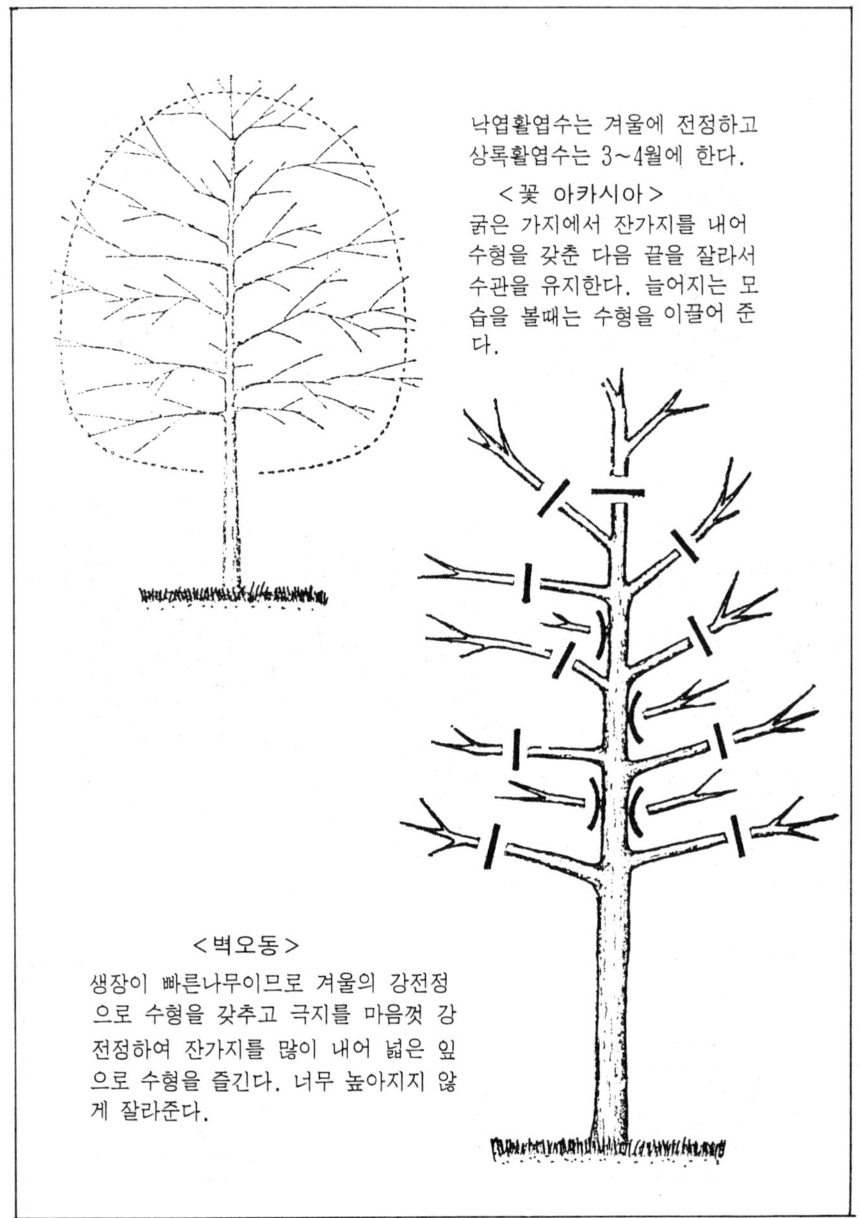

낙엽활엽수는 겨울에 전정하고 상록활엽수는 3~4월에 한다.

< 꽃 아카시아 >
굵은 가지에서 잔가지를 내어 수형을 갖춘 다음 끝을 잘라서 수관을 유지한다. 늘어지는 모습을 볼때는 수형을 이끌어 준다.

< 벽오동 >
생장이 빠른나무이므로 겨울의 강전정으로 수형을 갖추고 극지를 마음껏 강전정하여 잔가지를 많이 내어 넓은 잎으로 수형을 즐긴다. 너무 높아지지 않게 잘라준다.

은행나무

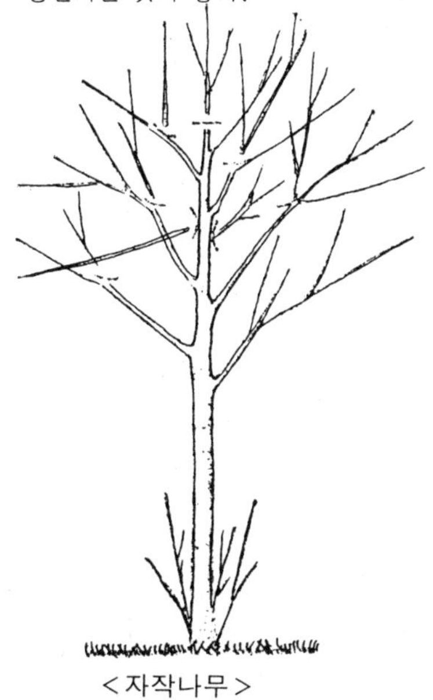

< 은행나무 >

면적이 있는 한 큰나무로 자연수형을
그대로 가꾸는 것이 좋지만 정원수의
경우는 높이를 제한한다. 상은 자연
수형을 살린 모식도이다. 하좌는 흩
어 가꾸기로 가지를 강하게 전정하여
그 끝에 잔가지를 나게 가꾼 모양이
다. 은행나무는 부정아가 많아서 그림
하우와 같이 자른 자리에서 많은 잔
가지가 발생한다. 이 잔가지는 매년
갱신하는 것이 좋다.

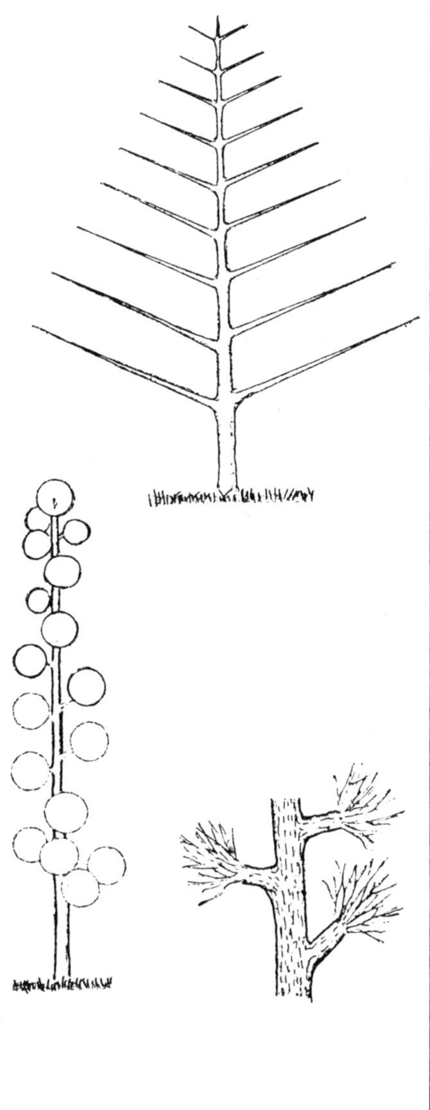

< 자작나무 >

겨울에 진정을 하는데 나무가 어린때
는 고립과 같은 전정에 견디지만 나무
가 노목이 되면 무리이다. 밑둥에서
곁가지가 발생하므로 이것은 해마다
잘라 주어야 한다.

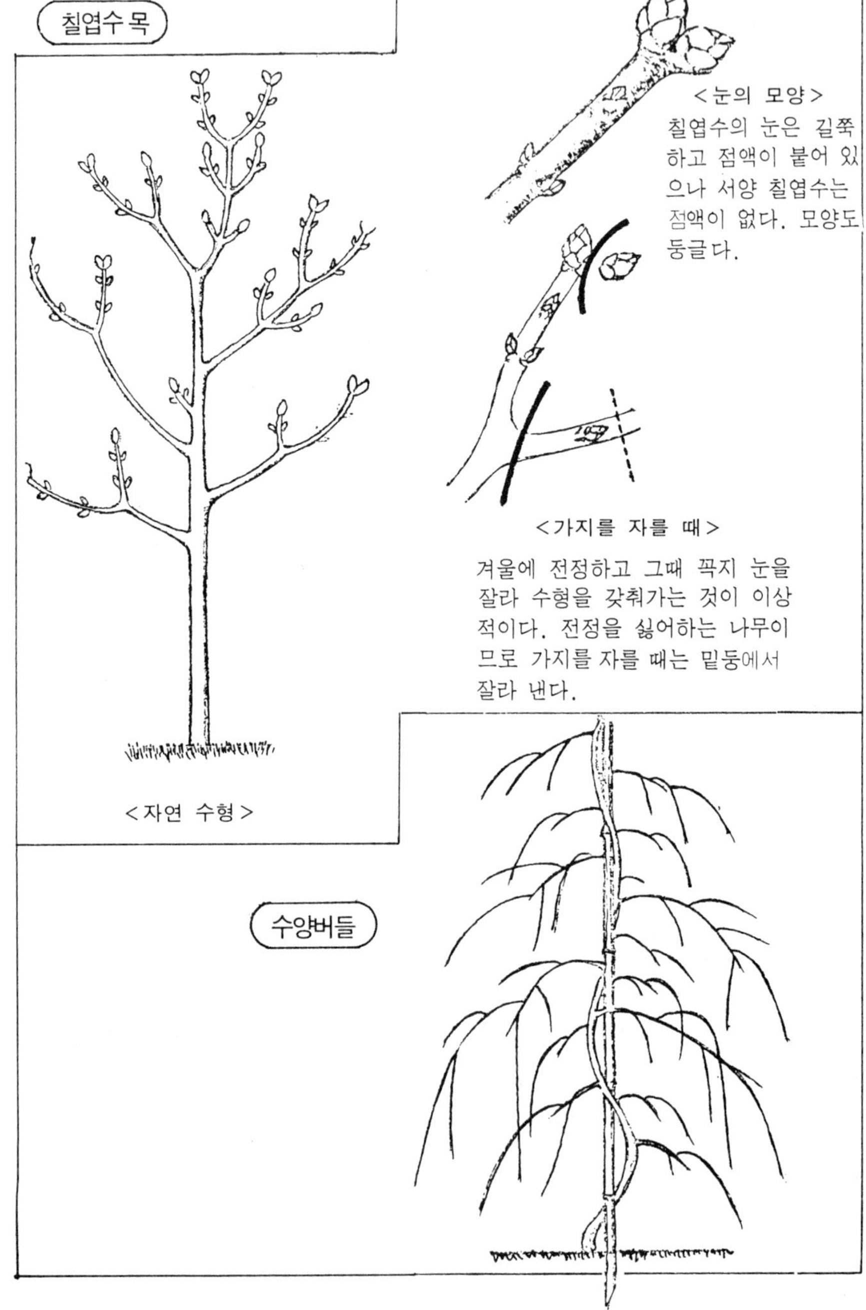
칠엽수목

< 눈의 모양 >
칠엽수의 눈은 길쭉
하고 점액이 붙어 있
으나 서양 칠엽수는
점액이 없다. 모양도
둥글다.

< 가지를 자를 때 >

겨울에 전정하고 그때 꼭지 눈을
잘라 수형을 갖춰가는 것이 이상
적이다. 전정을 싫어하는 나무이
므로 가지를 자를 때는 밑둥에서
잘라 낸다.

< 자연 수형 >

수양버들

목곡

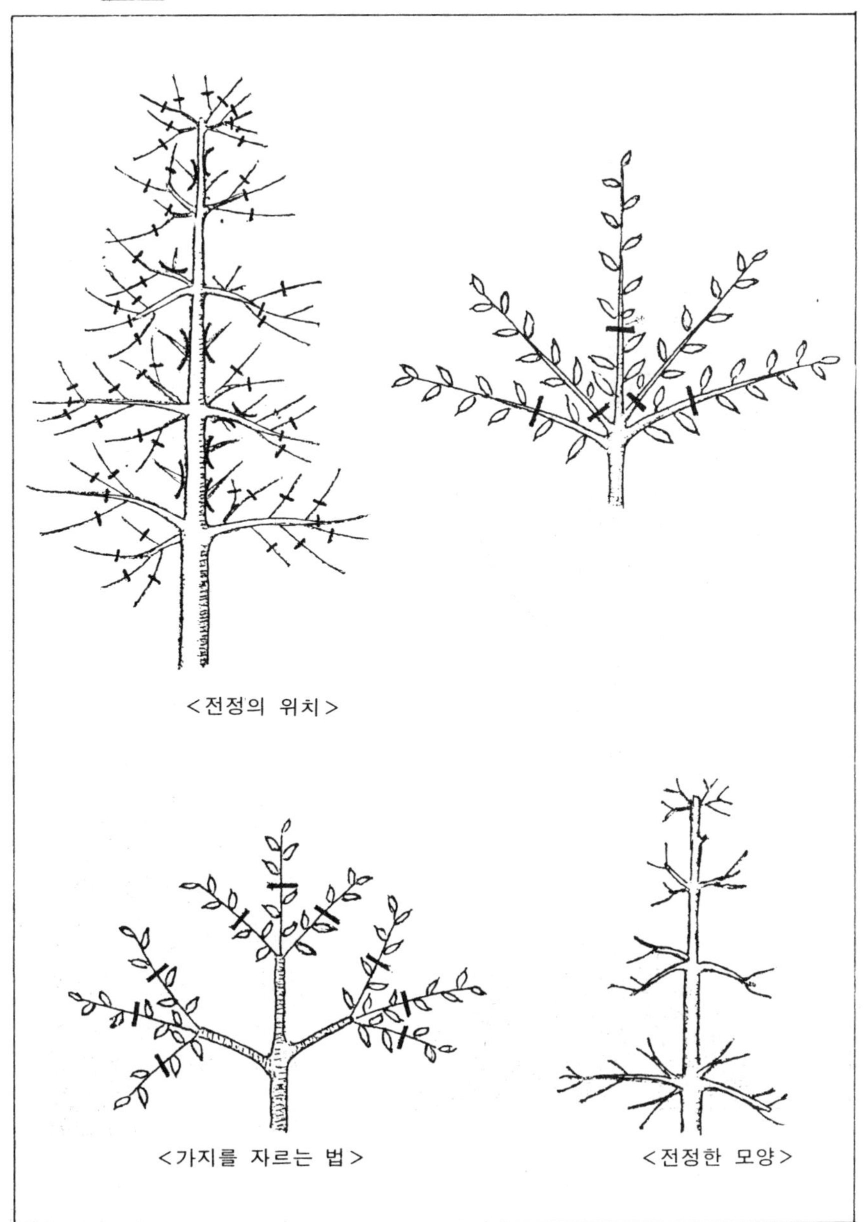

회양목

<회양목>

회양목은 어디서나 볼수 있는 정원
용수이다. 생장이 느려서 큰 나무
로 자라기 까지 오래 걸리지만 갖
추어 놓으면 언제나 푸른 것이좋다.
아래 그림중 위 그림은 회양목의
가지 모양을 확대한 것이다. 몇해
동안은 이대로 자라게 두었다가
어느 정도 자라면 수형을 정하여
아래 그림 모양으로 취미에 따라
적당한 모양으로 가꾼다. 평온 기
온이 높은 남쪽에서는 상당히 크게
자라게 된다.

<가지모양을 확대한 것>

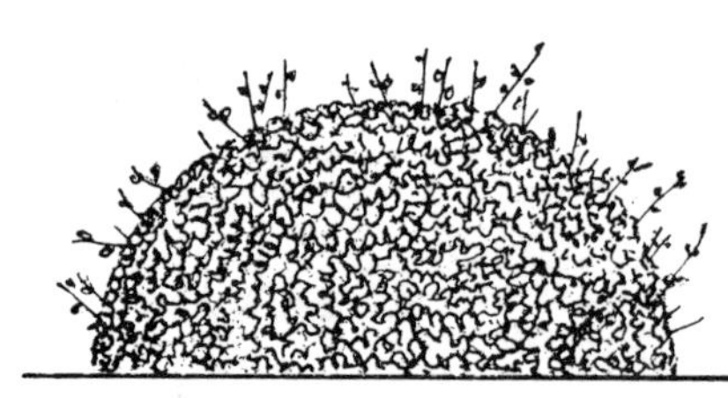

<둥근 모양 가꾸기>

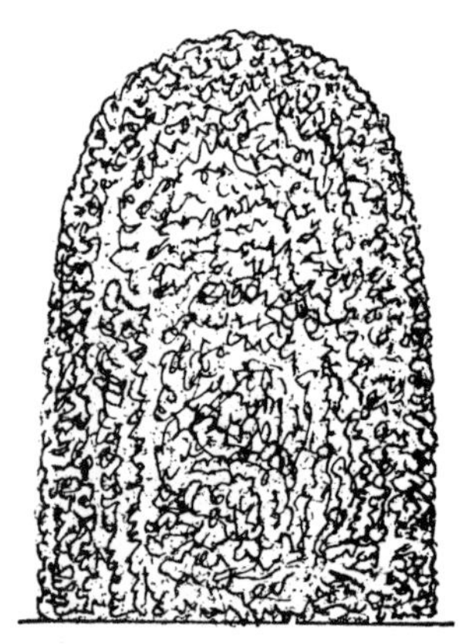

<원기둥 가꾸기>

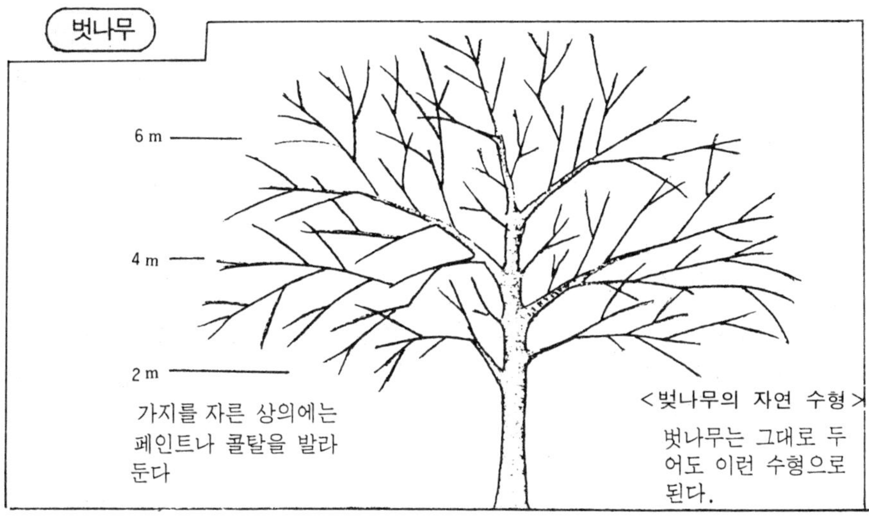
플라타나스
(弱剪定) 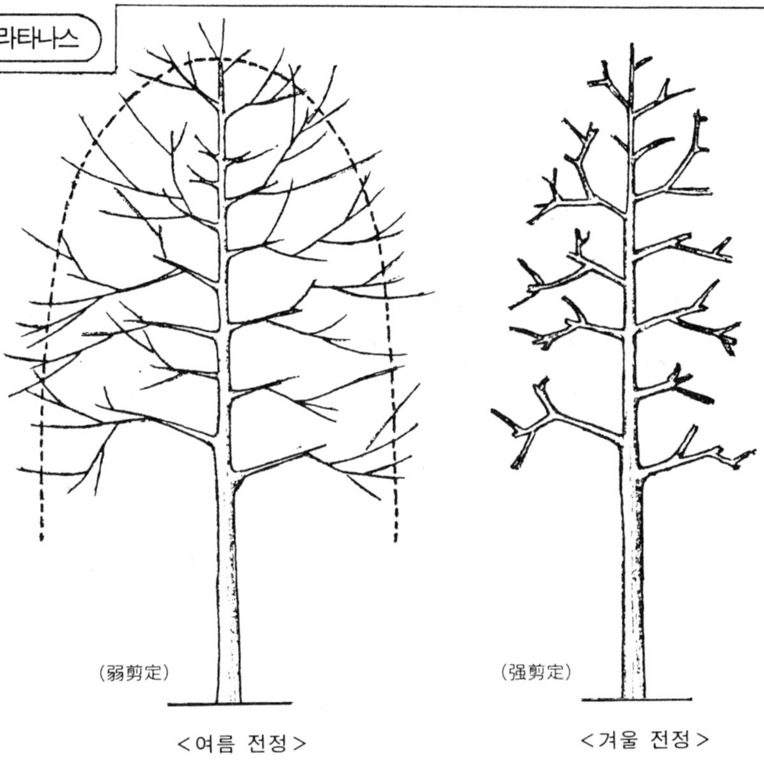
(强剪定)
< 여름 전정 >
< 겨울 전정 >
벗나무
6 m
4 m
2 m
가지를 자른 상의에는
페인트나 콜탈을 발라
둔다
< 벗나무의 자연 수형 >
벗나무는 그대로 두
어도 이런 수형으로
된다.

단풍나무

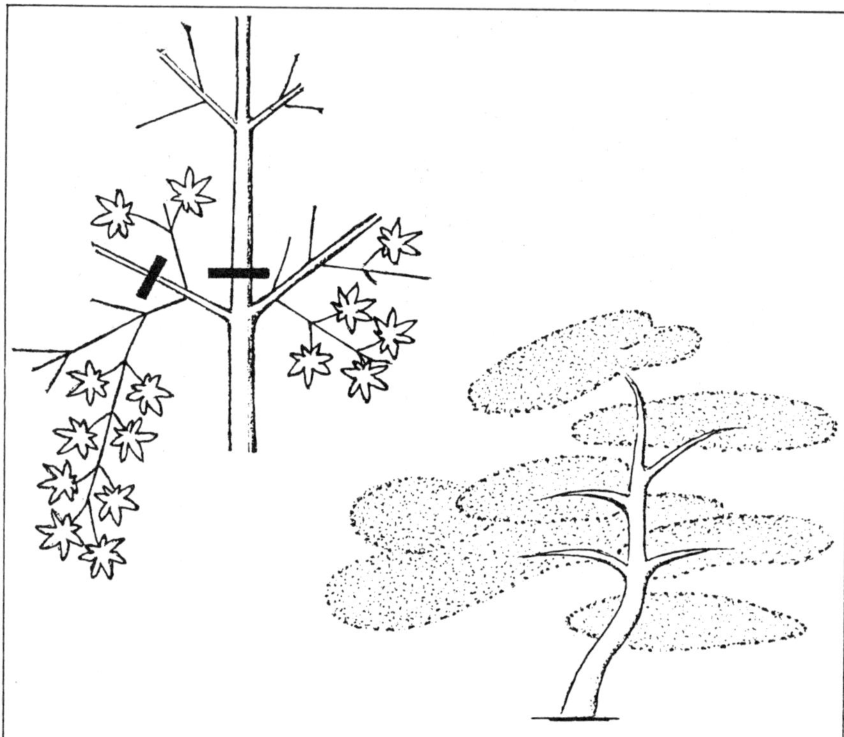

<단풍나무의 정지법>

싸리나무류

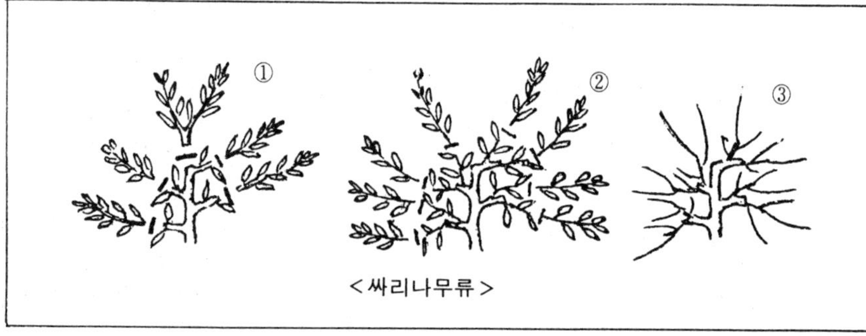

<싸리나무류>

꽃나무 전정

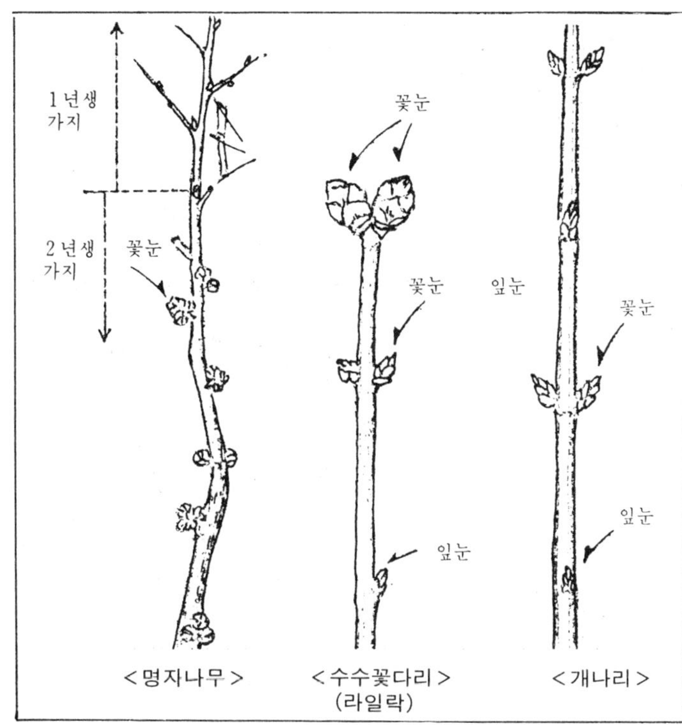
1년생
가지
2년생
가지
꽃눈
꽃눈
꽃눈
꽃눈
잎눈
꽃눈
잎눈
잎눈
<명자나무>
<수수꽃다리>
(라일락)
<개나리>

꽃눈 모양

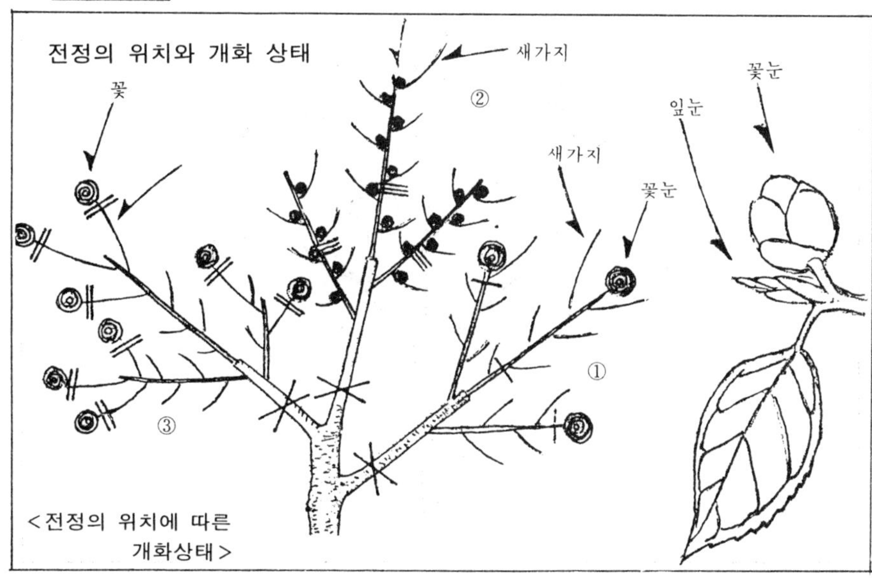
전정의 위치와 개화 상태
새가지
②
꽃
새가지
꽃눈
잎눈
꽃눈
꽃눈
①
③
<전정의 위치에 따른
개화상태>

꽃나무의 전정 위치

수국

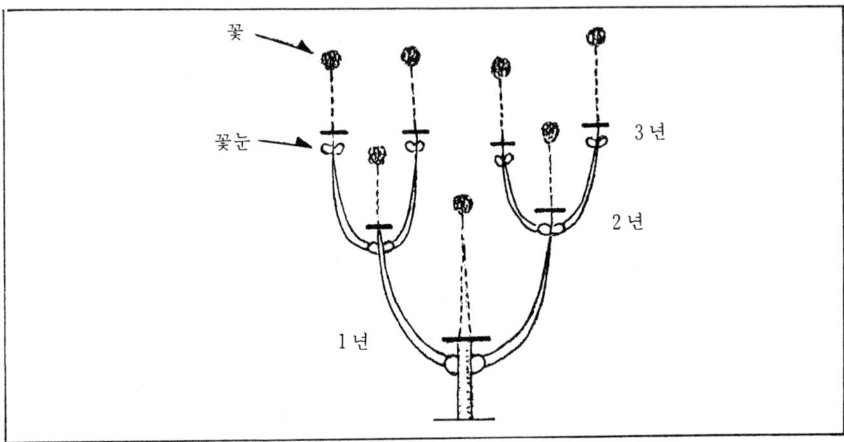

치자나무

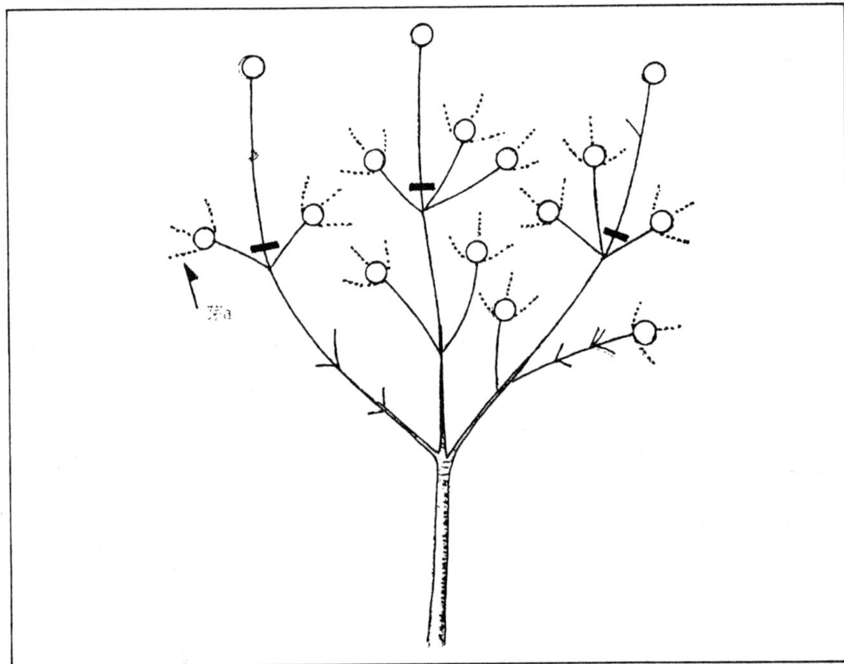

목백일홍

베롱나무(살스베리)
<꽃이 잘 핀 모양>
전정을 잘한 경우는
꽃이 고루 핀다
꽃봉오리
전년가지
전전년가지
전년가지
전전년가지
<전정을 안한 경우>
<전정을 한 경우>

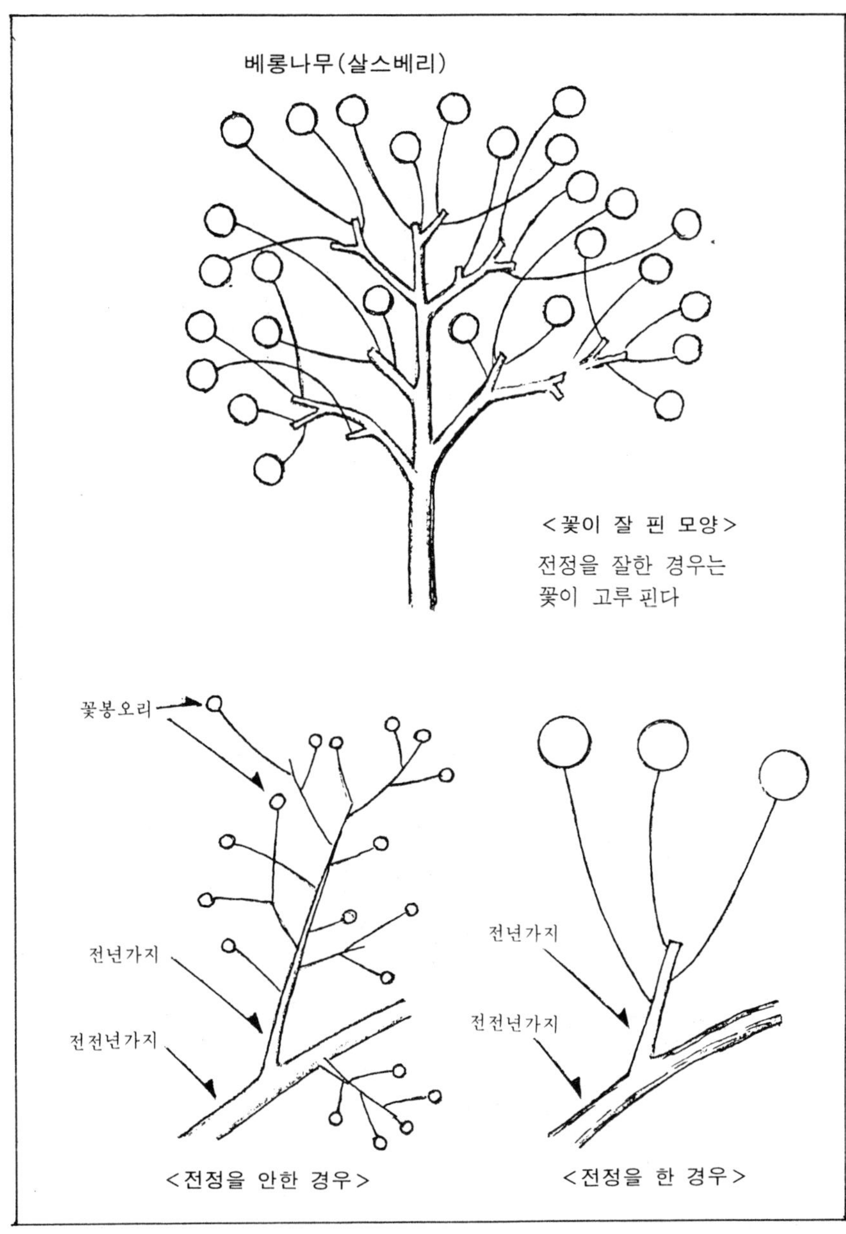

서향나무

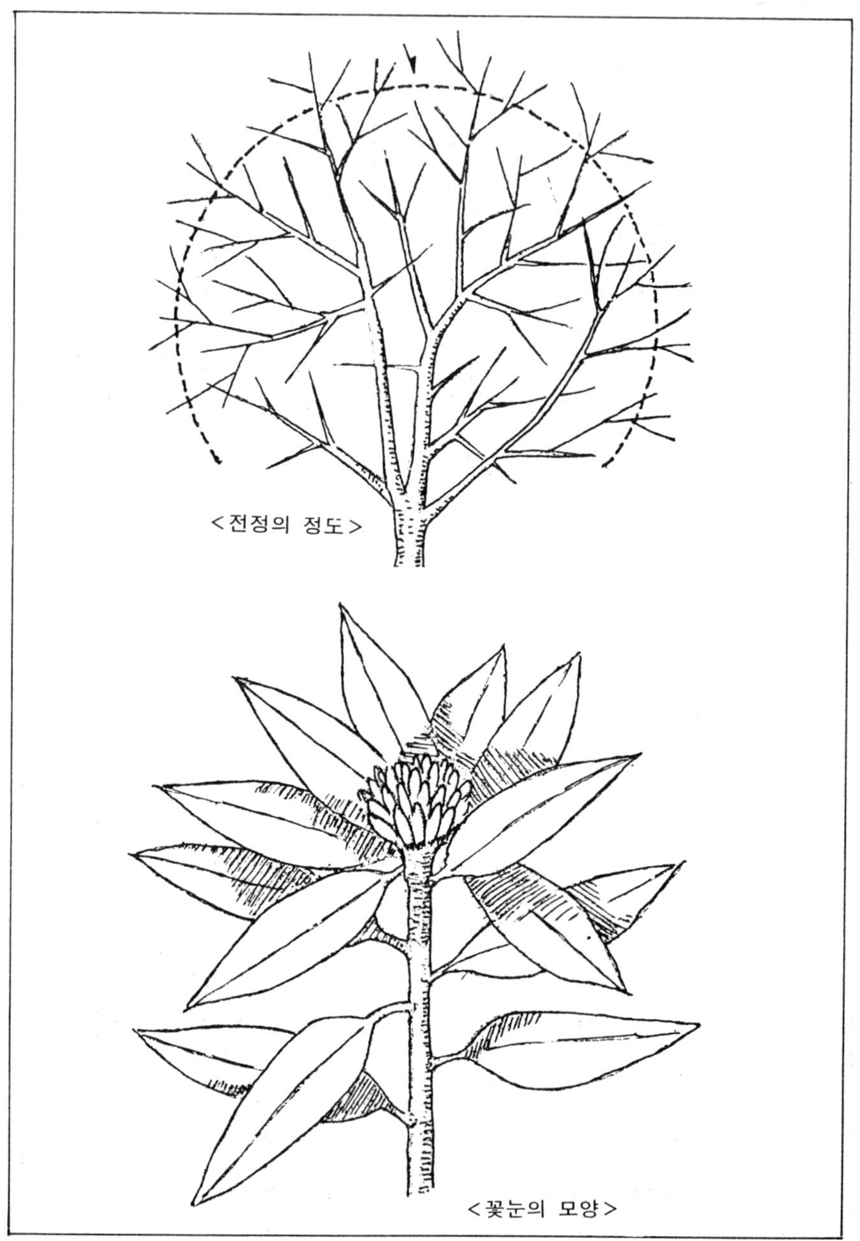

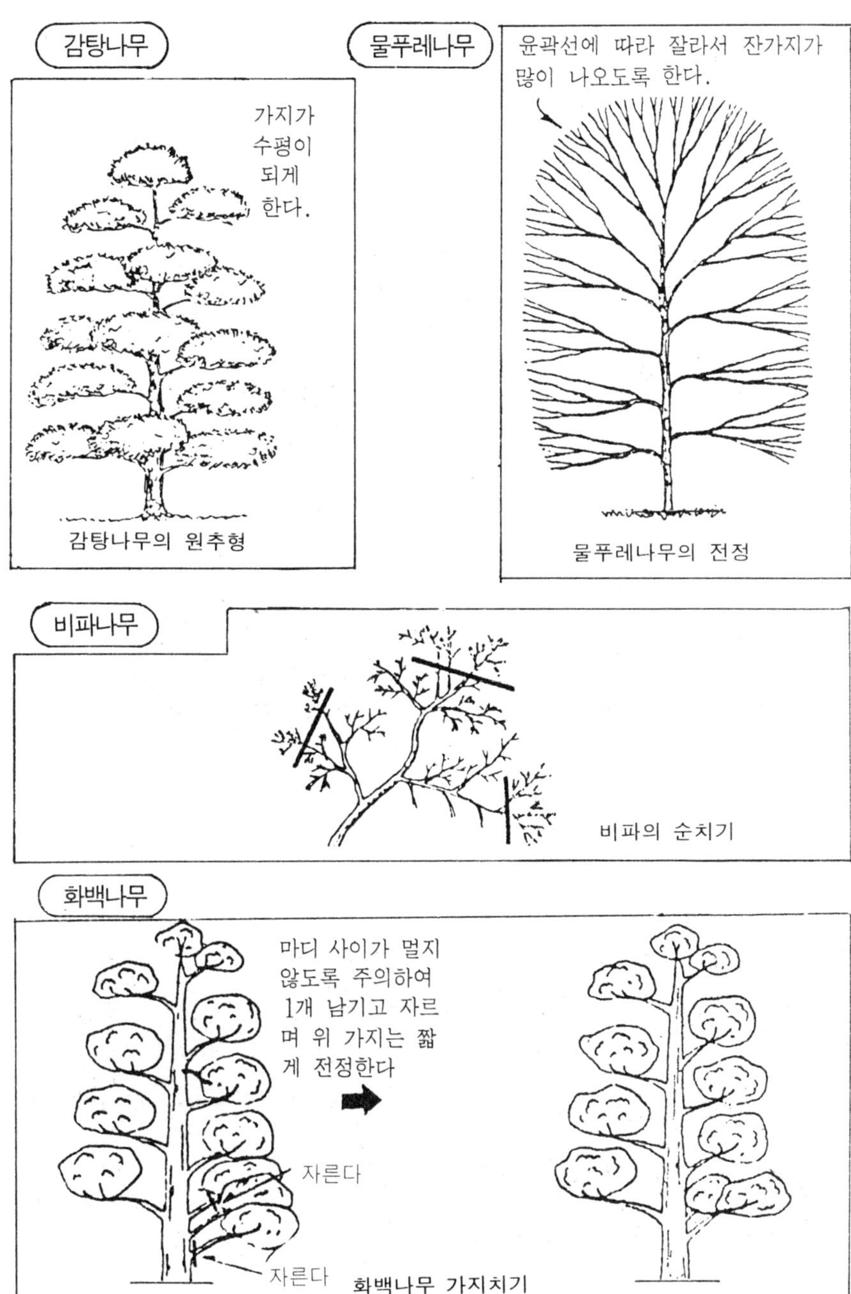
감탕나무
가지가 수평이 되게 한다.
감탕나무의 원추형
물푸레나무
윤곽선에 따라 잘라서 잔가지가 많이 나오도록 한다.
물푸레나무의 전정
비파나무
비파의 순치기
화백나무
마디 사이가 멀지 않도록 주의하여 1개 남기고 자르며 위 가지는 짧게 전정한다
자른다
자른다
화백나무 가지치기

철쭉류 진달래

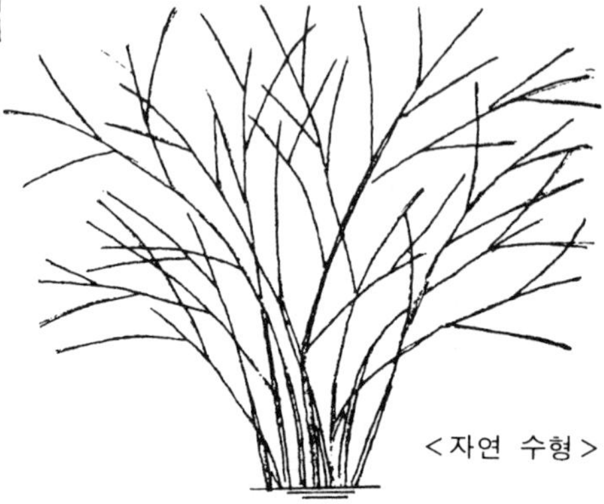

<자연 수형>

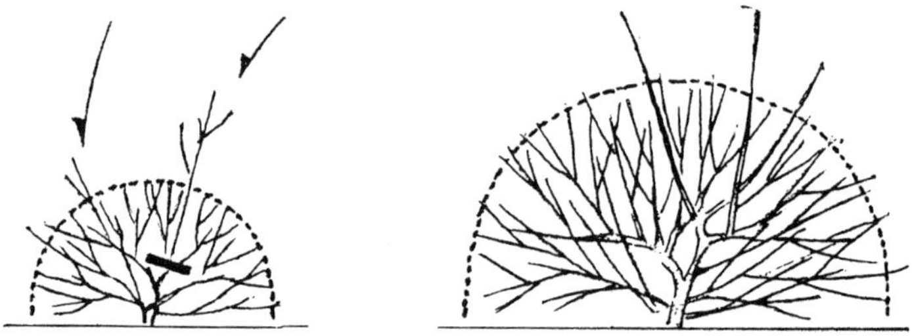

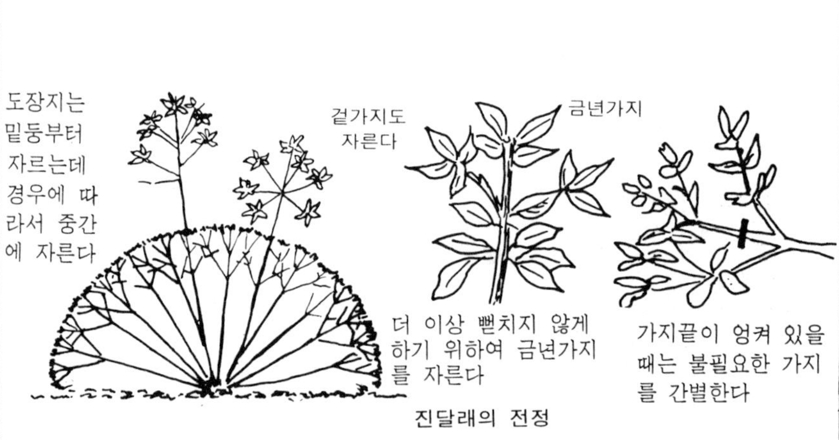

도장지는
밑둥부터
자르는데
경우에 따
라서 중간
에 자른다

겉가지도
자른다

금년가지

더 이상 뻗치지 않게
하기 위하여 금년가지
를 자른다

가지끝이 엉켜 있을
때는 불필요한 가지
를 간별한다

진달래의 전정

동백나무

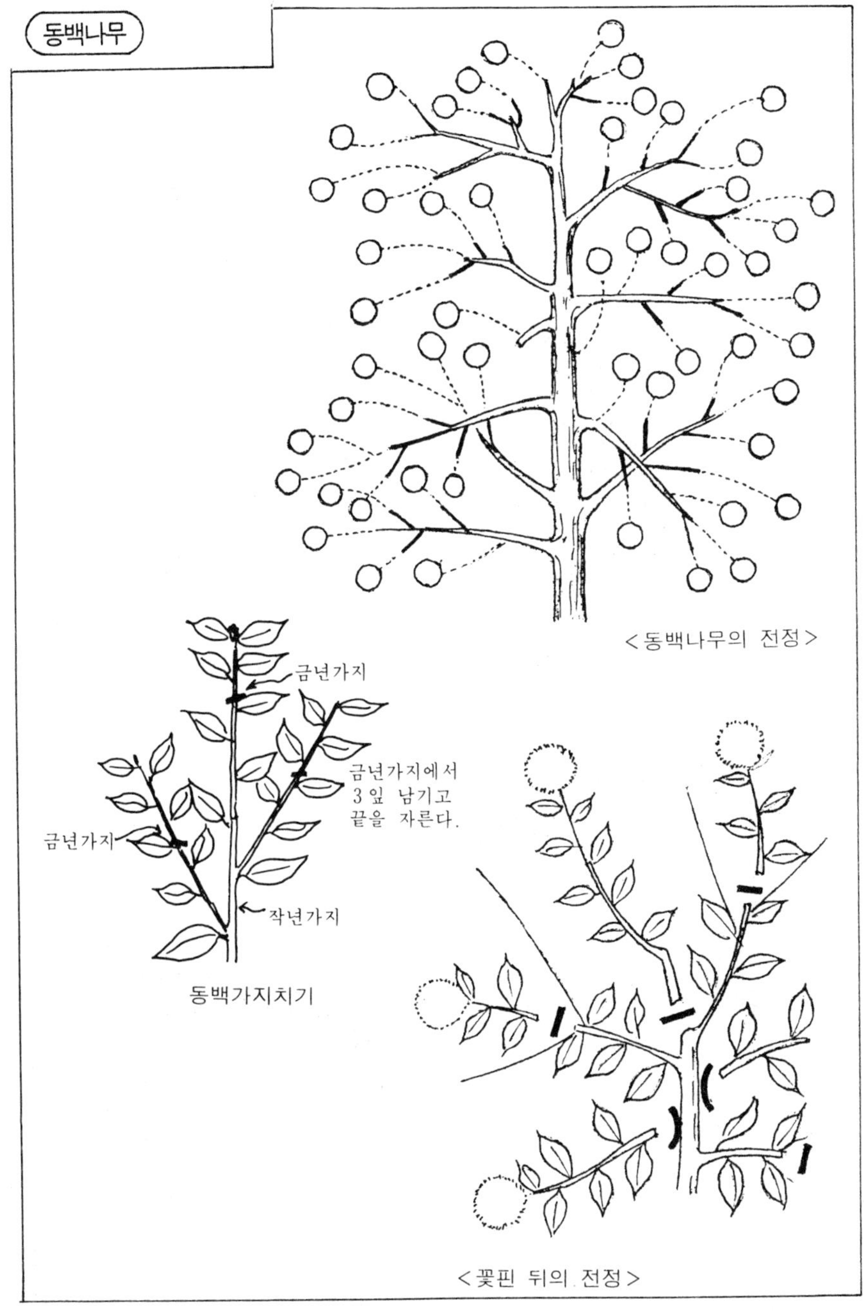

< 동백나무의 전정 >

< 꽃핀 뒤의 전정 >

등나무류

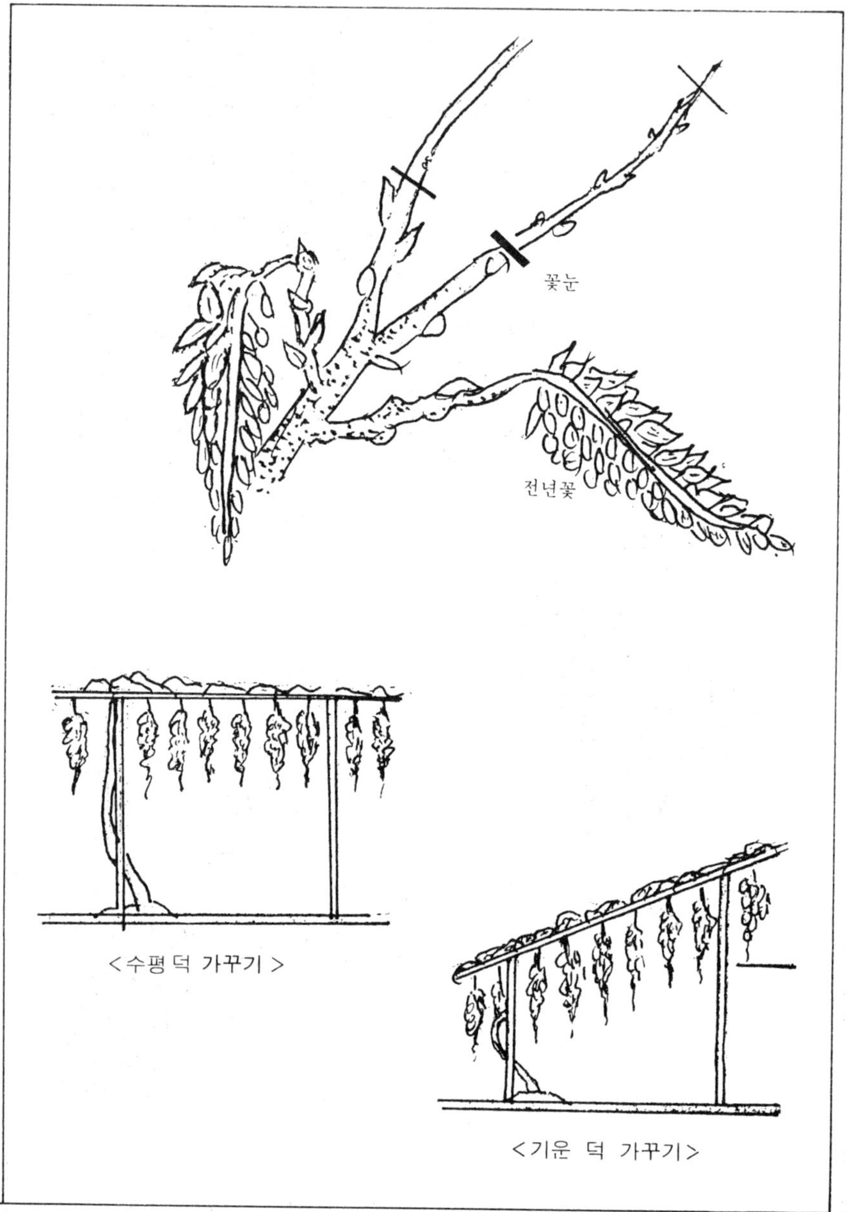
꽃눈
전년꽃
< 수평 덕 가꾸기 >
< 기운 덕 가꾸기 >

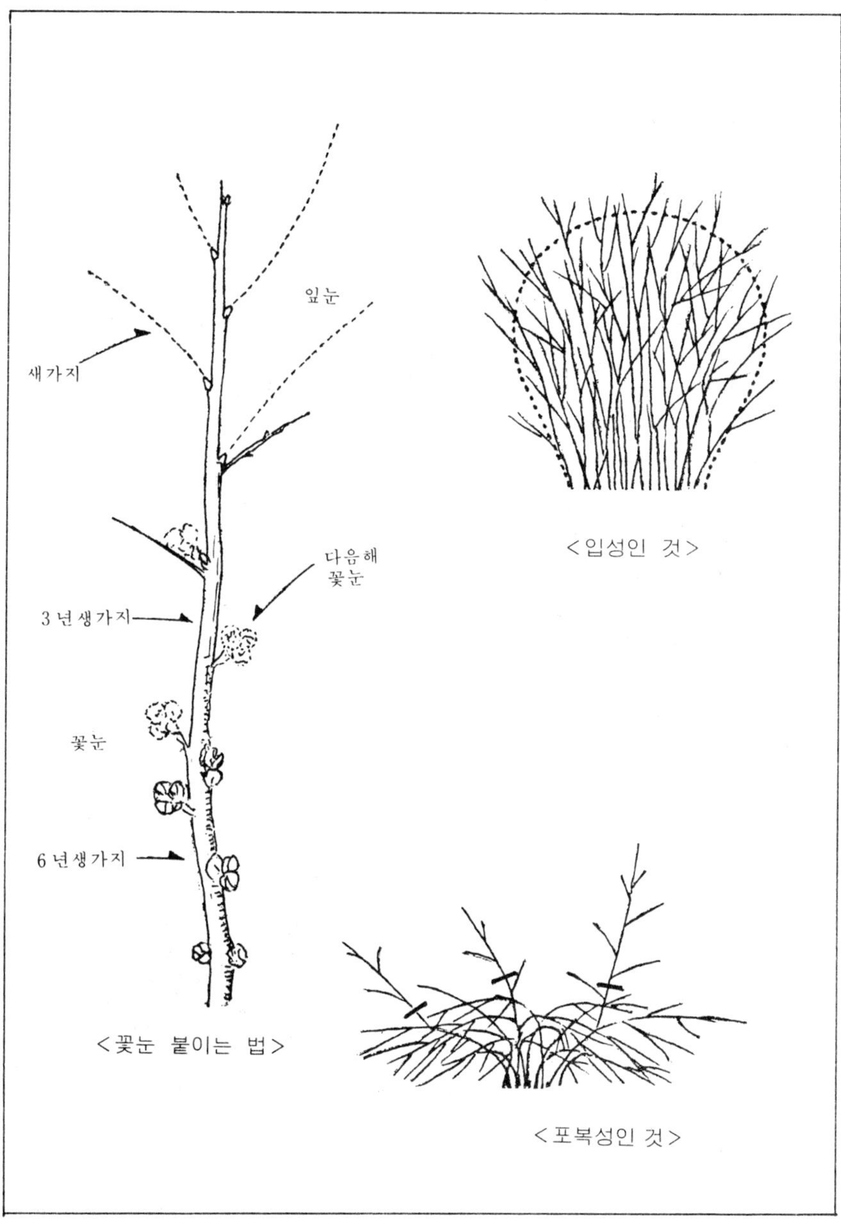
명자나무 장수매
새 가지
잎눈
3년생 가지
다음해 꽃눈
꽃눈
6년생 가지
<꽃눈 붙이는 법>
<입성인 것>
<포복성인 것>

무궁화나무

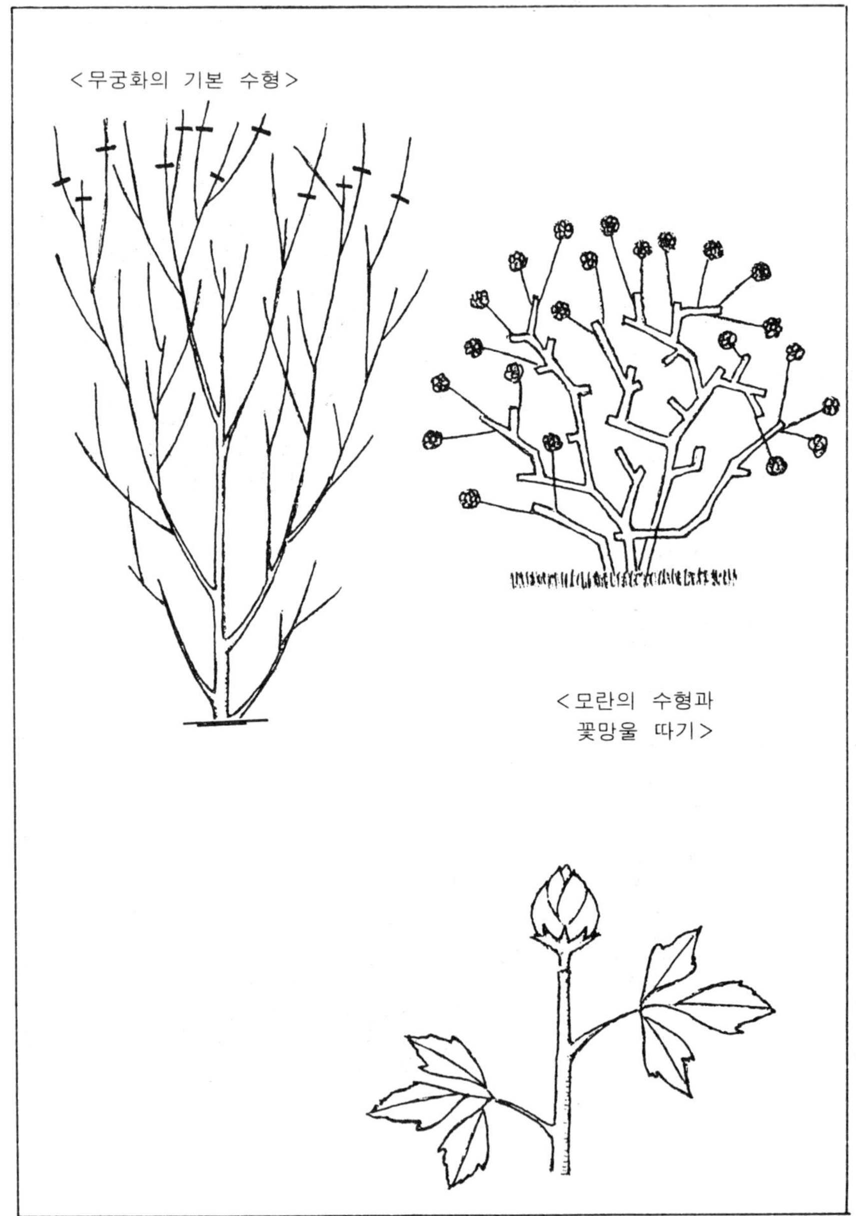

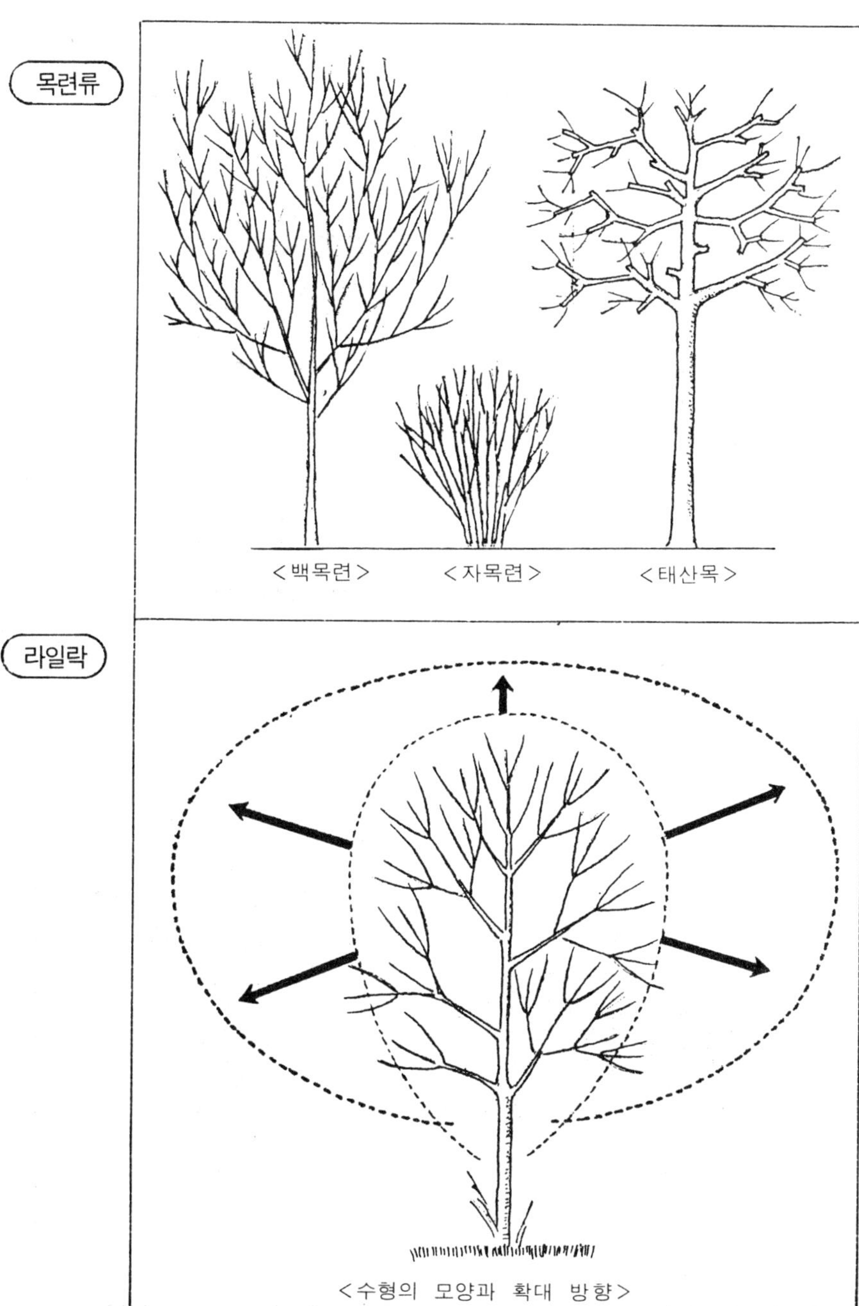
목련류
라일락
<백목련>
<자목련>
<태산목>
<수형의 모양과 확대 방향>

개나리

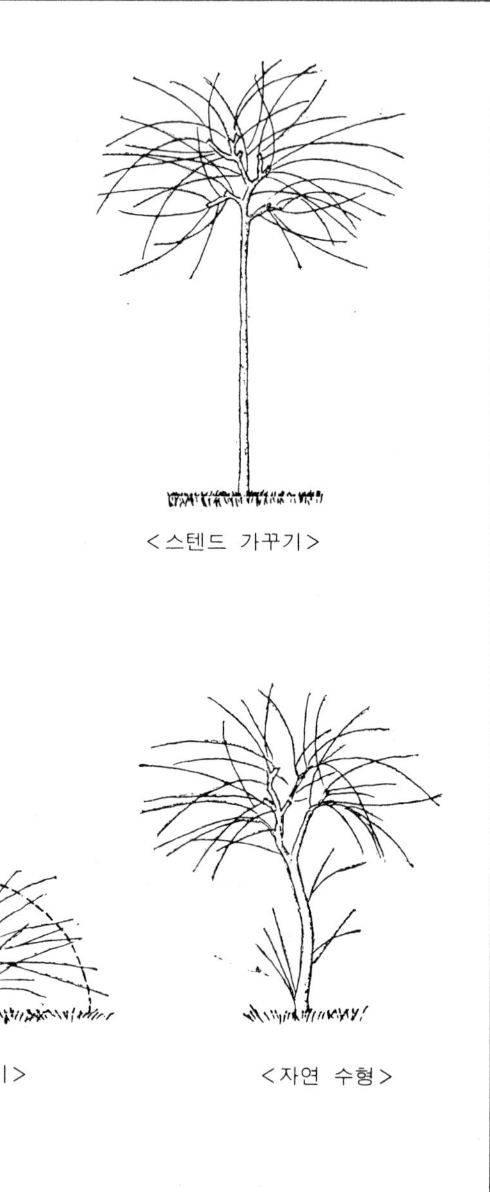

<스텐드 가꾸기>

<둥근모양 가꾸기>

<자연 수형>

3. 꽃 관상수

가. 꽃 달기 요령

꽃 관상수는 꽃 이외 수형, 수관, 줄기, 뿌리 뻗음 등의 형태와 색깔을 감상할 수 있다. 따라서 화초에 비교하면 즐길 수 있는 요소가 다양한데 꽃이 피지 않으면 실망하기 마련이다. 때문에 예쁜 꽃을 많이 피게 해서 아름다운 꽃을 마음껏 즐기고 싶은 것이다.

예쁜 꽃을 많이 피우는 요령은 일조 조건과 수분을 충분하게 하고 시비, 전정, 병충해 방제를 충분히 해줌으로써 아름다운 꽃을 피울 수 있다.

1) 일조와 꽃눈 관계

식물은 충분한 햇빛을 받아 탄소동화작용을 해야 정상적인 발육이 이루어진다. 따라서 꽃눈의 분화도 정상적인 발육이 이루어져야 충실한 꽃눈 분화가 이루어진다.

수분이나 비료가 충분하다고 해도 일조 (日照)가 부족하면 거의 꽃눈이 붙지 않는다. 언뜻 보기에 줄기나 잎이 단단한 나무라도 그늘에 있는 것은 거의 꽃눈을 붙이지 않지만 조금이라도 일조가 있는 것은 작으나마 가득히 꽃눈을 붙인다. 이것은 일조에 의해 잎면에서 탄소동화작용이 이루어져 꽃눈 분화에 양분을 만들 수 있기 때문이다.

동백, 서향 등은 음지에서 강하다 할지라도 음지에서는 꽃눈이 거의 생기지 않는다. 이것은 탄소동화작용이 정상적으로 이루어지지 않기 때문이다.

2) 수분과 비료의 관계

수목에 적당한 수분 역시 중요하다. 물론 과습 형태는 좋지 않다.

부족하면 잎에서 증발하는 수분의 양에 보급량이 따르지 못하므로 꽃눈 분화에 막대한 지장을 초래한다. 반면에 너무 많을 경우는 뿌리의 발육이 저하되고 양분의 흡수력이 저하될 뿐더러 심해지면 뿌리가 질식하여 부패되고 줄기가 시들어 마침내는 고사하는 경우가 허다하다. 따라서 꽃의 분화를 성공시키는 방법은 적당한 수분, 적당한 비료, 적당한 일조의 조건이 성립될 때 꽃의 분화가 잘 되어 아름다운 꽃을 피우고 토실한 열매를 기대할 수 있다.

3) 전정과 꽃눈 관계

화목류에 아름답게 꽃을 피우기 위해서는 전정도 중요한 손질의 하나이다. 전정은 수목의 전체에 양분이 공급되는 것을 꽃눈쪽으로 돌리게 함으로써 보다 충실한 꽃을 피울 수 있도록 하기 위해서 필요 없는 부분을 제거해버리는 것이다. 또한 뿌리 전지를 해주어 꽃눈에 양분을 돌리도록 하기도 한다.

세력이 좋은 뿌리는 꽃나무에 생장을 촉진시키지만 양분은 뻗어나는 방향으로 가는 성질이 있기 때문에 꽃눈의 충실을 저하시키기 때문이다. 따라서 세력이 강하게 뻗은 뿌리를 짧게 잘라서 일단 나무 전체의 생장을 억제하고 꽃나무의 생장 속도를 낮춤으로써 꽃눈의 충실을 도모하는 것이다.

꽃눈이 적어진 노목에도 꽃을 피게 하기 위해서 뿌리 자르기를 하는데 이 뿌리 돌리기의 경우 묵은 뿌리를 제거함으로써 젊은 뿌리를 나게 하여 양분 흡수를 촉진시켜서 꽃눈의 충실을 도모하는 것이다.

이 방법은 노목이 젊음을 되찾게 하는 방법으로 널리 행하여지고 있다.

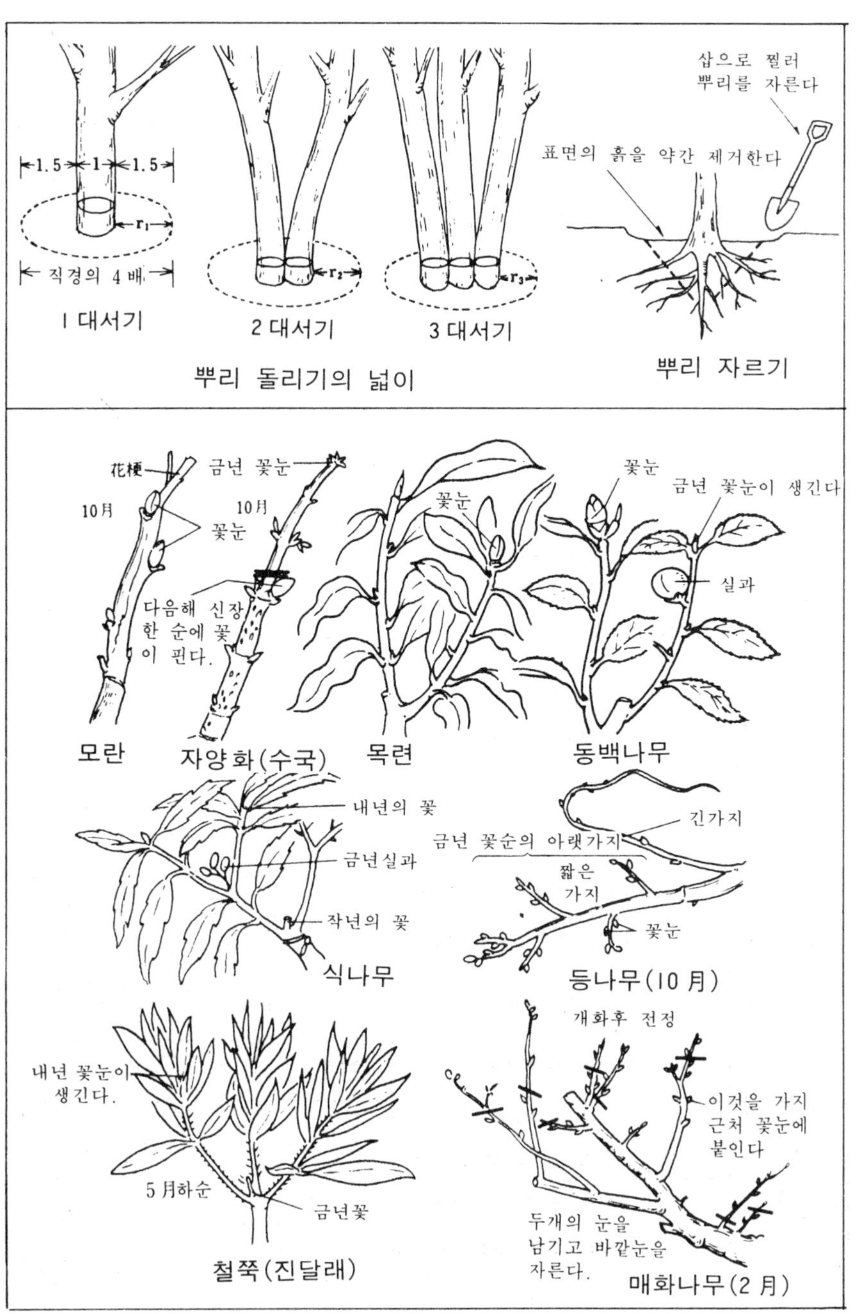
1.5 1 1.5
r₁
직경의 4 배
| 대서기
r₂
2 대서기
r₃
3 대서기
뿌리 돌리기의 넓이
삽으로 찔러
뿌리를 자른다
표면의 흙을 약간 제거한다
뿌리 자르기
花梗
금년 꽃눈
10月
10月
꽃눈
다음해 신장
한 순에 꽃
이 핀다.
모란
자양화(수국)
꽃눈
목련
꽃눈
금년 꽃눈이 생긴다
실과
동백나무
내년의 꽃
금년실과
작년의 꽃
식나무
긴가지
금년 꽃순의 아랫가지
짧은
가지
꽃눈
등나무(10 月)
내년 꽃눈이
생긴다.
5 月하순
금년꽃
철쭉(진달래)
개화후 전정
이것을 가지
근처 꽃눈에
붙인다
두개의 눈을
남기고 바깥눈을
자른다.
매화나무(2 月)

나. 병충해 방제

관상수에 병충해의 발생을 막아주어야 활력이 넘치는 건장한 생장을 할 수 있으므로 병충해를 미연에 방지해 주는 것이 바람직하다. 예기치 않은 병충해가 발생되었을 때는 신속히 구제하는 것이 중요하다.

좋은 관상수일지라도 병충해 피해를 받으면 열매는 결실을 보지 못하고 낙과해버리는 경우가 많으며 분화된 꽃눈 역시 개화되지 않고 시들어버리므로 유실수나 화목류, 관상수에 특히 유의해야 한다.

병충해 방제 시기와 방제법

구분	병충해명	1	2	3	4	5	6	7	8	9	10	11	12	피 해 나 무	방 제 법
충해	진딧물					■	■	■						소나무, 매화, 벚나무, 복숭아, 장미, 단풍, 돈나무, 애기주목, 철쭉, 영산홍	마라티온, 에카친 DDVP, 지미토앳
	개각충	■	■	■		■	■	■					■	감탕나무, 후피향나무, 동백, 철쭉, 모밀잣나무, 회양목, 나한송	세빈, 기계유유제
	복숭아털벌레				■	■	■							매화, 벚나무, 해당, 모과, 복숭아	디프테렉스 스미티온
	잎말이나방					■	■	■						장미, 다정큼나무, 꽝꽝나무, 치자, 사철나무, 동백, 늦동백	디프테렉스 스미티온, 세빈.
	하늘소					■	■	■	■					무궁화, 비파, 포도, 단풍, 버드나무	다이아지논 안치오, 사리티온
	큰유리나방					■	■	■	■					치자	디프테렉스 DDVP
	차독나방				■	■	■	■	■					차나무, 동백, 늦동백	디프테렉스 스미티온
	흰불나방					■	■	■	■					매화, 벚나무, 플라타너스, 복숭아, 버드나무	디프테렉스 DDVP, 스미티온
병해	흰가루병					■	■							단풍, 벚나무, 장미, 사철나무, 버드나무, 털가시나무	유황수화제, 다이센, 카라센
	그을음병	■	■	■		■	■	■					■	치자, 모밀잣밤나무, 동백, 대나무, 소나무	개각충, 진딧물류를 구제한다.
	점무늬병					■	■	■	■	■				수국, 등나무, 장미, 목련	다이센, 오소사이드
	백견병					■	■	■	■	■				튜립, 히아신스, 백합	우스푸른, 스다찌가렌
	흰솜털병				■	■	■	■	■	■				은행, 소나무, 단풍, 복숭아, 배, 벚나무	벤레이트, 오소사이드
	가지마름병				■	■	■	■	■					비파류, 포풀러, 단풍식나무	벤자리에 스트렙마이신을 바르고 잘라낸 것은소각

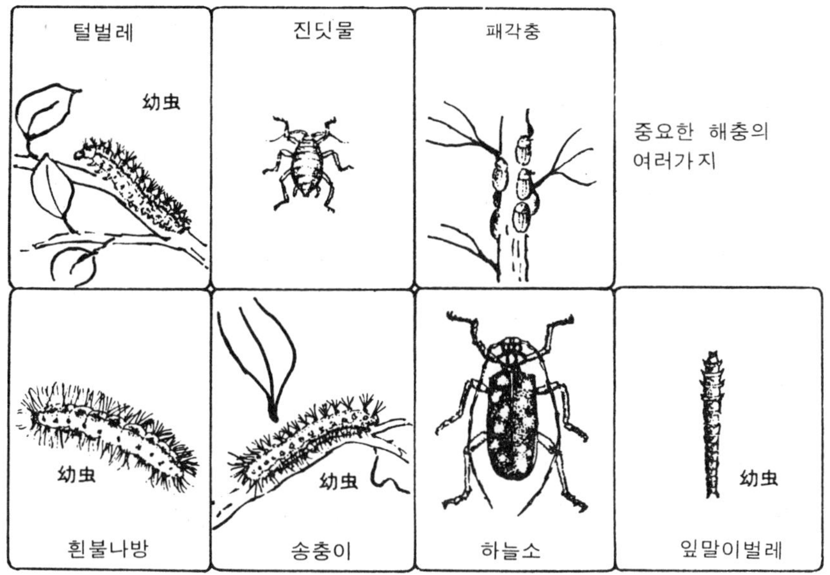

4. 유실수 관상수

가. 열매를 달지 않는 원인

유실수의 열매가 열리지 않는 경우는 여러가지 이유가 있으나 일반적으로 일조, 배수, 토양, 수분, 비료분, 전정, 병충해, 꽃가루, 수정 등 불충분한 조건이 발생하였을 때 열매의 결실을 기대할 수 없으므로 정원의 상황이나 환경을 생각하여 원인을 규명하고 즉시 대응조치를 취해야 한다.

나. 충실한 결실의 조건

관상수가 활력있게 생육하여 충실한 열매를 맺는 데는 충분한 햇볕을 받는 것이 중요하다. 하루 일조 시간이 8시간 이상 받을 수 있는 정원이라면 더할 나위 없이 좋은 조건이라 할 수 있으나 정원의 여건상 많은 제약을 받는 경우가 허다하다.

하루 중 오후만의 일조로는 불충분하다. 오후에는 공기 중의 탄산가스가 늘어나면서 식물의 수분 증발이 진행되기 때문에 식물이 자연히 약해지게 되는데 이때 직사광선을 받게 되면 수분 증발이 더욱 왕성해지므로 식물체는 급격히 쇠약해지고 마는 것이다.

반대로 일조가 오전 중 뿐인 곳은 공기 중의 습도가 높기 때문에 햇살도 부드럽고 식물체에서의 수분 증발도 많지는 않다. 따라서 오후부터는 그늘이 됨,로 자연의 건조에 의해 수분의 증발이 일어나는 정도라서 에너지의 소모가 적어지기 때문에 결실에 대비할 수 있게 되는 것이다. 그러나 식물의 생육에 적절한 것은 종일 햇빛을 받을 수 있는 곳이다. 충실한 정원수에는 충실한 꽃눈이 생기고 충실한 열매를 가질 수 있다.

다. 결실과 토양

토양의 배수가 너무 좋으면 수분 부족현상이 일어나 뿌리가 건조해져 마르는 경우가 생기거나 반대로 과습이 되었을 때는 뿌리가 부패되어 생육이 정지되고 마침내는 고사하는 경우가 생기는가 하면 결실을 보지 못하게 된다.

배수가 잘되는 사력토나 사질토는 물줄기나 빗물에 의해 비료분이 유실되므로 완숙된 부엽토나 비료를 충분히 시비하든가 수목을 심기 전에 뿌리밑에 계분이나 퇴비를 넣고 심으면 건조를 막을 수 있고 비료의 양도 충분하다.

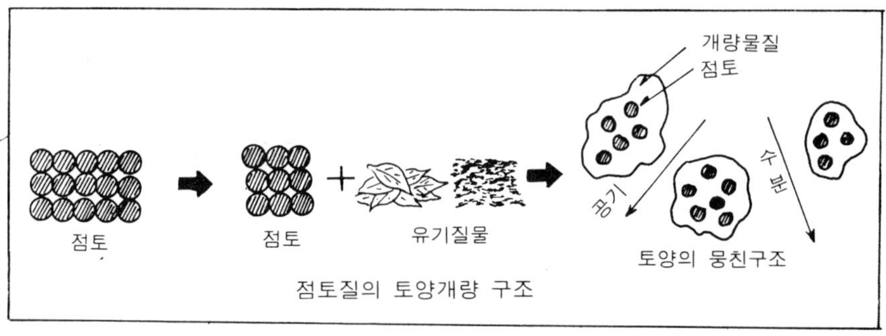

라. 착과 후의 수분 공급

수분은 수목의 생존을 좌우하므로 식물에 꼭 필요한 존재이다. 수분이 부족하면 열매를 맺기 이전에 수목의 생존 자체에 영향을 미친다.

대체로 수목의 구성요소 중 수분이 2/3이상으로 이루어져 있다. 그리고 그 수분은 뿌리에서 연속적으로 흡수되어 잎으로 증발시키고 있다. 동시에 땅 속의 양분도 물과 함께 흡수되어 나무 전체에 퍼지는 구조로 되어 있으므로 수분 부족은 곧 양분 부족에도 연결이 되어 결국은 꽃도 열매도 달리지 않거나 부족이 심할 경우에는 말라 죽게 되는 것이다.

특히 꽃눈이 생겨서 꽃이 피고 착과 후 성숙할 때까지는 물이 연속적으로 적당히 공급되어야 충실한 열매의 결실을 기대할 수 있다.

마. 충실한 결실(結實)

열매가 충실하게 성장하는데는 비료분이 절대적으로 필요하므로 인산질비료를 충분히 공급하므로 좋은 결실을 얻을 수 있다. 비료는 질소, 인산, 칼리가 중요하며 이것을 비료의 3요소라 한다.

비료는 너무 과다하게 시비를 하면 역효과가 되어버리는 성질의 것이므로 그 배분에는 충분히 주의가 필요하다. 구체적으로 말하면 4월~5월은 질소를 효과적으로 주어 지엽을 자라게 하고 가지의 생장이 멈추는 무렵 인산과 칼리를 공급해 준다. 그러나 토양의 상태, 수목의 특성에 따라 생육의 정도가 다르므로 각각의 상태에 맞추어 적절히 비료를 조절해 주어야 한다.

바. 열매에 도움을 주는 전정

유실수 정원수는 여름 분화기에 꽃눈이 형성되어 다음해 꽃을 피우게 된다. 따라서 열매를 충실하게 하기 위해서는 꽃눈이 달린 가지를 그대로 내버려 두지 말고 적절한 전정이 필요하다. 다만 주의해야 하는 것은 꽃눈이 가지 끝에 잘 달리므로 수형을 다듬기 위해서 가지 끝을 치면 꽃 눈을 버리는 결과가 되므로 주의해야 한다.

반대로 꽃눈이 너무 많으면 다음해의 결실은 무난하나, 다음 다음해의 결실이 적어지므로 적절히 가감해서 전정해야 한다.

사. 꽃은 피나 결실이 되지 않는 경우

꽃은 피어도 수분이 되지 않으면 결실이 되지 않는다. 꽃에는 암술, 수술이 있어 암술에 수술의 꽃가루가 묻어 수정되므로 결실이 이루어지게 되는데 꽃가루받이는 성질은 수종에 따라 각기 다르다.

(1) 같은 꽃에서 꽃가루받이 하는 수종 : 석류, 귤 등

(2) 다른 꽃의 수술로 꽃가루 받이하는 수종 : 모과나무, 사과나무, 배나무

(3) 다른 나무의 꽃가루가 아니면 수분하지 않는 수종 : 으름덩굴, 은행나무

(4) 다른 품종의 꽃가루가 아니면 수분하지 않는 것 : 매화, 감나무 등

이러한 수목의 특성을 살펴 개화되었을 때 인공 수분을 해 주어야 좋은 결실을 맺을 수 있다.

아. 병충해 방제

수목의 병충해 방제는 이렇다 할 완전 방제는 어렵고 예방이나 발생되었을 때 적절한 방제약으로 구제하는 것이 바람직한 방법이다.

그러나 약제 살포는 공해로 인한 환경 오염이 문제가 되므로 피하는 것이 바람직하다. 해충의 근원을 제거하여 예방할 수도 있으나 완전 방제는 되지 않는 것이 아쉬우나 몇가지 소개하고자 한다.

(1) 해충을 포살하는 천적을 길러 준다.

(2) 유아등을 설치하여 구제한다.

(3) 가을에 거적이나 가마니로 해충의 안식처를 만들어 주어 해충이 숨어들게 한다음 소각시킨다.

(4) 살수에 의해 해충과 해충의 알을 흘러 보낸다.

(5) 혹한기에 토양 속에 들어있는 유충과 알을 찬공기에 노출시켜 사멸시킨다.

5. 수목 울타리

수목으로 울타리를 조성하여 보기 흉한 부분을 커버함으로써 가정 정원을 더욱 돋보이게 할 수 있다.

수목으로 울타리를 만들었을 때는 전정을 게을리 해서는 아니된다. 모양이 흐트러지기 전에 손질을 해주어 수형을 유지해 준다.

수목의 성질상 수목의 가지는 위쪽으로 뻗어나게 되므로 아랫가지가 올라가게 되는 셈이다. 그러므로 전지를 적시 적절하게 손질을 해주어 수목의 아랫부분과 뒷부분의

균형을 유지시켜 주는 것이 중요하다. 따라서 뿌리 자르기, 시비, 순치기를 하는 것도
시기를 맞추어 실시하여야 한다.

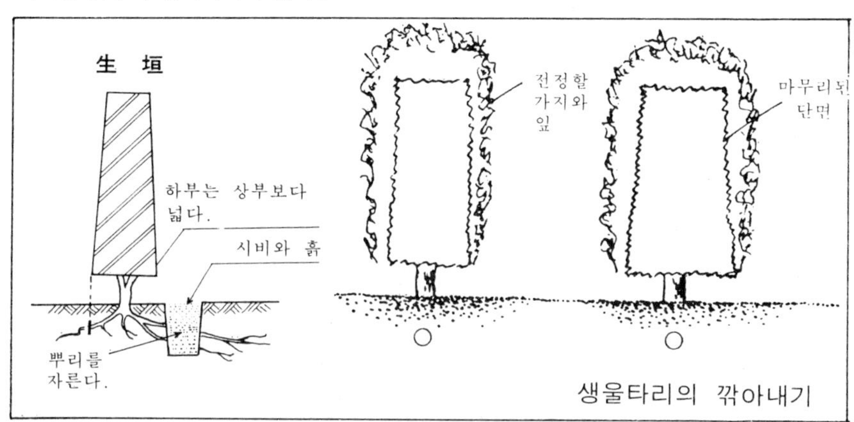

적절한 수종

품종명			
주목나무	쪽제비나무	무궁화	왕쥐똥나무
노간주나무	탱자나무	쥐똥나무	매발톱나무
측백나무	꽝꽝나무	대추나무	산사나무
서향측백	호랑가시나무	향나무	명자나무
편백	회양목	연필향나무	
비골나무	화살나무	갯대추나무	

가. 울타리 수목의 전지 요령

수목 울타리는 전체의 수형을 맞추기 위해서는 가지의 배열을 조밀하고 균일하게 배치하여 모양을 만들어야 한다.

균형이 잡힌 생울타리는 거미줄이나 기타 오물을 말끔히 제거하여 항시 깨끗한 모습을 할 수 있도록 하여 수목이 생동감 있도록 하고 전지 작업을 할 때는 끈을 매어 중심을 잡고 거기에 맞추어 고르게 원하는 수형으로 전지를 해야 균형을 유지할 수 있다.

수목의 생리가 윗부분이 왕성하고 아랫가지는 약하므로 윗가지를 강전지를 하고 아랫가지는 약전지를 한다. 또한 죽은가지는 제거하여 통풍을 도와주고 윗면은 수평으로 전지를 하고 측면과 모서리는 직선으로 전정을 하는 것이 바람직하다.

전지 시기는 봄철과 장마철에 하는 것이 적합하고 꽃과 열매의 생울타리는 분화기를 참작하여 꽃눈의 허실을 막아 주어야 꽃과 열매를 기대할 수 있다.

나. 수목 울타리 뿌리 전지

뿌리 전지를 하여 생장을 억제하고 새뿌리를 나게 하여 새롭게 지엽을 왕성하게 함으로써 수목을 생동감 있게 성장하도록 한다.

뿌리 전정은 수목 울타리를 따라 도랑을 깊게 파면서 옆으로 뻗은 뿌리를 절단하는 것이 이상적이다. 뿌리 절단이 끝난 후 도랑의 밭흙에 퇴비를 섞어 채운 다음 원상태로 만든다.

1) 뿌리 전정의 시기

초봄으로 수목의 눈이 활동하기 직전이 최적기라 할 수 있으나, 여름 장마철에 실시하는 것도 무난하다.

다. 수목 울타리의 시비

수목 울타리는 정원수보다도 왕성한 생육이 필요하므로 충분한 시비가 필요하다.

시비는 수목의 주위를 깊게 파고 퇴비나 계분 기타 무기질 비료를 사용하는 것이 좋으며 금비 (화학비료)는 되도록이면 사용하지 않는 것이 좋다. 성목이 되기 전에는 연 2-3회 시비를 하여 생장을 촉진시켜 주고 성목이 되었을 때는 연 1회 정도로 충분하다.

6. 잔디 관리 요령

아름다운 잔디를 유지하도록 관리하기 위해서는 잔디 깎아주기, 적당한 급수, 적절한 흙 관리, 병충해 방제, 잡초 제거, 갱신, 보수, 밟아 주기 등의 작업이 중요하다.

가. 잔디 전정 요령

잔디 손질 중에 제일 중요한 것이 깎아·주기이다. 잔디를 전정할 때는 적당한 길이로 전정을 하여 녹색의 융단과 같은 모습이 되도록 해야 한다.

잔디의 생장점이 지표의 가까운 곳에 있다. 이 때문에 적당한 높이로 깎아 낸다면 생·장점이 낮은 위치로 내려가서 그 높이의 범위 내에서 재생할 수 있는 구조로 되어 있는데 이것을 너무 짧게 깎으면 생장점을 잘라내는 것이 되므로 그대로 노화한다는 현상을 야기시키고 만다. 또한 생장점을 자르지 않더라도 짧게 깎으면 그만큼 잎의 면적이 감소하게 되므로 광합성의 양이 적어져서 경엽의 재생력이 쇠퇴한다.

그 결과 뿌리 줄기도 나빠지고 뿌리가 얕아져서 황화 현상이 나타나는 등의 여러가지

생리적 장해가 잎에 생기는 것이다. 깎아 내기의 횟수는 잔디의 종류나 기후, 토양, 양분 관리 작업과의 관계에 의해서 달라지게 되는데 일반적으로 생장의 완성기라면 월 2-3회 (적어도 월 1회)는 해준다.

잔디의 전정은 잔디의 종류, 생육의 정도, 기후, 수분 상태, 이용 목적 등에 따라 10-20㎜라는 것이 이상적이며 이보다도 짧게 깎으면 생육 장해가 나타나게 된다. 일반적으로 잔디의 전정은 너무 짧게 전정하는 것보다 약간 높게 전정을 하고 전정의 횟수를 늘려 하는 것이 좋다.

나. 잔디의 시비

잔디는 성장이 너무 빠르면 약해지고 도장하는 것보다는 모질게 자라도록 하므로 전정의 횟수도 늦출 수 있다. 따라서 시비를 과다하게 하지 않도록 한다.

잔디에 필요한 비료는 질소, 인산, 칼리의 3요소와 몇 종의 미량 원소이다. 그러나 주위해야 할 점은 비료분이 너무 부족하게 되면 오히려 해를 끼치는 원인이 되므로 잎의 생동감을 항상 유지할 수 있도록 적절한 시비가 필요하다.

시비는 뿌리가 활동하기 시작할 때가 가장 적절하나 여름 잔디인 경우는 봄부터 여름까지, 겨울 잔디에는 봄부터 가을까지 시비를 한다.

시비의 양은 한정되어 있는 것이 아니므로 잔디의 상태를 세밀히 관찰한 다음 그때그때의 상태에 따라 알맞게 시비를 하는 것이 바람직한 방법이다.

잔디의 병해

잔디는 병충해에 강한 편이므로 수분 관리를 철저히 하고 통풍을 원활히 해주고 비료를 알맞게 시비함으로써 무병하나 경우에 따라서는 녹병 (잎이 등황색의 포자낭이 붙는다) 이 발생하여 잔디의 엽록소를 파괴하므로 서서히 쇠약하게 되는데 이때는 톱신앰 약제로 간단히 구제할 수 있다.

병해 종류와 방제

병해	발생 시기	증상	적응 약제
녹병	5월~11월	잎이 등황색으로 변화	톱신앰. 석회유황합제
춘독병	1월~5월중순 8월중순~11월	발아를 저해한다	튜람. 오소사이트. 톱신앰
브라운 퍼치	4월~9월	다갈색으로 잎이 변하며 경엽이 마른다	튜람. 톱신앰. 벤레이트
달러. 스포트	6월~7월 9월~10월	균사가 나타나고 얼마 후 암갈색으로 변화	튜람. 벤레이트. 톱신앰

잔디의 충해

잔디에 발생하는 충해는 거의가 잔디의 잎을 식해하는 것이다. 이 중에서도 경엽을 식해하는 야도충 뿌리를 식해하는 풍뎅이의 유충 그리고 날개벼명. 나방의 일종인 유충 등이 잔디의 대적이다

이밖에 직접 식해되는 것은 아니지만 땅속을 파고 다니는 두더지 때문에 잔디의 뿌리가 떠올라서 말라 죽는 경우도 흔히 있다.

야도충, 하늘소의 유충과 두더지의 방제는 표에서와 같은 약제를 쓰는데 하늘소의 성충은 유아등으로 죽이거나 하고 또 두더지는 약제로 퇴치할 수 있다.

충병해 종류와 방제

충해	발생 시기	증상	적응 약제
야도충	5월~7월 9월~11월	잎을 식해	다이아 지논 E.P.N
하늘소	4월~11월	잎을 식해	다이아 지논 E.P.N
두더지	1월~4월 9월~12월	뿌리를 절단하여 떠올린다	스미치온. 파라치온. 에카친

7. 유실 정원수 관리

가. 적당한 환경

1) 햇빛

일반 정원수와는 달리 유실 정원수는 햇빛을 많이 받을 수 있는 장소에 배치해야 생장도 빠르고 병충해도 예방할 수 있을 뿐더러 꽃눈 분화도 충실하여 아름다운 꽃을 기대할 수 있고 열매도 충실해져 관상 가치도 높게 된다.

2) 배수

식물은 뿌리 호흡을 해야 하므로 배수가 잘 되는 위치에 심어야 한다.

3) 시비

일반 정원수보다 유실수는 충분한 영양 관리를 하여야 하므로 질소(N), 인산(P), 칼리(K)를 충분히 주고 칼슘(Ca), 마그네슘(Mg) 등도 충분히 보충해 주어야 한다.

4) 밑거름

생장 개화 결실을 촉진하기 위하여 12월~1월에 주는 비료, 가을에 주는 비료도 있으며, 비료의 종류로는 화학비료보다는 유기질 비료인 퇴비, 계분, 어분, 깻묵, 골분 등을 매몰 시비나 방사 시비를 하는 것이 바람직하다.

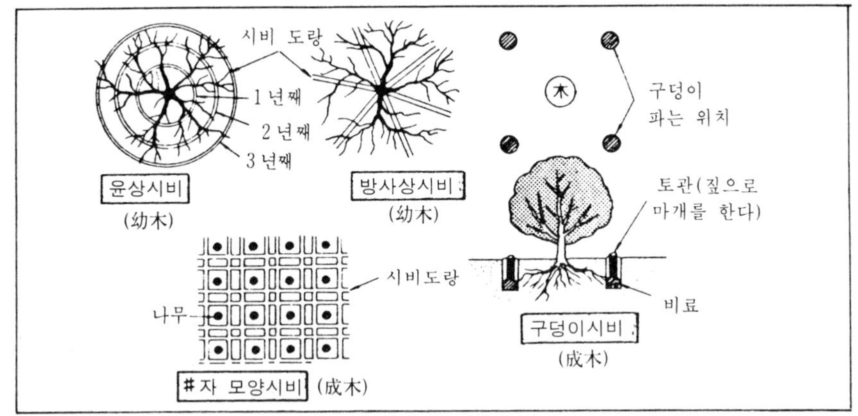

여러가지 시비요령

나. 전정

유실수 전정은 일반 정원수와는 달리 꽃과 열매를 감상해야 하므로 분화기를 먼저 파악한 다음 분화 시기를 고려하여 전정을 하는 것이 꽃과 열매를 보존할 수 있다.

분화된 꽃눈을 전정하였을 때는 다음해 꽃과 열매를 기대할 수 없음을 명심해야 한다.

1) 전정의 기본

유실 정원수는 결실 습성이 각기 다르므로 아래 그림을 참고하여 적절히 간벌과 전정을 하는 것이 바람직하다.

2) 잔가지 전정

매실, 복숭아, 모과, 배, 감귤 등 1년생 가지를 자를 때는 (그림 1)과 같이 남겨두고자 하는 눈의 반대쪽으로 경사지게 자른다. 포도, 으름, 무화과 등은 (그림 2)와 같이 마디 사이를 자른다.

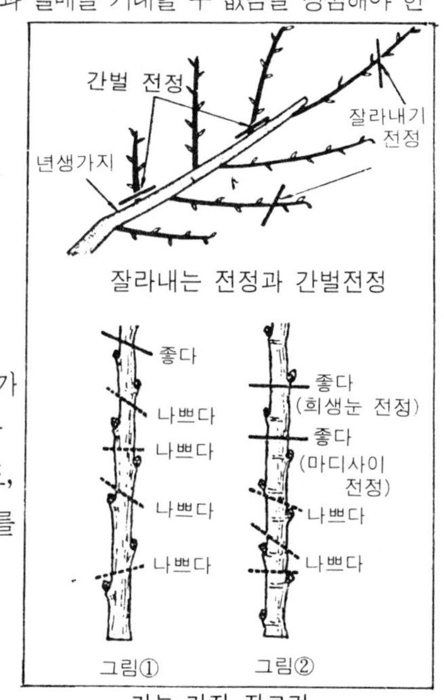

가는 가지 자르기

3) 굵은 가지 전정법

굵은 가지는 자른 후 자른 상처의 융합이 힘들므로 되도록이면 자르지 않는 것이 좋으나, 부득이 자를 때는 유합제를 발라 상처를 보호하여 주어 세균의 침입을 막아 주어야 한다.

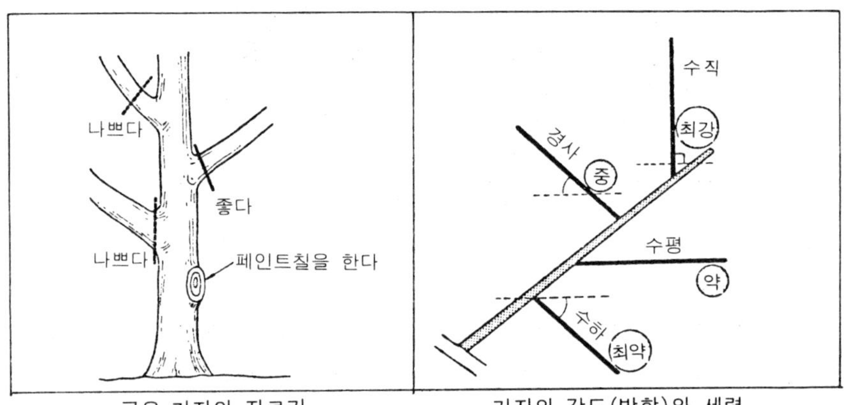

| 굵은 가지의 자르기 | 가지의 각도(방향)와 세력 |

4) 전정과 새가지 관계

①굵은 가지는 길게 자르고 가는 잔가지는 짧게 자르므로 새로 자라는 가지의 형세가 균일해진다.

②강한 가지를 원할 때는 짧게, 약한 가지를 원할 때는 길게 전정을 한다.

③나무의 가지는 경사, 수평, 수하로 될수록 약해지고 위로 향한 가지는 수세가 강해진다. 따라서 가지의 눈을 위로 자라도록 자르면 강해지고 수평이나 아래로 자라도록 자르면 약해진다.

④열매가 너무 많을 때는 적절히 따내어 다음해 꽃눈이 많이 피도록 조절하는 것이 하나의 기술이다.

⑤나무의 남쪽 가지와 북쪽 가지의 균형을 유지시켜 주어야 한다.

⑥전정의 시기는 엄동기를 피하여 전정하는 것이 좋다.

일반적으로 동해에 강한 수종은 겨울 전정도 무방하나 대체적으로 봄에 전정을 하는 것이 바람직하다.

8. 정원 수목의 생태적 특성

우리나라에는 4천여종이 넘는 자생식물과 1천여종의 특산식물이 전국토에 분포 되어 있다.

그러나 우리 주변 정원에는 외국에서 유입된 수종들이 대부분을 차지하고 있어 우리 고유의 풍취를 풍기는 수종은 빛을 보지 못하고 있는 실정이 아쉽기만 하다.

문화 수준이 높아지고 경제 활동이 활발해질수록 도시의 생활 공간은 더욱 악화되어 가는 경향을 보인다. 도시의 생활환경이 살기에 적합하지 않은 상태로 기울어져 가는 원인은 도시에 있어서의 인구의 급격한 증가와 에너지 소비의 격증에 대해서 경제성장에 우선권을 주고 생활 기반을 경시하는 우리 사회가 원망스럽기만 하다.

그러나 자연을 동경하는 도시인들에 안식처인 정원은 좀더 합리적으로 나무를 심고 가꾸어 인간의 욕구를 충족시켜 주고 자연환경을 조화있게 생활 공간을 개선함이 매우 중요한 일이다.

정원은 태양광선, 풍향, 토질, 지피식물, 하천 (폭포), 유수지 (연못), 등이 조화를 이루어야 한다. 따라서 정원수에 대한 생태적 특성과 환경 요인 오묘한 자연의 섭리에 대한 보다 깊은 이해와 표현을 직접 정원에 이용하는 것이 바람직하다.

가. 수목의 환경

모든 수목은 환경이라는 제한된 범위 내에서 삶을 영위하도록 강요당하고 있고 각기 알맞는 환경 밑에서만이 생존이 가능하다.

이와 같이 많은 조건 중에서 수목은 가장 약한 단일 또는 소수 조건에 의해 지배된다.

기온, 토양, 광선, 물과 같은 환경 요인은 수목의 생태학적 최소치와 최대치 사이에서 살고 있는 것이다.

1) 기온

온도 요인에 의해 천연 분포는 지배된다. 겨울철의 저온으로 말미암아 생육이 가능한 한계선이 있으며 한대산의 수종은 반대로 여름철의 고온으로 말미암은 생육 가능한

계선이 있다. 그러나 정원수는 인위적인 보호 관리가 행해지므로 식재 분포 지역이 광범위한 것이 일반적이다.

2) 광선

식물에 있어서는 광합성 작용을 하므로 필수요소이다.

광선의 양은 식물의 종류, 크기, 생육, 환경, 기타 조건에 따라서 다르며, 생육 반응에 현저한 차이가 생긴다. 같은 수종에 있어서도 조건이나 수령에 따라 요구량이 다르기는 하나 수종 고유의 특성에 따라 탄소동화작용률이 높아 약한 광선 밑에서 생육할 수 있는 나무를 음수라 하며 탄소동화작용률이 낮아 충분한 광선이 아니면 생육을 할 수 없는 나무를 양수라 한다. 음수와 양수 사이에 있는 나무를 중간수라 한다.

음수가 성장할 수 있는 빛의 양은 전수량의 50% 내외, 양수의 경우는 70% 내외, 고사 한계의 최소 수량은 음수 4.5%, 양수 5.5%라 한다.

3) 흙속의 수분

수목의 생육에 절대적으로 필요한 요소로서 뿌리의 근모에 의해 흡수되는 염류의 용제 구실을 하며 잎에서 이루어지는 광합성에 필요한 수분의 원천이 되며 지표로부터의 증발에 의한 지온의 조절 등 식물에 미치는 영향이 매우 크다.

토양 수분은 흙의 입자와 물이 서로 결합하는 힘에 따라 흡습수와 모관수, 중력수의 세가지로 구분할 수 있다.

흙입자와 물과의 결합력을 토양 수분이라 하는데 식물에 의해 이용되는 수분은 식물의 고사현상을 예방하나 고사현상을 막기 위해서는 초기 위조점에 도달하기 전에 관수를 해야 고사하는 것을 막을 수 있다.

4) 흙속의 양분

수목이 정상적인 생장을 하는데는 적당한 양분이 필요하다.

질소, 인산, 카리를 비롯하여 열여섯 가지의 원소가 필요하며 그 가운데서 탄소, 수소, 산소는 탄산가스와 물로부터 얻어지고 나머지 원소는 토양 속에 함유하고 있어 뿌리로부터 흡수된다.

양분과 빛이 충분할 때는 광합성이 충분히 이루어지므로 양분 공급량이 비교적 적어도 생장 생육에 별지장이 없고 토양 양분이 풍부할 때는 빛의 양이 적다할지라도 수목의 생육은 유지된다.

5) 흙속의 유기물

흙속에서 분해되어 변질된 유기질은 수목에 직접적인 영양원의 구실을 할 수 있을 뿐만 아니라 양분의 급원 토양의 물리적 성질 개선, 비료 성분의 흡수 유지, 토양 반응에 대한 균형 등 여러 작용을 한다.

표토는 부식되고 분해되어 검정색을 띠게 되나 하층토는 함유량이 적으므로 흙 고유의 색채를 갖고 있다.

흙속에 함유된 부식질 함유량은 4-18%가 적합하다.

6) 흙의 종류

흙은 점토질과 모래의 혼합 비율에 따라 사토, 사양토, 양토, 식양토, 식토 등으로 분류되며 수목의 생육에 적당한 흙은 사양토, 양토, 식양토가 좋다.

수목의 생육에 적당한 흙이라 한다면 배수가 잘 되고 보습성이 충분하고 미량 원소가 충분한 흙이라면 만족하다.

7) 공해

환경의 오염은 인구 증가 산업 발달로 도시의 밀집 등의 원인이 있겠으나 도시의 대기 오염의 주범인 유해가스는 수목에 직접적인 피해를 주고 있다.

특히 아황산가스(SO_2)는 식물체에 흡수 축적되어 광합성 작용을 저하시키고 식물 호흡이 낮아지고 줄기나 잎이 퇴색하여 잎끝이 황록화되거나 잎의 전면이 황화 현상이 일어나 마침내는 낙엽이 되어 떨어진다. 기타 CO, O_3, NO_2, HF, Cl_2, Qxidants 등의 피해가 있다.

일반적으로 상록활엽수가 공해에 강하고 낙엽활엽수는 약한 편이나 공해에 시달리는 정원수에는 염수를 아침, 저녁 살포하여 줄기와 잎에 오물을 청소해 주는 것이 바람직하다.

8) 내염성

일반적으로 정원수는 염분의 피해가 매우 크다.

해변의 개발지에 수목을 심을 때는 염분의 한계 농도를 측정하여 잔디의 경우 0.1%, 수목의 경우 0.05%이다.

월별 정원 수목 관리

< 1 월 >

1월은 우리나라에서 가장 추운 달이다. 시베리아에서 불어오는 한냉건조한 고기압 세력이 가장 강한 달로서 연중 가장 추운 한파와 폭풍까지 동반하는 계절이므로 정원수목이 한파에 약한 수종은 보온 관리를 다시 한번 점검하고 미비한 관리는 보완하고 눈이 많이 오는 지방에서는 충분한 대책을 세우고 송백류의 경우는 눈의 피해를 입지 않도록 눈이 쌓이는 즉시 잎과 가지를 털어 가지를 보호하도록 한다.

지피식물을 보호하기 위해서는 과습의 피해를 입지 않도록 배수 관계를 철저히 해준다.

● 정원수 수형

잡목의 경우는 잎이 다 떨어져 형태가 분명히 드러나 있는 시기이므로 전체의 모양을 정확하게 관찰하여 불필요한 가지는 제거하고 간단한 전정을 해준다.

송백류는 나무가지속, 고사된 가지는 세밀히 살펴 제거하고 잎 사이의 해충집과 나무가지 사이에 엉겨있는 솔잎을 제거하여 통풍이 원활하도록 한다.

<2 월>

추위가 서서히 물러가고 봄의 문턱에 들어서는 계절이다.

추위 고비를 넘기면서 남부지방에서는 매화가 꽃봉오리를 내밀기 시작한다.

바람은 건조하고 때로는 습한 바람이 불고 비가 오다 눈이 오는 불규칙한 일기 변화가 심한 계절이므로 성급한 봄 손질은 피하는 것이 바람직하다.

● 정원수 가지 솎음

정원수의 가지 솎음은 일시에 하지 말고 서서히 나무의 수형을 살펴 신중하게 생각하여 솎아내고 불필요한 오물을 제거하는 정도로 손질을 해주고 화목류의 경우는 꽃눈이 활동하기 전에 유황합제를 살포하여 병충해를 미연에 방제 해준다.

<3 월>

북대륙의 한냉한 시베리아 기단이 서서히 약해져 얼어붙은 겨울이 녹아내리기 시작하는 계절이다.

중순 이후 남해안 지방은 봄꽃이 피기 시작하고 하순경에는 철새들이 오가는 것을 볼 수 있고 월동에 들어갔던 모든 해충이 겨울잠에서 깨어나므로 정원수에 석회유황합제, 톱신앰 등 예방약제를 살포하여 병해충을 미연에 방제하는 것이 바람직하다.

그러나 변덕스러운 일기 변화가 뜻하지 않게 찾아오는 경우가 있으므로 추위에 약한 수목의 보온 관리에 유념해야 한다.

3월은 유실 화목류를 제외하고는 전정의 적기이므로 수목의 수형을 잡아주어 생장에 도움이 되고 새순의 생기를 돋구어 주므로 정원수로서 품위를 갖추도록 해준다.

화목류 유실수는 꽃이진 다음 전정을 함으로써 아름다운 정원수를 감상할 수 있으며 유실수 역시 열매를 감상해야 하므로 적절한 전지를 해주어 열매로 하여금 나무가 쇠약해지는 것을 예방 해줌으로써 관상 가치도 향상된다.

또한 3월은 접목, 이식, 삽목의 최적기이므로 정원수를 옮겨 심거나 보식을 하여 정원의 구조를 변경시키기 가장 적절 하므로 취향에 맞도록 조성하는 시기이며 생산을 목적으로 할 때는 삽목 접목 파종을 하여 정원수 생산에 박차를 가할 시기이다.

<4 월>

대륙성 고기압이 극도로 약해지면서 오츠 크해 기단이 불어오는 시기이므로 따뜻한 날씨가 계속되므로 화목류, 유실수의 봄꽃이 피고 잡목류의 새싹이 움트기 시작한다.

따라서 철새가 날아오고 동면에 들어갔던 양서류, 파충류가 활동하기 시작하는 봄 날씨가 계속되어 먼산 아지랑이가 끼고 봄비가 자주 내리는 계절이다.

잡목류의 새순이 나기 직전 석회유황 합제를 살포하여 주므로 병충해를 예방 할 수 있고 송 백류는 톱신앰을 살포해 주는 것이 관상가치를 보존할 수 있다.

화목류는 꽃이 지는 즉시 전지를 해주어 수형을 잡아주므로 다음해 꽃을 피우는데 도움이 된다.

너무 늦게 전지를 하는 것은 분화된 꽃눈을 잘라 내게 되므로 다음해 꽃을 볼 수 없게 되므로 유념해야 한다.

지피식물은 새잎이 나기 전에 부토를 해주고 배수가 잘 되도록 한다. 노면이 고르지 못할 경우는 노면 정리를 해준다.

소재 생산을 할 때는 노지에 삽목 파종 접목도 할 수 있다.

<5월>

따뜻한 기압이 불어오는 시기이므로 기온이 상승하므로 정원수가 활동하기에 최적의 계절이다.

수목의 생장이 왕성해지므로 새순이 길어지는 경우는 순치기를 적절히 해주는 것이 좋다.

특히 유실수 화목류의 경우는 분화되는 시기 이전에 적절히 순치기를 해줌으로 다음해 아름다운 열매와 꽃은 감상할 수 있다.

또 잡목의 경우는 잎이 완전히 성숙되었을 때는 취목의 적기이다.

숙근초는 전년의 묵은 잎을 완전히 제거해 주고 새잎이 자라는데 장애가 되지 않도록 한다.

식물의 새순에 진딧물 등 해충이 생기는 시기이므로 메타시스톡스, 톱신앰 등으로 소독을 해줌으로 새순의 아름다움을 유지시킬 수 있다.

특히 새잎과 새순이 먼지와 공해에 시달리는 경우는 저녁 무렵 수목의 잎과 새순 줄기에 쌓여 있는 오물을 매일 제거함으로써 활력이 넘치는 시원한 정원을 감상 할 수 있다.

<6월>

북태평양 기단이 상륙하므로 고온다습한 해양성 고기압이 차차 그 세력을 확장한다.

따라서 남부지방은 비가 자주 내리고 하순경에는 장마전선이 상륙하기 시작하는 시기이므로 호숫가에는 안개가 발생하며 지구의 복사열로 말미암아 뇌우를 동반한 소나기가 자주 오는 시기이므로 배수 관리에 철저를 기해야 한다.

수목의 생장에 최적인 기온이 유지되므로 수목의 활동이 왕성해진다. 수목의 상태를 면밀히 관찰하여 비료분이 부족하다 싶으면 충분한 비료공급을 해주고 병충해 역시 활동하기 좋은 조건이므로 예방과 치료약제를 살포해줌으로 아름다운 정원을 유지시킬 수 없다.

송백류의 순치기를 실시할 시기이므로 순치기를 실시하여 잎의 균형을 잡도록 하고 잡 목류는 도장지를 잘라주어 수형의 균형을 잡아 주어야 할 시기이다.

<7월>

  본격적인 무더위와 장마철에 접어드는 시기이므로 강렬한 햇빛이 기온의 상승을 돋구어 주므로 모든 수목은 생리적인 장애가 많이 생겨나는 시기이다.

  때문에 병충해의 피해가 극심하므로 예방과 치료제를 수시로 살포함으로써 예방을 하여야 한다.

  특히 이 시기에 만연되는 병충해는 진딧물 솜개각충 (솜벌레)   붉은 잎마른병 흰가루병 등이 많이 발생한다.

  이달의 작업으로는 삽목 취목 잎자르기 도장지 자르기 시비 약제살포 잡목류 잎따기 등이다.

<8월>

  7월에 이어 무더위가 계속되므로 수목의 생장이 일시적으로 정지하게 되므로 시비는 절대로 해서는 아니된다.

  무더위 속에서 장마가 계속되므로 배수 관리를 다시 한번 점검하여 수목의 뿌리가 침식되어 고사하는 것을 예방하여야 한다. 흔히 여름 장마철에 수목이 고사하는 경우가 간혹 나타 나는데 이것은 뿌리 부분에 배수가 되지 않고 물이 고여 뿌리가 썩게 되어 고사하는 경우가 대부분이다.

  병충해 방제는 주일에 1회 정도는 실시하고 고온에 시달리므로 저녁 해가진 후 수목의 잎에 물을 뿌려 잎에 묻어 있는 오물을 제거해 주고 온도를 일시적이나마 내려 줌으로써 수목의 생동감을 되찾아 청결한 정원을 감상할 수 있다.

  이달의 작업은

  약제 살포 ,도장지 자르기, 삽목

<9월>

  무더운 날씨는 서서히 쇠약해지고 기온이 낮아지는 계절이다.

  그러나 태풍이 불어오는 경우가 있으므로 태풍의 피해를 입지 않도록 가지치기 순치를 철저히 해주어야 한다.

  화목류, 유실수의 경우는 능숙한 전문가가 아닐 때는 가지치기 순치기를 하지 않는 것이 좋다. 꽃눈을 잘라 버릴 염려가 있으므로 주의하여야 한다.

이달의 작업은

눈따기   가지 전지   시비 약제 살포

<10월>

이동성 고기압이 다가오므로 대체로 맑은 날씨가 이어지고 기온이 서서히 내려가 단풍이 물들기 시작하고 모든 곡식이 익어가는 계절이다.

따라서 수목의 완숙미를 나타내는 시기이므로 가을의 맛을 한껏 느끼게 된다. 정오에는 더위를 느끼나 아침 저녁은 서늘한 날씨여서 더위를 느끼지 않는다.

10월은 결실의 계절이므로 유실수 수목은 탐스러운 각종 열매가 자태를 과시하여 가을의 풍요를 느끼게 하고 단풍의 아름다움은 더욱 정원의 매력을 느끼게 한다.

가지 전정, 시비, 약제 살포, 취목 분리

<11월>

북쪽 시베리아 기단이 불어오는 계절이므로 초겨울의 날씨를 나타내기 시작하는 달이다.

강수량이 줄어들고 건조한 맑은 날씨가 이어지며 강원도 산간지방에서는 기온이 영하로 떨어지기 시작하고 눈발도 날리는 경우도 있다.

이달의 작업은

송백류는 묵은 솔잎이 떨어지므로 제거하고 낙엽수는 잎이 떨어지기 시작하므로 제거하여 소각하고 해충의 집을 제거한다.

나목의 형태로 남게 되므로 불필요한 가지는 제거하고 보온을 해준다.

특히 중부 이북지방에서는 동백 목백일홍 석류나무 등 추위에 약한 수종은 보온을 철저히 하여 동해 피해를 예방하여야 한다.

약제 살포, 잡목류의 경우는 석회유황합제를 가지와 줄기에 살포하여 해충과 병충해를 미연에 소멸시키고 지피식물은 배수를 철저히 하여 식물의 뿌리를 보호하여 주어야 한다. 배수가 나쁠 때는 식물의 뿌리가 침식되어 질식하므로 부패하게 됨을 명심해야 한다.

<12월>

시베리아 기단이 발달하여짐에 따라 추위가 본격적으로 내습해 오는 달이다.

중순경에는 호수와 강이 결빙이 되고 우리나라 기후의 특색인 3한 4온 현상이 나타나 맑은 날씨가 많아진다. 특히 낮기온과 밤기온의 차이가 심하나 남부지방에서는 밤낮의 기온의 차가 심하지 않다.

따라서 수목의 단풍은 중부 이북지방에서 아름답다. 기온이 내려감에따라 수목의 생장은 정지되어 수면상태로 접어들게 되므로 나목의 정원수를 감상할 수 있다.

이 달의 작업은 마른낙엽을 제거하고 지피식물의 잎을 깨끗하게 보존하도록 하고 배수 관리를 철저히 해주고 눈의 피해를 입지 않도록 정원수 관리를 한다.

잡목 정원수는 물을 뿌려 가지와 줄기를 깨끗하게 오물을 제거해 주어 청결하게 한다.

1월 2월은 12월과 같이 관리한다.

나. 관상 수목 번식법

수 종	번식 방법	시 기	특별한 사항
태 산 목	접목, 실생	접목 3-4월	목련에 접목
심 정 화	접목, 실생, 삽목	삽목 5-6월	실생 종자 채취 즉시 파종
회 양 목	삽목, 실생	삽목 5-6월	실생 종자 채취 즉시 파종
철 쭉 류	삽목, 실생	삽목 5-6월	삽목 발근율이 양호함 (산성 토양)
동 백 나 무	삽목, 실생	6-9월	삽목, 실생, 접목, 취목 등 다양함
남 천	삽목, 실생, 분주	1-6월 삽목	실생, 삽목, 분주 양호함
비 파 나 무	실생	9-10월	채취 즉시 파종
사 철 나 무	삽목, 실생	3-7월	삽목, 실생 양호함
멀 꿀	삽목	3-6월	발근이 양호함
목 서 나 무	삽목, 실생	삽목 6-7월	발근이 양호함
팔손이나무	삽목, 실생	삽목 5-6월	발근율이 양호함
으 름 덩 굴	삽목, 실생	삽목 3-4월	실생 노천 매장 후 다음해 봄 파종
수 국	삽목	삽목 3-4월	양호함
무 화 과	삽목	삽목 3-4월	발근율이 매우 양호함
낙 상 홍	실생	10월	
해 당 화	접목, 실생, 취목	접목 3월	발근율이 저조함
탱 자 나 무	실생	10월	양호함
느 티 나 무	실생, 삽목	실생 3-4월	발아율이 양호함
목 련	실생 10월	3-4월 즉시 파종	
수양벗나무	접목, 실생	접목 3월	실생은 즉시 파종
석 류	삽목, 실생	삽목 4-6월	4-6월 발근율이 양호함
적 송	실생	3-4월	모래와 혼합하여 노천 매장 다음해 파종

수　종	번식방법	시　기	특별한 사항
흑　　　송	실생	3~4월	모래와 혼합하여 노천 매장, 다음해 파종
나 한 송	꺾꽂이	5-6월	건조하게 관리한다
독일가문비 나무	실생	3-4월	종자 채취 즉시 노천 매장, 다음해 파종
왜 향 나 무	삽목, 실생	3-4월 삽목	실생도 가능하나 삽목이 손쉽다
비 자 나 무	실생, 삽목	3-4월	채취 즉시 파종한다
가 리 목	삽목	3-4월	발근이 잘된다
금　　　송	삽목, 실생	3-4월	삽목으로 발근율이 저조함
대 왕 송	접목	2-3월	흑송대목에 마주접이 최상
서 향 측 백	삽목	3-4월	발근율이 양호함
편　　　백	삽목, 실생	삽목 3-6월 실생 3-4월	삽목, 실생 양호함
히말리야 시다	삽목	3-6월	양호한 편임
향 나 무 류	삽목, 실생	실생 3-4월 삽목 3-6월	삽목 실생 양호함
전 나 무	실생	3-4월	파종 전에 노천 매장 온수에 침전시켜 파종함
식 나 무	삽목, 실생	삽목 4-6월	발아, 발근 양호함
마 취 목	삽목, 실생	삽목 6-7월	발근율이 양호함
꽝 꽝 나 무	실생, 삽목	삽목 5-6월	실생, 삽목 양호함
백 양 금	삽목, 접목	접목 3월 삽목 5-6월	마주접이 양호함
협 죽 도	삽목, 분주	삽목 5-6월	발근율이 양호함
월 계 수	삽목, 실생, 분주	삽목 6월	실생은 종자 채취 즉시 파종
아 애 나 무	삽목, 실생	삽목 5-6월	발근율 양호함
배 롱 나 무	삽목, 분주	삽목 3-6월	삽목 발근이 잘됨

수 종	번식방법	시 기	특별한 사항
산 수 유	삽목, 실생	실생 3-4월	종자 채취후 노천 매장 후 온수에 침전 후 파종
수 양 버 들	삽목	2-3월	발근이 잘됨
단 풍 철 쭉	삽목	6-7월	발근이 양호함
능 소 화	분주	3-4월	연중 가능하다
백 정 화	삽목	3-6월	발근이 잘됨
백 목 련	접목, 실생	실생 3월	접목, 3월 마주접
등 나 무	실생, 삽목, 접목	접목 3월	3월 마주접
부 용 화	실생	3월	
플 라 타 나 스	삽목	3월 9월	발근율이 양호함
명 자 나 무	삽목 3월	분주 3월 9월	분주가 용이하다
일 본 목 련	실생	3월	발아율이 양호함
무 궁 화	삽목, 실생	삽목 3월	발근이 양호함
단 풍 나 무 류	실생, 접목	3월 실생	접목 2-3월

다.병충해 방제 시기와 방제법

구분	병충명	방제 시기(월)	피해 나무	방제법
충해	진딧물	4~7	소나무, 매화, 벗나무, 복숭아, 장미, 단풍, 돈나무, 애기주목, 철쭉, 영산홍	마라티온, 에카친 DDVP, 지미토앳
	개각충	1~3, 5~8, 12	감탕나무, 후피향나무, 동백, 철쭉, 모밀잣나무, 회양목, 나한종	세빈, 기계유 유제
	복숭아 털벌레	4~6	매화, 벗나무, 해당, 모과, 복숭아	디프테렉스 스미티온
	잎말이 나방	5~7	장미, 다정큼나무, 꽝꽝나무, 치자, 사철나무, 동백, 늦동백 .	디프테렉스 스미티온 세빈
	하늘소	5~9	무궁화, 비파, 포도, 단풍, 버드나무	다이아지논 안치오, 사리티온
	큰유리 나방	5~9	치자	디프테렉스 DDVP
	차독나무	4~9	차나무, 동백, 늦동백	디프테렉스 스미티온
	흰불나방	5~10	매화, 벗나무, 플라타너스, 복숭아, 버드나무	디프테렉스 DDVP 스미티온
병해	흰가루병	5~8	단풍, 벗나무, 장미, 사철나무, 버드나무, 털가시나무	유황수화제 다이센 카라센
	그을음병	1~3, 5~9, 12	치자, 모밀잣밤나무, 동백, 대나무, 소나무	개각충, 진딧물류를 구제한다.
	점무늬병	5~10	수국, 동나무, 장미, 목련	다이센, 오소사이드
	백견병	5~9	튜립, 히아신스, 백합	우스푸른 스다찌가렌
	흰솜털병	4~10	은행, 소나무, 단풍, 복숭아, 배, 벗나무	벤레이트 오소사이드
	가지 마름병	4~9	비파류, 포풀러, 단풍, 식나무	벤자리에 스트렙 마이신을 바르고 잘라낸 것은 소각

라. 비료 부족의 증상과 대책

과부족 \ 증상과대책		증　　　　상	대　　　　책
비료 부족의 경우	질　　소	잎색이 황색으로 변하고, 생장을 멋는다.	깻묵과 배합비료를 섞어서 준다. 건조된 경우는 물을 준다. 요소 등을 잎에다 살포하기도 한다.
	인　　산	잎색이 청색으로 변하고, 전체의 힘이 약해진다.	산성토질인 경우는 심하기 전에 소석회를 주고, 기비로는 과린산석회를 준다. 추비는 효과가 적지만 과린산석회를 준다.
	카　　리	뿌리의 발육이 나쁘고, 어린잎의 녹색이 시드는 것 같다.	초목의 재나 황산카리를 준다.
	마그네슘	밑쪽의 잎부터 차례로 잎색이 황색으로 변하고, 황색 부분의 잎맥 사이가 벌어진다.	증상이 심한 것은 $1m^2$당 황산 마그네슘을 30g 준다.
	철	어린잎이 희게되고, 점차 모두 황색으로 된다.	황산제 1철 0.2% 수용액을 잎에 살포한다.
비료가 많을 경우		줄기나 잎이 너무 무성하거나, 개화가 늦거나, 꽃이 작아진다. 가지나 잎이 연약하여 바람, 설해를 당하기 쉽고, 병충해에 걸리기 쉽다. 또한 뿌리에 피해를 주면 잎이 작게 망가진다.	초목의 재나 황산카리를 추비로 준다 건조한 경우는 물을 주어서 비료를 닦아낸다. 볕을 잘 쬐이게 한다.

마. 수목의 형태

수종명	성상	수형	번식법	개화기	결실기	생태적특성										용도
						적응지역	맹이력	이식력	생장속도	건습도	비옥도	음양성	내한성	내공해성	토양	
가이즈까향나무	교상침	원추형	실생, 삽목	4	익년10	전국	강	용이	속	적윤	보통	양수	약	강	사질양토	정원, 공원, 생울타리
가중나무	교낙활	원정형	근삽, 실생	6	9월	〃	〃	곤란	급속	적윤, 내건	척박지	중용수	강	〃	〃	독립수, 가로수, 공원
감나무	〃	〃	실생, 접목	5-6	10	〃	약	〃	지연	적윤	비옥지	양수	〃	보통	〃	정원, 공원
개나리	관낙활	선형, 피복형	삽목, 분근	4	9	〃	강	용이	급속	〃	보통	중용수	〃	강	〃	정원, 공원, 생울타리 차폐용
겹산철쭉	〃	선형	실생, 삽목	4-6	-	〃	보통	〃	속	〃	〃	〃	〃	〃	〃	공원, 정원
계수나무	교낙활	〃	실생, 삽목	4-5	10-11	전국	보통	용이	속	적윤	비옥지	중용수	〃	보통	사질양토	공원, 가로수
고광나무	관낙활	피복형	분주, 실생 삽목	4-5	9	〃	강	〃	〃	내건	척박지	양수	〃	〃	〃	차폐용, 공원, 정원
곰솔	교상침	원추형	실생	4-5	익년9 -10	전남·북, 경남	〃	〃	〃	〃	〃	중용수	약	〃	사질양토 점토	해안, 사방림
광나무	관상활	통형	실생, 삽목	7-8	10	〃	〃	보통	〃	적윤	보통	음수	〃	강	사질양토	공원, 정원, 생울타리
꽝꽝나무	〃	피복형	〃	5-6	10	〃	〃	〃	지연	〃	비옥지	중용수	〃	보통	〃	공원, 생울타리
꽃사과	교낙활	원정형	실생, 접목	4-5	8-9	전국	〃	용이	속	〃	〃	양수	강	〃	〃	공원, 정원
낙상홍	관낙활	선형	실생, 삽목	6	11	전국	강	용이	지연	적윤	비옥지	중용수	강	강	〃	공원, 정원
낙우송	교낙침	원추형	〃	4-5	9	〃	약	곤란	속	호습	〃	양수	〃	보통	사질양토	공원, 정원, 호숫가 휴양지, 휴양림
눈향나무	관상침	포복형	〃	4-5	익년10	〃	강	용이	지연	내건	보통	〃	〃	강	〃	군식, 절개지, 정원, 공원
느티나무	교낙활	평정형	실생	5	10	〃	〃	〃	속	적윤	비옥지	중용수	〃	〃	〃	녹음수, 가로수 독립수
능소화	낙만	만경형	삽목, 분근	8-9	10	전남북, 경남	〃	〃	지연	〃	〃	양수	약	〃	〃	공원, 정원

수종명			번식			분포									토양	용도
담쟁이덩굴	"	"	삽목, 실생 취목	6-7	8-10	전국	"	"	속	적윤→내건	보통	음수	강	강	사질양토	공원, 정원
대추나무	교낙활	통형	분주, 분근 접목, 실생	5-6	9-10	"	"	보통	"	적윤지	비옥지	중용수	"	보통	"	"
덩굴장미(목향)	낙만경목	만경형	삽목, 접목	5	9-11	"	"	용이	급속	"	"	"	"	강	사질양토	파골라, 아치, 정원 공원
독일가문비	교상침	원추형	실생	6	10	전국	보통	용이	지→속	적윤지	비옥지	음수	강	보통	사질양토	공원, 정원, 독립수, 기념수
돈나무	관상활	원정형	실생, 삽목	5-6	10	제주, 남해안	"	"	지	내건	"	양수	약	강	"	해안지방공원, 정원
동백나무	교상활	"	접목, 삽목, 실생	2-4	9-10	"	"	곤란	속	적윤지	"	중용수	"	보통	사질양토 점토	방풍, 방화, 정원, 공원
등나무	낙활만	만경형	실생, 취목	5-6	9-10	전국	강	용이	지연	"	"	양수	강	강	사질양토	정원, 공원
리기다소나무 절개지, 척박지 산지조림	교상침	원추형	실생	5	익년9	"	"	"	속	내건	척박지	"	"	보통	사질양토 점토	절개지 척박지 산지조림
매자나무	관낙활	피복형	실생, 삽목	5	9	"	"	"	"	적윤	비옥지	음수	"	약	사질양토	생울타리, 공원, 정원
맥문동	지피	"	실생, 분주	5-6	10-11	"	"	"	급속	적윤	비옥지	음수	보통	보통	"	음지, 지피식물
메타세쿼이아	교낙침	원추형	실생, 삽목	2-3	10	"	약	보통	속	적윤→호습	"	극양수	강	강	"	기념수, 공원
맹자나무	관낙활	피복형	"	4-5	8-9	"	강	용이	"	적윤	"	중용수	"	"	"	정원, 공원, 생울타리
모과나무	교낙활	원정형	실생, 접목	5	9	"	"	"	지연	"	"	양수	"	"	"	공원, 정원
목련(백)	"	평정형	실생, 접목	4	10	"	보통	"	속	"	"	중용수	"	"	"	독립수, 정원수
무궁화	관낙활	선형	실생, 접목, 삽목	6-10	10	"	강	"	"	"	"	양수	"	강	"	정원, 공원, 생울타리
향나무	교상침	원추형	실생, 삽목	4	익년 10	"	강	용이	속	내건	보통	극양수	강	"	사질양토	공원, 정원
현사시나무 (은사시)	교낙활	원정형	"	4	5	"	"	보통	급속	호습, 적윤지	"	양수	"	"	"	차폐식재, 공원 가로수
홍단풍(노무라)	"	평정형	실생, 접목	5	9	"	"	용이	지	"	"	"	"	"	"	정원, 공원
화살나무	관낙활	선형	실생, 삽목	5-6	9-10	"	강	용이	지	호습, 적윤지	보통	음수	강	약	사질양토	정원, 공원

수종명	성상	수형	번식법	개화기	결실기	적응지역	맹이력	이식력	생장속도	건습도	비옥도	음양성	내한성	내공해성	토양	용도
회 양 목	관상활	피복형	"	4-5	6-7	"	"	"	"	적윤지 내건	"	중용수	"	강	"	공원, 정원, 생울타리
회 화 나 무	교낙활	평정형	"	8	10	"	"	"	"	적윤지	비옥지	"	"	"	"	공원, 정원 녹음수, 가로수
흰 말 채 나 무	관낙활	선형	"	5-6	8-9	"	"	보통	급속	"	"	"	"	약함	"	공원, 정원
히 마 라 야 시 다 (개잎갈)	교상침	원추형	"	10-11	익년 10-11	전남북, 경남	"	용이	속	"	"	"	약	강	사질양토	세계3대 공원수 정원, 공원, 가로수
잔 디	지피식물	포복형	실생, 분주	5-6	7-8	전국	"	"	급속	내건	척박지	양수	강	"	사질양토 점토	정원, 공원골프장
전 나 무	교상침	원추형	실생	4	10	"	보통	보통	지→속	내습 적윤지	비옥지	음수	"	극약	사질양토	공원, 녹화, 풍치수

수 종 명	성 상	수 형	번 식 법	개화기	결실기	생태적특성										용 도
						적응지역	맹이력	이식력	생장속도	건습도	비옥도	음양성	내한성	내공해성	토양	
치 자 나 무	관상활	피복형	실생, 삽목	6~7	9	제주남해안	보통	용이	속	적윤지	비옥지	양수	약강		사질양토	울타리, 정원
피 라 칸 사 스	"	"	"	5~6	10~11	전남북, 경남	강	"	"	"	"	중용수	"	보통	"	공원, 정원, 분재용
팔 손 이	"	"	"	11~12	익년5	제주, 남해안	중	"	속	"	"	극음수	"	강	"	관엽식물
철 쭉	관낙활	선형	실생, 분주	5	10	전국	약	곤란	지	"	보통	음수	강	약	사질양토	공원, 정원
장 미	"	"	실생, 삽목, 접목	6~7		"	강	용이	급속	"	비옥지	양수	"	강	"	도로, 잔디밭, 공원, 정원
박 태 기 나 무	관낙활	선형	실생, 삽목	4	8~9	전국	보통	곤란	급속	내건	척박지	양수	강	보통	사질양토	공원, 정원
배 롱 나 무	교낙활	평정형	"	7~9	10	전남북, 경남	"	용이	"	적윤지	비옥	"	약	약	"	공원, 정원, 사찰
백 (흰) 철 쭉	관낙활	선형	실생, 분주	4~5	10	전국	약	보통	지연	"	보통	"	강	보통	"	정원, 공원
병 꽃 나 무	관낙활	선형	실생, 삽목	5	9	전국	강	용이	속	내건	비옥지	양수	강	강	사질양토	정원, 공원
불 두 화 (백당)	"	"		5~6	9	"	"	"	지	적윤지	보통	중용수	"	"	"	
사 철 나 무	관상활	피복형	실생, 삽목	6~7	10	"	"	"	속	"	"	음수	"	"	"	정원, 공원, 생울타리
산 수 유	교낙활	평정형	실생, 접목	3	10	"	"	"	"	"	비옥지	양수	"	약	"	정원, 공원

산철쭉(개꽃나무)	관낙활	선형	실생, 삽목	4~5	10	〃	〃	〃	지	〃	보통	〃	〃	강	〃	〃
서양측백(미국)	교상침	원추형	〃	4~5		〃	〃	보통	속	〃	비옥지	〃	〃	강	사질양토	생울타리, 공원, 정원
섬 잣 나 무	〃	〃	실생, 접목	6	9	〃	보통	용이	지	〃	〃	음수	〃	보통	〃	공원, 정원, 기념수
수 수 꽃 다 리	관낙활	선형	실생, 삽목	4~5	9	〃	강	〃	속	〃	〃	중용수	〃	강·	〃	공원, 정원
수 양 버 들	교낙활	하스형	〃	4	5	〃	〃	곤란	급속	내습	보통	〃	〃	〃	〃	공원, 가로수
소 나 무	교상침	원추형	실생	4~5	익년 9~10	〃	〃	곤란	지	내건	척박지	양수	〃	약	사질양토, 점토	공원, 정원, 단목
스트로브잣나무	〃	〃	〃	5	익년10	〃	보통	용이	지→속	적윤지	비옥지	음수	〃	강	사질양토	공원, 녹음수
아 왜 나 무	교상활	피복형	실생, 삽목	6	9	제주, 남해안	〃	〃	속	〃	〃	음수	약	강	사질양토, 양토	공원, 녹화, 풍치수
영 산 홍	관낙활	선형, 피복형	〃	4~5	9~10	전남북, 경남	강	〃	지	〃	〃	양수	〃	보통	사질양토	정원, 공원, 군식
실 편 (화) 백	교상침	지수형	삽목	4	10~11	〃	〃	〃	〃	적윤지	보통	양수	강	보통	사질양토	정원, 공원, 독립수
앵 도 나 무	관낙활	선형	실생, 분주	4	6	전국	강	용이	속	적윤지	비옥지	중용수	강	보통	사질양토	공원, 정원
옥매화(산옥매)	〃	원정형	삽목, 분주	4~5	6	〃	〃	〃	〃	〃	〃	양수	〃	〃	〃	〃
이 태 리 포 푸 라	교낙활	통형	삽목	4	5	〃	약	곤란	급속	호습지	보통	〃	〃	강	〃	공원, 가로수
이 팝 나 무	교낙활	원정형	실생	5~6	9~10	전국	강	용이	지	적윤지	비옥지	음수	강	강	사질양토	공원, 정원, 가로수
일 본 목 련	〃	원추형	실생, 접목	5	10	〃	보통	곤란	속	〃	〃	양수	약	〃	〃	〃
좀 작 살	관낙활	선형	실생	7~8	10	〃	강	용이	〃	〃	보통	중용수	강	〃	〃	정원, 공원
족 제 비 싸 리	〃	〃	〃	5~6	9	〃	〃	〃	〃	내건	척박지	양수	〃	〃	사질양토, 점토	가로변, 토사방지용
중 국 굴 피 나 무	교낙활	원정형	〃	4	9	〃	약	곤란	급속	호습	비옥지	중용수	〃	보통	사질양토	공원, 계곡
참나무(상수리나무)	〃	원정형	〃	5	10	〃	강	〃	속	적윤지→내건	척박지	양수	〃	〃	〃	공원, 독립수, 가로수, 병목
팽 나 무	〃	평정형	〃	5	10	〃	〃	용이	지	적윤지	보통	중용	〃	극강	〃	공원, 가로수

수종명	형태	수형	번식			분포									토양	용도
옥 향	관상침	피복형	삽목			전국	〃	〃	속	〃	보통	〃	강	강	〃	진입로, 분수대, 정원, 공원
때 죽 나 무	교낙활	원정형	실생	5~6	9	전국	강	보통	지	내건	척박지	양수	강	강	사질양토	공 원, 정원, 가로, 첨경수
두 충 나 무	〃	〃	〃	5	10	〃	보통	〃	속	적윤지	비옥지	중용수	약		〃	공원, 약용식물
둥 근 일 광 편 백	관상침		실생, 삽목			전남북, 경남	강	용이	속	〃	보통	양수	약	강	〃	정원, 공원
마 가 목	교낙활	원정형	실생, 삽목	5~6	10	전국	강	보통	속	적윤지	비옥지	음수	강	강	사질양토	공원, 정원, 가로, 경관수
말 발 도 리	관낙활	피복형	〃	5~6	9	〃	〃	용이	〃	내건	척박지	중용수	〃	〃	〃	공 원, 생울타리, 차폐
매 실 (화) 나 무	교낙활	원정형	실생, 접목	2~3	7	〃	〃	〃	〃	적윤지	비옥지	양수	〃	보통	〃	공원, 정원
모 감 주 나 무	〃	〃	실생, 삽목	6~7	10	〃	보통	〃	급속	적윤지 내건	척박지	〃	〃	강	사질양토, 점토	경관수, 공원, 가로
모 란	관낙활	피복형	실생, 접목, 분주	5	9	〃	강	보통	속	적윤지	비옥지	〃	〃	보통	사질양토	공원, 정원
목 수 국	〃	〃	삽목, 분주	7~8	10~11	〃	〃	용이	〃	〃	〃	〃	〃	강	〃	〃
목 서	관상활	피복형	〃	9	10	전남북, 경남	〃	보통	〃	〃	〃	중용수	약	약	사질양토, 양토	정원, 공원, 생울타리
물 푸 레 나 무	교낙활	원정형	〃	5	9	전국	〃	용이	〃	〃	〃	양수	강	강	사질양토	공원
미 선 나 무	관낙활	피복형	분주, 삽목, 실생	3~4	9~10	〃	〃	〃	〃	〃	보통	중용수	〃	보통	〃	공원, 정원
방 크 스 소 나 무	교상침	원추형	실생	5	익년 9~10	〃	〃	〃	보통	내건	척박지	양수	〃	〃	사질양토, 점토	공원, 경관수, 방풍림
벽 오 동	교낙활	원정형	실생, 삽목	6~7	10	전남북, 경남	보통	곤란	급속	적윤지	비옥지	중용수	약	〃	사질양토	정원, 공원, 가로수
보 리 수	관낙활	원정형	실생, 삽목, 분주	5~6	10	전국	강	용이	속	적윤지	척박지	중용수	강	강	사질양토	정원, 공원

복자기	교낙활	"	실생	5	9~10	"	보통	"	지	내건	보통	음수	"	보통	"	정원, 공원
부용	관낙활	피복형	분주, 실생, 삽목	8~10	10~11	전남북, 경남	강	"	급속	적윤지	비옥지	양수	"	강	"	"
산딸나무	교낙활	평정형	실생, 삽목	5~6	10	전국	"	"	속	"	"	음수	"	보통	"	"
산벚나무	"	원정형	"	4~5	6~7	"	약	곤란	"	"	"	양수	"	강	"	"
산사나무	"	"	분주, 실생, 접목	5	9~10	"	강	보통	지	"	"	"	"	"	"	정원, 공원, 독립수
산호수	관상활	포복형	분주삽목실생	6	9	제주, 남해안	"	용이	속	"	척박지	"	약	강	"	정원
왕벚	교낙활	원정형	실생, 접목	4	5~6	전국	약	보통	속	적윤지	보통	양수	약	보통	사질양토	공원, 정원
은단풍	"	원추형	실생	4~5	6	"	강	용이	급속	"	비옥지	"	강	"	"	"
은행나무	교낙침	"	실생, 삽목, 접목	5	10	"	약	"	속	적윤지~내습	"	"	"	강	"	공원, 가로수, 기념수, 방화수
자귀나무	교낙활	선형	실생	7	9~10	전남북, 경남, 경기	"	곤란	급속	적윤지~내건	척박지	"	약	약	"	절개지, 공원, 정원
자산홍	관상활	선형, 피복형	실생, 삽목	4~5	8~9	"	"	용이	지연	적윤지	비옥지	"	강	강	"	"
자작나무	교낙활	원추형	실생	4~5	9	전국	약	곤란	속	적윤지	비옥지	(극)양수	강	약	사질양토	공원, 정원
잣나무	교상침	"	"	5	익년9	"	보통	용이	지→속	"	"	음수	"	보통	"	공원, 국립공원, 근린공원, 군식
조팝나무	관낙활	통형	실생, 분주	4~5	9	"	강	"	속	"	보통	양수	"	약	"	정원, 공원
중국단풍(삼각)	교낙활	•원정형	실생	5	9~10	"	"	곤란	지	"	"	음수	"	중	사질양토	공원
쪽동백	교낙활	평정형	실생	5~6	9	"	보통	곤란	속	적윤지	비옥지	중용수	강	강	사질양토	정원, 공원
쥐똥나무	교낙활	선형	실생, 삽목	"	10	"	강	용이	급속	"	보통	"	"	"	"	생울타리, 정원, 공원.
주목	교상침	원추형	"	4	9~10	"	"	"	극지	"	비옥지	음수	"	보통	"	정원, 공원, 형상수
진달래	관낙활	피복형	실생	4~5	10	"	"	보통	지	"	보통	중용수	"	약	"	"
단풍	교낙활	평정형	실생, 접목	5	9~10	"	"	용이	"	"	"	"	"	강	"	정원, 공원
살구나무	교낙활	원정형	실생, 접목	4	7	전국	약	곤란	속	적윤지	비옥지	양수	강	강	사질양토	공원, 정원
생강나무	관낙활	평정형	실생, 접목	3	9	"	보통	"	지	내건	척박지	음수	"	약	"	정원, 공원
서양병꽃나무	"	선형	"	5	9	"	강	용이	속	"	비옥지	"	"	"	"	"

수종명	성상	수형	번식법	개화기	결실기	생태적특성										용도
						적응지역	맹이력	이식력	생장속도	건습도	비옥도	음양성	내한성	내공해성	토양	
편백	교상침	원추형	실생, 삽목	4	10	전남북, 경남	강	용이	속	적윤지	비옥지	음수	약	보통	사질양토	정원, 공원, 생울타리
황금편백	"	"	삽목	4	10	"	"	"	"	"	보통	"	보통	강	"	공원, 정원
해당화	관낙활	선형	분주, 실생, 삽목	5~7	8	전국	강	용이	속	내건	보통	양수	강	강	사질양토, 사토	해안조경
협죽도	관상활	"	삽목	7~10	10~11	제주도, 남해안	중	"	"	적윤지	비옥지	"	약	"	사질양토	공원, 해변지역
호랑가시나무	관상활	피복형	실생, 삽목	4~5	9~10	전남북, 경남	강	"	지	"	보통	"	"	"	"	공원, 정원, 생울타리
화백	교상침	원추형	"	4	9	전국	"	"	속	내건	"	음수	강	"	"	생울타리, 정원, 공원
황매화	관낙활	선형	삽목, 분주	4~5	9	"	"	"	"	적윤지	비옥지	중용수	"	"		공원, 정원
후박나무	교상활	원정형	실생	5~6	7	전남북, 경남	보통	"	"	"	보통	"	약	".	사질양토, 점토	공원, 해안방조림
꽃창포	다년초	피복형	실생, 분주	"		전국	강	"	"	습지		"			점질양토	공원, 연못, 하천
붓드레리아	관낙활	평정형	실생, 삽목	4~5	10	"	보통	"	"		보통	중용수	강	보통		정원, 공원
비비추	숙근초	피복형	실생, 분주	7~8	9	"	강	"	급속	적윤지	비옥지	"	"	"	사질양토	"
실란(실유카)	상록, 숙근	"	분주	5~6		전남북, 경남	"	"	"	내건	척박지	양수	약	강	사질양토, 점토	공원, 군식, 녹음수
옥잠화	숙근초	피복형	분주	8~9		전국	강	용이	급속	습지	비옥지	음수	강	강	점질양토	정원, 유지
유카	상록다년초	원추형	"	5~6	11	"	보통	보통	"	내건	척박지	양수	약	강	사질양토, 점토	공원, 정원
가시나무	교상활	원정형	실생	4~5	10	전남북, 경남	보통	곤란	속	적윤, 내건	보통	중용수	약	강	사질양토, 점토	정원, 공원
겹벚나무	교낙활	"	접목	5		전국	"	"	"	습, 적윤	비옥지	양수	"		사질양토	가로수, 공원, 정원
꽃복숭아(만첩홍도)	교낙활	피복형	실생, 접목	3~4		전국	강	용이	"	적윤	비옥지	양수	"	보통	"	정원, 공원
꽃아그배나무	교낙활	원정형	접목	4~5	10	전국	강	용이	속	적윤지	비옥지	양수	강	보통	사질양토	공원, 정원

구상나무	교상침	원추형	실생	5~6	8~9	"	"	보통	지	"	"	음수	"	중	사질양토, 양토	정원, 공원, 츄리용
낭아초	관낙활	피복형	실생	7~8	9	"	"	용이	급속	내건	척박지	양수	"	강	사질양토, 점토	절개지, 공원, 정원
노각나무	교낙활	통형	"	6~7	10	"	"	"	지	적윤지	비옥지	음수	"	"	사질양토	공원, 정원
노르웨이단풍	"	평정형			"	보통	보통	"	속	보통	"	"	보통	"	"	공원
노박덩굴	만경목	만경형	실생, 분주	5~6	10	전국	강	용이	"	적윤지	보통	중용수	강	보통	사질양토	공원, 정원
느릅나무	교낙활	원정형	실생	3	4~5	"	"	용이	속	"	비옥지	"	"	강	"	공원, 가로, 경관수, 병목

바. 수목의 성장 생태 용도

수 종 명	성상	수형	수 고	번식법	맹아력	이식력	생장속도	건습도	비옥도	내한성	내공해성	개화기	결실기	용　　　도	비　　　고
가 시 나 무	교상활	원정형	15m	실생	보통	곤란	보통	적윤, 내건	보통	보통	강함	4-5월	10월	정원, 공원	난대지방의 해안공원용수로도 좋다
가이즈까 향나무	교상침	원추형	10m	실생, 삽목	강함	용이	속성	적윤	"	강함	"	-	-	정원, 공원, 생울타리	수관밀도에 따라 관상가치가 있으며 추가이식은 안하는 것이좋다
가 중 나 무	교낙활	신정형	20m	실생	보통	곤란	급속	적윤, 내건	척박지	"	"	5-7	9월	독립수, 가로수, 정원, 공원	가로수는 최적수임
감 나 무	"	"	15-20	접목, 아접	약함	"	지연	적윤	비옥지	"	보통	5-6	10	정원, 공원	열매관상으로 주택정원에 1-2주 꼭 심을만함
개 나 리	관낙활	선형, 피복형	3	삽목, 분근	강함	용이	급속	"	보통	"	강함	황4	9	정원, 공원, 생울타리, 차폐	높은 곳에서는 밑으로, 낮은 곳에서는 위로 자란다
겹 동 백	교상활	원정형	10-15	접목, 실생	보통	곤란	속성	내건	비옥지	약함	보통	10-11	9-10	정원, 공원	
겹 벚 나 무	교낙활	원정형	15	실생, 삽목	"	용이	"	습지, 적윤	보통	강함	약함	5월	→	가로수, 공원, 정원	꽃이 겹으로 핀다
겹 철 쭉	관낙활	선형	0.7-2	"	"	"	"	적윤지	"	"	강함	4-6	-	공원, 정원	
계 수 나 무	교낙활	"	25	"	"	"	"	"	"	"	보통	-	-	공원, 가로수	잎이 광난형으로 우아하고 가을 단풍은 5색으로 더욱 아름다움
고 광 나 무	관낙활	피복형	2-4	분주, 실생	강함	"	"	내건	척박지	"	"	흰4-5	-	차폐용, 공원, 정원	30일간 계속 개화
고 로 쇠 단 풍	교낙활	평정형	10	실생, 접목	"	보통	지연	적윤지	보통	"	강함	-	-	공원, 정원	황색단풍은 매우 아름답다
곰 솔 (해 송)	교상침	원추형	30	실생	"	용이	속성	내건	척박지	보통	보통	4-5	10	해안, 사방림	2엽임
광 나 무	관상활	동형	3-5	실생, 접목	"	보통	"	적윤지	보통	"	강함	7-8	10	공원, 정원	쥐똥나무와 비슷하고 생울타리에도 좋음
꽝 꽝 나 무	"	피복형	3	"	"	"	지연	"	비옥지	"	보통	5-6	9-11	공원, 가로수	수분요구도 높은 수종으로 생울타리에도 좋음
꽃 단 풍	교낙활	평정형	5-7	실생	"	용이	"	"	보통	강함	강함	5	9-10	해안, 사방림	
꽃 복 숭 아	교낙활	피복형	3-4	실생, 접목	"	"	속성	"	비옥지	"	보통	3-4	-	공원, 정원	
꽃 사 과	교낙활	피복형	3-4	실생, 접목	"	"	"	"	"	"	"	4-5	8-9	정원, 공원	꽃과 열매가 아름답다
꽃 아 그 배	교낙활	원정형	6-7	접목	"	"	"	"	"	"	"	4-5	-	가로수, 공원, 정원	꽃봉우리는 다양한 색채
낙 상 홍	관낙활	피복형	2-3	실생, 접목	"	"	"	"	"	"	강함	-	-	공원, 정원	

수목명															특성
낙 우 송	교낙활	원추형	50	실생,접목	약함	곤란	"	호습	"	"	보통	5	-	공원,정원	노목은 기근이 솟음 잎이 호생
난 아 초	관낙활	피복형	2	실생	강함	용이	급속	척박지	척박지	"	강함	6-8	9	절개지,공원,정원	꽃이 오랫동안 피며 밀원식물이기도 하다
네군도단풍	교낙활	원정형	20m	삽목	보통	보통	속성	적윤지	척박지	강함	보통	황4	-	녹음수,경과수	노란색 단풍,수피는 청색
노 각 나 무	교낙활	동형	7-15	실생	강함	용이	지연	"	비옥지	"	강함	6-7	10	공원,정원	세계에 7종중 우리나라 것이 아름답다
노 박 덩 굴	만경목	만경형	10	실생,분근	보통	"	속성	적윤지	보통	"	보통	5-6	10	공원,정원	아치형으로 올리는데 좋다
노르웨이단풍	교낙활	평정형	7-10	실생,접목	"	"	지연	"	"	"	"	-	-	공원	
눈 향 나 무	관상침	포복형	1-5	실생,삽목	강함	"	지연	내건	"	"	강함	-	-	군식,절개지,정원,공원	포복형으로 독특한 조경기법의 재료사용
느 티 나 무	교낙활	평정형	25	실생	보통	보통	속성	적윤지	비옥지	"	보통	5	10	녹음수,가로수,독립수	몸집이 크며 황색단풍
능 소 화	만경목	만경형	10	삽목,분근	강함	용이	지연	"	"	보통	강함	8-9	10	공원,정원	개화기간이 길며 관상가치가 높다
담쟁이덩굴	"	"	20	실생,취목	"	"	속성	"	보통	강함	"	6-7	8-10	공원,정원	
당 단 풍	교낙활	원정형	8	실생	"	"	지연	"	"	"		5	9-10	공원	전국 산야에 많이 분포
대 추 나 무	"	"	8	"	"	보통	속성	"	비옥지	"	보통	5-6	9-10	공원,정원	열매는 풍요함을 주며 배수양호지가 적수
덩 굴 장 미	만경목	만경형	6	삽목,접목	"	용이	급속	"	비옥지	"	강함	5	9-10	파고라,아치,정원,공원	줄의 색깔이 다양함
독일가문비	교상침	원추형	40-50	실생	보통	"	지연,속성	"	"	"	보통	6	10	X-mas츄리,공원,정원	수형이 단정한 감을 준다
돈 나 무	관상활	원정형	2-5	실생,취목	"	"	지연	적윤,내건	보통	약함	강함	5	10	해안지방공원,정원	회귀종으로 열매가 아름답다
동 백 나 무	교상활	"	10-15	접목,실생	"	곤란	속성	내건	비옥지	"	보통	10-11	9-10	방풍,방화,정원,공원	해변가에 잘자람
둥근소나무	관상침	하수형	1-5	"	"	보통	지연	적윤지	보통	강함	"	4	9	정원,공원	줄기와 잎이 생김새는 모든 나무의 우월
둥근일광편백	"	원추형	20-30	실생,삽목	강함	용이	속성	"	"	보통	강함	-	-	"	
둥 근 측 백	관상침	피복형		"	"	"	"	"	"	"	"	4	9	공원	
등 나 무	만경목	만경형	10	실생,취목	"	"	지연	"	비옥지	강함	보통	5-6	9-10	정원,공원	꽃의 향기도 좋으며 척박지에서도 잘 자란다
리기다소나무	교상침	원추형	25	실생	"	"	속성	내건	척박지	"	"	5	9	절개지,경계식재	척박지에 잘 자란다. 3열속생

말발도리	관낙활	피복형	2	실생,취목	〃	〃	〃	〃	〃	〃	〃	5-6	9	공원, 수벽, 차폐용	척박지에도 잘 자라 장차 유망
매자나무	〃	〃	1	실생,접목	〃	〃	속성	적윤지	비옥지	〃	〃	황5	9	생울타리, 공원, 정원	꽃의 관상기관 1개월 열매는 가지 달림
매화나무	교낙활	원정형	6	실생,접목	〃	〃	〃	〃	〃	〃	〃	2-3		공원, 정원	백홍색꽃 개화
맥문동	지피식물	피복형	30-50cm	분주	강함	용이	급속	적윤지	비옥지	강함	보통	5-6	10-11	음지의 지피식물	임지내 피복용으로 적합함
메타세쿼이아	교낙침	원추형	20-25m	실생,삽목	약함	보통	속성	호습	〃	〃	〃	-	-	기념수, 공원	수형이 정연하고 잎이 대생
명자나무	관낙활	피복형	2	〃	강함	용이	〃	적윤지	〃	〃	강함	4-5	8-9	정원, 공원, 생울타리	꽃과 열매가 아름다워 애기씨 꽃이라고도 함
모감주나무	교낙활	원정형	10	〃	보통	〃	급속	〃	척박지	〃	〃	6	9	경관수, 공원가로	꽃과 잎과 열매가 아름답다
모과나무	교낙활	〃	10	〃	강함	〃	지연	〃	비옥지	〃	〃	담홍5	9	공원, 정원	꽃과 열매가 아름다우며 수간무늬 관상
모란	관낙활	피복형	2	실생,접목	〃	보통	속성	〃	〃	〃	보통	5	9	〃	비옥한 곳을 좋아하며 뿌리는 약함
목련(백자)	교낙활	평정형	15	〃	보통	용이	〃	〃	〃	〃	〃	3-4	-	독립수, 정원수	조춘에 백색꽃으로 청조감을 준다
목수국	관낙활	원정형	1-4	삽목,분주	강함	용이	〃	〃	〃	〃	강함	7-8	-	정원수, 공원수	
목백합	교낙활	원추형	13	실생	보통	곤란	급속	〃	〃	〃	보통	5-6	10	경관수, 기념수	
무궁화	관낙활	선형	2-3	실업,삽목	강함	용이	속성	〃	보통	〃	강함	6-10	10	정원, 공원, 생울타리	여름부터 가을까지 꽃이 피며 진에약함
미선나무	관낙활	〃	1	실생,취목	〃	〃	〃	〃	〃	〃	보통	3-4	9-10	공원, 정원	척박지에도 적당
박태기나무	〃	〃	3-5	실생,삽목	보통	보통	급속	〃	척박지	〃	〃	홍4	8-9	공원, 정원	
반송	관상침	하수형	1-5	실생	강함	〃	지연	〃	보통	〃	〃	4	9	정원, 공원, 독립수	조망의 초점이 되는 곳에 독립수 사용하면 좋다
방크스소나무	교상침	원추형	20	〃	〃	용이	보통	내건	척박지	〃	〃	5	-	공원, 경관수	척박지에서 잘 자라 녹화수에 사용하다
배롱나무	교낙활	평정형	5	삽목,실생	보통	〃	급속	적윤지	비옥지	보통	〃	7-9	10	공원, 정원, 사찰	개화기 100일 이상
배철쭉	관낙활	선형	2-5	실생,분주	약함	보통	지연	〃	보통	강함	〃	4-5	10	정원, 공원	
벽오동	교낙활	원정형	15	실생,삽목	보통	용이	급속		비옥지	보통	보통	6-7	10	정원, 공원, 가로수	잎 수피, 열매 등의 관상효과가
병꽃나무	관낙활	선형	2-3	〃	강함	용이	속성	내건	〃	강함	강함	5	9	〃	백색꽃은 청조하며 잎과 가지도 아름답다
보리수나무	〃	원정형	3-4	〃	〃	〃	〃	적윤지	척박지	〃	〃	5-6	10	〃	
복자기	교낙활	〃	15	실생	보통	〃	지연	내건	보통	〃	보통	5	9	정원, 공원	꽃과 잎의 단풍은 단풍류 중에서 제일 아름답다
불두화	관낙활	〃	3	삽목	강함	〃	속성	습지	〃	〃	강함	7-8	-	정원, 공원	

수종														용도	비고
붓드레이라	"	평정형	2-3	실생, 삽목	보통	"	"	"	"	"	보통	4-5	10	정원, 공원	
사철	관상활	피복형	3	"	강함	"	"	"	"	"	강함	6-7	10	정원, 공원, 생울타리	자웅이주
산딸	교낙활	평정형	10	실생	"	"	"	"	비옥지	"	보통	5-6	10	"	꽃과 열매가 아름답다
산벗나무	교낙활	원정형	15m	실생, 잡목	약함	보통	속성	적윤지	비옥지	강함	보통	4	6-7	정원, 공원	
산수유	"	평정형	7	"	강함	"	"	"	"	"	"	3-4	8	"	
산호수	관상활	포도형	5-8	실생	"	용이	"	"	척박지	약함	강함	6	9	"	모래땅에 좋으며 잎이 아름답다
산철쭉	관낙활	선형	1-2	실생, 잡목	"	"	지연	비옥지	보통	강함	보통	4-5	10	"	
삼지닥나무	"	"	1-2	실생	"	곤란	급속	적윤지	비옥지	보통	약함	-	-	"	가지가 3가지로 갈라짐
생강나무	"	평정형	3	실생, 잡목	보통	"	지연	내건	척박지	강함	강함	4-5	10	"	수양버들처럼 가늘고 잎이 길다
서양병꽃나무	"	선형	2-3	"	강함	용이	속성	"	비옥지	"	"	5	9	"	
서양측백	교상침	원추형	20-30	삽목	보통	"	"	적윤지	비옥토	"	"	4-5	-	생울타리, 공원, 정원	전정을 안할 정도로 수형이 단정
섬잣나무	"	"	30	실생, 접목	보통	용이	지연	"	비옥지	"	보통	6	9	공원, 정원, 기념수	5엽잎과 가지가 밀생되어 아름답다
수수꽃다리	관낙활	선형	5	실생, 삽목	강함	"	속성	"	"	"	강함	4-5	9	"	
수양버들	교낙활	하수형	15	삽목	"	"	급속	내습	보통	"	"	-	-	공원, 가로수	자웅이주
쉬땅나무	관낙활	선형	2-3	분주, 취목	"	"	"	적윤지	"	"	"	6-7	9	조기조경용, 공원, 정원	개화기간이 길며 장차 조기조경의 발수종
스모크트리	"	원정형	3	실생	보통	보통	속성	배수, 비옥지	"	약함	보통	4-5	9	정원, 공원	
스트롭잣나무	교상침	원추형	30	"	"	용이	지연, 속성	적윤지	비옥지	강함	강함	5	-	공원, 군식, 녹음수	줄기가 부드럽다.
실란	기타	피복형	1	분주	강함	"	속성	내건	"	보통	"	5-6	-	"	잔디밭열식, 군식
실화백	교상침	원추형	12	실생, 삽목	"	"	"	적윤지	보통	"	보통	4	-	정원, 공원	
아왜나무	교상활	피복형	10	"	보통	"	"	"	비옥지	약함	강함	4	9	공원, 녹화, 풍치수	잎이광택이 있고 열매가 아름답다
엘더베리	관낙활	선형	1-3	실생	"	"	지연	"	"	강함	보통	4	9	공원, 정원	
영산홍	"	선형, 피복형	2	실생, 삽목	강함	용이	"	"	"	보통	"	담홍, 자색	-	정원, 공원, 군식	
옥매화	"	원정형	1-2	삽목, 분주	"	"	속성	"	"	강함	강함	자5	-	공원, 정원	조춘의 백색꽃은 우아하고 공해에 강함
옥향	관상침	피복형	1-2	삽목	"	용이	"	"	보통	"	"	-	-	진입로, 분수대, 정원, 공원	
왕벗	교낙활	하수형	7	실생, 삽목	보통	보통	"	호습지	"	"	보통	3	7-9	공원, 정원	조춘의 꽃은 벗나무류중 왕이다.

수종명														식재장소	비고
유카	기타	원추형	1-2.5	분주	"	"	급속	내건	척박지	"	강함	5-6	11	"	꽃이 꽃모양으로 관상가치가 높다
은단풍	교낙활	원추형	40m	실생	강함	곤란	급속	호습지	보통	강함	보통	-	6	공원, 정원	
은행	교낙침	"	30	"	약함	용이	속성	내습, 적윤	비옥지	"	강함	4	5	공원, 가로, 기념수, 방화수	방화수에도 좋다
이태리포푸라	교낙활	동형	30	삽목	강함	곤란	급속	호습지	보통	"	"	-	-	공원, 가로수	
일본목련	"	원추형	30	실생, 접목	보통	"	속성	적윤지	비옥지	"	보통	5	10	공원, 정원, 가로수	꽃의 향기가 좋다
자귀나무	"	선형	7	실생	약함	"	급속	내건	척박지	보통	약함	7	9-10	절개지, 공원, 정원	녹비수로도 이용
자산홍	교낙활	선·피형	2	실생, 삽목	"	용이	지연	적윤지	비옥지	강함	강함	4-5	8-9		
자작나무	교낙활	원추형	20	실생	"	곤란	속성	"	보통	"	약함	4-5	-	공원, 정원	수피가 백색으로 운치가 있다
잣나무	교상침	"	30	"	보통	용이	지연, 속성	"	비옥지	"	보통	5	10	공원	장엄한 감을 주며 우리나라 고유 수종임
장미	관낙활	선형	2	실생, 접목	강함	"	속성	"	"	"	강함	6-7	-	도로, 잔디밭, 공원, 정원	
전나무	교상침	원추형	30-50	실생	보통	보통	"	"	비옥지	"	약함	4	10	공원, 녹화, 풍치수	공해에 약함. 전정을 피한 자연형으로 키운다
조팝나무	관낙활	동형	1-1.5	실생, 삽목	강함	용이	속성	"	보통	"	강함	6-7	9	정원, 공원	
좁작살	"	선형	1-1.5	"	"	"	급속	"	"	"	"	7-8	10	"	보라색의 열매가 아름답다
쪽동백	교낙활	평적형	10	실생	보통	곤란	"	"	"	보통	"	5-6	9	"	
쪽제비싸리	관낙활	선형	3	실생, 삽목	강함	용이	"	"	척박지	강함	강함	5-6	9	가로변, 토사방지	법면 피복에 좋다
쥐똥	"	"	2-3	"	"	"	"	"	보통	"	강함	5-6	10	생울타리, 공원, 정원	수벽용으로 최적수
주목	교상침	원추형	15	"	"	"	"	"	"	"	보통	4	9-10	정원, 공원	가을의 붉은 열매 아름답고 조경수로 높이 평가
중국굴피	교낙활	"	25	실생	약함	곤란	급속	호습	비옥지	"	"	4	9	공원, 계곡	속성수이며 녹음이 아름답다
진달래	관낙활	피복형	2-3	"	강함	보통	지연	적윤지	보통	"	"	4-5	10	가로조경, 정원, 공원	산성토양에서 잘자람
철쭉(홍황)	"	선형	0.7-2	실생, 분주	보통	"	"	"	"	"	"	4-6	-	공원, 가정	꽃이 매혹적이고 품종이 다양하다
청단풍	교낙활	평정형	10	실생, 접목	강함	용이	"	"	"	"	강함	-	-	공원, 정원	
측백나무	교상침	원추형	5-10	실생, 삽목	"	"	속성	"	보통	"	"	4	9-10	생울타리, 경계, 차폐 식재	열식, 군식을 하면 더욱 아름답다
층층나무	교낙활	"	10-15	실생, 접목	"	보통	급속	"	비옥지	"	약함	5	9	공원, 분재용	
치자나무	관상활	피복형	2	실생, 접목	보통	"	속성	"	"	약함	강함	6-7	9	울타리, 정원	꽃향기가 좋다

칠엽수	교낙활	원추형	30m	실생, 취목	보통	보통	지연	내건	비옥지	강함	보통	6	10	독립수, 경관, 가로수	자웅이주 잎이 7개여서 칠엽수
칡	지피식물	포복형	10-20	실생, 분주	강함	용이	급속	〃	보통	〃	강함	8	9-10	토사고정, 토로면, 노견	
태산목	교상활	원정형	20	실생, 삽목	보통	보통	속성	적윤지	비옥지	보통	보통	5-6	-	정원수	잎은 광택이 있으며 꽃은 향기가 있다
편백	교상침	원추형	40	실생, 삽목	강함	용이	속성	〃	〃	〃	〃	4	-	정원, 공원, 생울타리	
플라타너스	교낙활	원정형	20-30	〃	〃	〃	급속	〃	보통	강함	강함	-	-	녹음수, 가로수, 정원	
피라칸사스	관상활	피복형	3	실생, 삽목	〃	〃	속성	〃	비옥지	보통	보통	5-6	10-11	공원, 정원	가을의 열매가 겨울까지 달리며 아름답다
향나무	교상침	원추형	23	〃	〃	〃	〃	내건	보통	강함	강함	4	10	공원, 정원, 열식, 준식	
해당화	관낙활	선형	1-1.5	〃	〃	〃	〃	적윤지	〃	〃	〃	5-7	8	생울타리, 정원, 공원	꽃의 향기와 열매도 아름답다
호랑가시나무	관상활	피복형	2-3	〃	〃	〃	지연	〃	〃	보통	〃	4-5	9-10	정원, 공원 생울타리	잎의 광택과 열매가 특히 아름답다
현사시	교낙활	원정형	20	삽목	〃	보통	급속	〃	〃	강함	〃	4	5	차폐식재, 공원, 가로수	
홍단풍	교낙활	평정형	7-13	실생, 접목	〃	용이	지연	〃	〃	〃	강함	-	-	정원, 공원	년중적색
화백	교상침	원추형	30-40	실생, 삽목	〃	〃	속성	내건	〃	〃	〃	-	-	생울타리, 정원, 공원	
화살나무	관낙활	선형	1.5-3	〃	〃	〃	지연	적윤지	〃	〃	보통	5-6	9-10	공원, 정원	가을의 단풍이 아름답다
황금편백	교상침	원추형	5-10	삽목	〃	〃	속성	〃	〃	보통	강함	-	-	공원, 정원	
황매화	관낙활	선형	2	삽목, 분주	강함	용이	속성	〃	비옥지	강함	〃	4-5	9	공원, 정원	황색의 꽃은 개화기간이 길어 관상가치가 높다

제7장 정원 구상과 설계

정서가 메마른 삭막한 환경 속에서 하루하루의 생활이 피로를 가중시켜 권태감이 쌓이게 되고 마침내는 삶의 실증을 느끼게 마련이다. 그러나 신선하고 울창한 수목과 숲속의 오묘한 운치와 아기자기한 아름다움을 느끼는 생활이야말로 인간 생활의 참맛을 맛볼 수 있는 행복한 삶일 것이다. 따라서 정원을 만들 때는 자연 그대로의 아름다운 부분을 연출시켜 생활 공간을 자연으로 착각할 수 있도록 구상해 내는 것으로 만족할 것이다.

자연 상태의 산이 있으면 골짜기의 물은 높은 곳에서 낮은 곳으로 흘러 깊은 곳에 모이게 되어 연못을 이루는 것이 자연의 섭리이다. 그러므로 정원에 자연스러운 느낌을 자아내는 연못을 만들게 된다.

제한된 공간 면적이 좁을 때에는 자연스러운 느낌을 풍길만한 돌산을 만들기 어려우므로 거대한 수석이나 아름다운 정원석을 이용하여 지형의 변화를 유도할 수 있고, 근대 인조 자연석을 이용하여 물레방아나 산수 풍경을 아름답게 구상해 보아야 할 것이다.

산업화의 발달로 온 도시가 아파트 숲을 이룬 메마른 생활의 속에서 자연을 갈구하는 욕망을 조금이나마 충족시키고자 좁은 공간에 온가족의 지혜를 발휘하여 조성한 정원이야말로 가정의 화목은 물론 행복감이 넘칠 것이다.

여기 각기 다른 공간에 각기 다른 정원의 형태를 소개하여 독자들의 정원 조성에 도움을 주고자 한다.

설계도(평면도)와 함께 그 투시도(透視圖)를 첨부하였으므로 정원 꾸미는데 참고하면 아름다운 정원을 이룰 수가 있을 것이다.

1. 연못을 중심으로 한 정원

약간 커어브한 윤곽을 가진 연못이 돌산의 계곡과 연결되어 아기자기한 아름다움을 자아내는 작은 정원으로 면적은 작으나 돌산을 낮게 꾸며 폭포를 강조해 놓고, 크고 작은 상록성 철쭉이 폭포를 감싸듯이 심어져 산봉우리의 기복을 표현해 놓았다.

폭포를 이루는 자연석이 계류(溪流)를 구성하는 자연석과 어울려 규모가 작기는 하나 다양하고도 깊이가 있는 경관을 구성해 놓았다. 또한 그 자연석은 물가를 굳히는 자연석으로 이어져 연못과 계류 부분을 무리없이 연결시켜 주고 있다.

연못 후면 담장 밑쪽은 음지에서 잘 자라는 주목이나 휘양목의 둥근 수형을 배치하고 폭포로부터 계곡의 중간 부분은 자연석 징검다리를 가설하였다.

연못과 건물 사이의 잔디밭 한가운데는 두세 그루씩 짝지운 활엽수가 연못과 건물 사이를 가로막듯이 심어져 있다. 이것은 나무 사이로 조경을 감상할 수 있는 원근감을 노출시키기 위해서이다.

지표에는 잔디를 고루 가꾸어 잔디 속에 자연석을 묻어 징검 다리를 놓아 물과 암석의 아름다운 조화를 이루도록 꾸민 것이다.

투시도

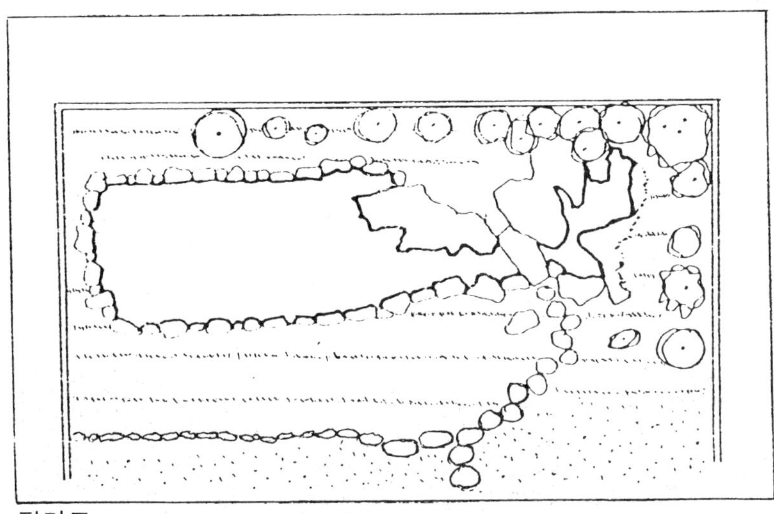

평면도

2. 심산 유곡의 늪을 묘사한 정원

자연스럽게 좁은 도랑을 흐르는 물처럼 잔잔하게 흘러 내린 물이 낮은 곳에 고여 늪을 이룬 것처럼 묘사해 놓았다. 또한 자연스러운 풍취를 느끼도록 늪 한가운데에 고사목을 가로 눕히고 동남쪽 구석진 자리에도 고사목으로 풍경의 조화를 이루어 놓았다. 이러한 수법은 깊은 산속의 盆地의 느낌을 얻기 위하여 설계된 것이다.

고목의 재료로는 전나무, 노간주나무, 소나무의 형태가 잘 어울리며 나무 껍질을 벗겨 나목 (裸木)의 형태를 사용하는 것이 시대감 (時代感)이 나는 운치를 맞볼 수 있다.

담장을 커버하기 위해서는 상록침엽수로는 적송이나 가문비나무와 같은 직간성인 나무가 어울린다.

큰나무만으로서는 균형을 유지하기 어려우므로 나지막한 관목의 집단을 만들어 균형미를 연출할 수 있도록 한다.

관목의 집단에 어울리는 수종으로는 한국의 산야에 자생하는 철쭉, 진달래, 화살나무, 회양목 따위가 어울리며 참억새풀을 곁들인 싸리나무, 노백덩굴도 잘 어울린다.

　연못가에 자리잡은 세 그루의 큰 낙엽수는 전체 정원의 꾸밈새를 돋보여
주는 구실을 하는 나무이다. 이 자리에 심어진 정원수는 정원의 균형을 잡
아주므로 운치를 풍기게 된다.

투시도

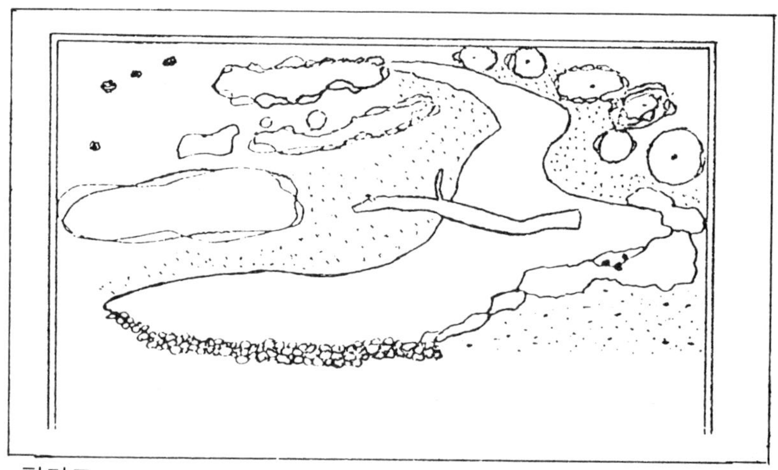

평면도

높은 산악지대 분지의 광경(光景)을 본뜬 정원이므로 이 자리에 식재할 나무로는 홍단풍, 모미지단풍, 산단풍, 소사나무, 자작나무, 산수유나무 등 큰 나무를 써야 한다. 나무 밑둥에는 허전함을 커버하기 위해 큰 돌을 놓아 조화를 이루도록 함이 바람직하다. 그리고 돌과 나무 사이를 커버하기 위해서는 화살나무나 산철쭉, 진달래 등을 심어 더욱 운치를 북돋을 수 있다.

물가에는 조약돌을 깔아 자연스러움을 강조해 줌으로써 더욱 운치를 살릴 수 있다.

고사한 나무를 두세 그루 세워 놓은 앞쪽에 군락을 이루고 있는 것은 늪지대에서 흔히 볼 수 있으며 골풀이나 물골풀도 쓸 수 있으며 고사리 식물을 심어 군식을 만드는 것도 운치가 있다.

3. 우거진 산골짜기 수림(樹林)풍경을 묘사한 정원

돌산은 수목에 의해 거의 모두 덮여버리므로 봉우리의 생김새를 구성해 놓을 필요가 없고 연못가로부터 완만한 경사를 이루면서 담장에 접촉되는 부분이 가장 높으면서 평탄해지도록 흙을 쌓아 올린다.

투시도

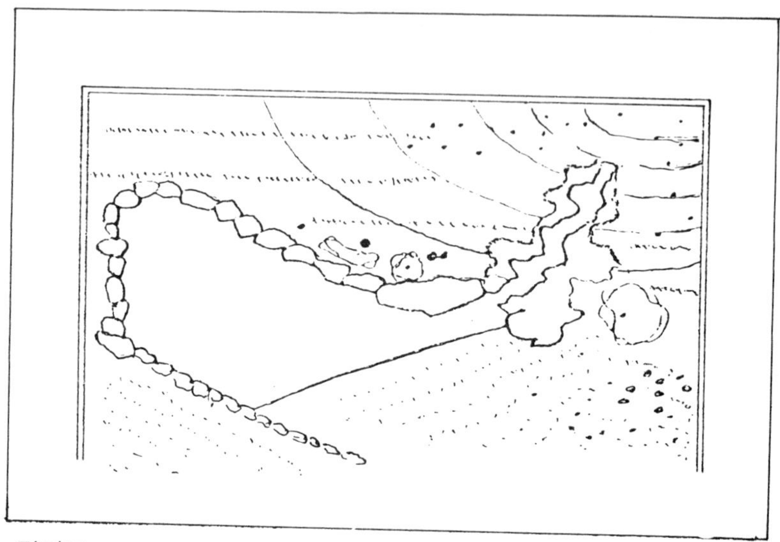

평면도

다음에 건물 내의 가장 중요한 시점으로부터 바라볼 때 돌산 허리를 비스듬히 파고드는 꼴로 자연석을 쌓아 올려 골짜기를 만들어 놓는다. 골짜기의 상단부에는 폭포를 만들어 연못물을 퍼올려 떨어지도록 한다.

골짜기를 이루는 바위 사이에는 담쟁이덩굴이나 범의귀 또는 둥굴레 따위를 심어 한층 더 자연미가 넘치도록 해주는 것이 바람직하다.

연못으로부터 이어지는 골짜기는 자연석으로 꾸며 놓는다. 돌산의 상단부는 3-5cm 굵기의 산단풍이나 참느릅나무, 서어나무, 또는 적송, 곰솔을 밀식하여 심는데 나무가 겹치거나 직선으로 심지 않도록 한다. 밀식된 나무밑과 그로부터 이어져 내려오는 경사면 및 그 밑의 산기슭에 해당하는 부분에는 키 작은 고사리과 식물과 맥문동, 비비추 따위를 섞어 심어 보다 자연스럽게 한다.

연못 건너편 물가에는 골짜기의 가까운쪽에 청단풍 한그루를 심고 그 동쪽에 자연스러운 침엽수로 조화있게 단장을 한다. 골짜기의 우측 경사의 하단부로부터 연못가에 이르는 부분, 즉 정원의 서북부에 해당되는 자리는 잔디를 입히는 것보다 흰 왕모래를 5-10cm 깊이로 깔아 물가로 이어지도록 하는 것이 효과적이다.

4. 물을 중심으로 한 정원

연못의 형태가 길게 늘어져 폭포로 떨어지고 내를 이루며 흐르는 물의 아름다움을 건물 주위로 끌어들여 건물의 풍취를 자아내고자 설계된 것이다.

건물의 구석진 곳에 큰 바위를 세워 폭포를 이루어 건물 앞을 흘러 정원 서쪽에 축조해 놓은 타원형의 연못으로 들어가도록 되어 있다.

폭포는 이 연못물을 모우터 펌프로 올려 폭포수를 만들었다. 폭포와 담장 사이의 좁은 공간에는 소사나무, 단풍나무, 화살나무, 감나무, 주목, 송백류, 따위를 군식하여 심산유곡의 운치를 자아낼 수 있도록 한다.

벼랑을 이루도록 쌓아올린 바위틈에는 석창포나 고사리류, 비비추, 산수국 따위를 곁들여 운치를 돋구어 주는 것이 좋으며 으름덩굴, 담쟁이덩굴도 쓸만하다.

내를 이루어 연못으로 흘러드는 유수(流水)의 양 가에는 자연석을 이어 쌓는다. 이 때 자연스러운 느낌을 얻기 위해서는 流水가 굽는 곳마다 자연석이 돌출되도록 한다.

이것은 물이 바위를 침식하거나 또는 밀어내지 못해 그곳에서 힘차게 굽어 흐르게 되는 현상을 표현하는 방법이다. 그러므로 보다 자연미를 나타낼 수 있다. 연못의 물가

투시도

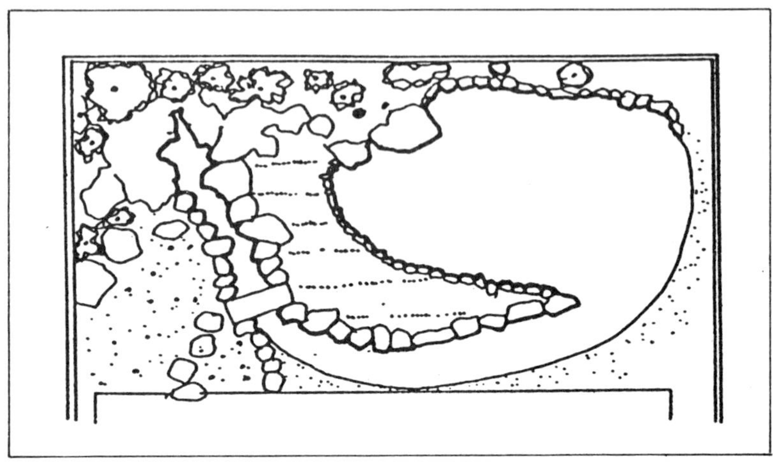

평면도

는 마모된 미석으로 쌓아 자연미를 나타내고 단조롭지 않도록 중간부에 큰나무를 적절히 배치하여 식재하고 큰 자연석을 균형있게 배치한다.

물가의 큰 나무는 전체 경관을 북돋우어 주는 구실을 하는 나무로서 계곡의 풍취를 나타내는 단풍나무, 서어나무, 느티나무, 산사나무가 어울리는 수종이다.

건물로부터 연못까지의 징검돌은 평평한 돌을 땅에 박아 지상 5cm 정도 노출시켜 만들어 놓은 것으로 안정성이 있으며, 돌의 주위는 잔디 화장을 하고 물가는 조약돌을 균형있게 깔아 다양한 변화를 구성하는 것도 좋다.

5. 자연석과 연못의 조화를 이룬 정원

지형 (地形)의 변화가 없으므로 연못의 물가에 자연석을 배치하여 지형의 변화를 유도했다.

계곡의 물을 연상한 자연미를 연출하고자 할 때는 종석보다는 횡석 (누운돌)을 사용하고 굴곡의 미를 살리기 위해서는 큰 자연석을 이용하여 돌출되도록 배치하고 자연석 주위는 조약돌이나 잔디, 철쭉, 회양목 등으로 허전함이 없도록 하여야 한다.

연못의 주위는 단풍나무, 유실수를 심어 연못의 풍취를 나타낼 수 없도록 하고 큰 나무 밑은 옥잠화, 돌담풍, 으름덩굴 등 음지에서 자생하는 초류를 심어 조화를 이루도록 하는 것이 운치가 있다.

투시도

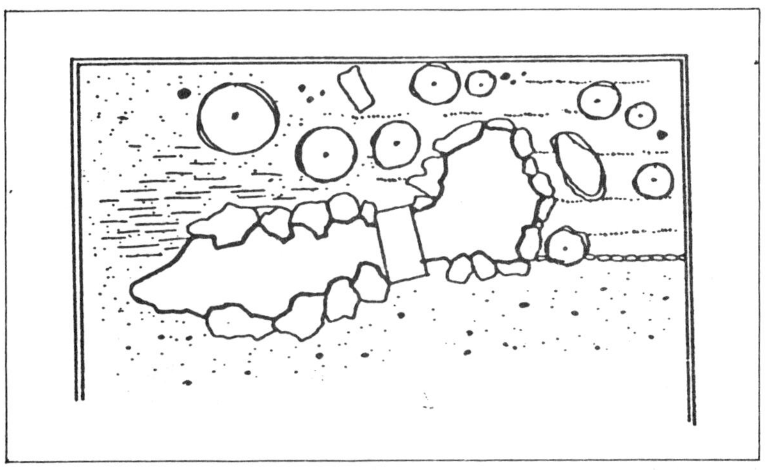

평면도

6. 急(급)경사의 계곡 풍취를 나타낸 정원

주재료는 크고 작은 자연석(自然石)을 이용하여 굴곡의 미를 나타내고 돌과 물의 조화를 이루도록 나무를 담장쪽으로 모아 심어 놓았다. 이것은 계곡의 물을 한눈에 볼 수 있도록 하기 위해서다.

골짜기는 크고 작은 자연석을 조화있게 짝을 지어 놓았을 뿐만 아니라 물의 바닥에 조약돌을 깔아 경사를 조성해 놓음으로써 물은 차례로 떨어져 급류(急流))의 풍치를 자아낸다.

급류(急流)의 물은 흘러서 고이는 연못도 계곡의 조화를 고려하여 크고 작은 자연석으로 물가를 단장했다.

급경사의 풍치를 자아낸 정원이므로 연못과 건물 사이는 평탄한 잔디밭을 조성하여 계곡을 돋보이도록 한다. 골짜기의 나무는 깊은 산 속의 분위기를 감안하여 산단풍, 느티나무, 산사나무, 서어나무, 화살나무 등 가을에 단풍이 드는 나무를 심어 황갈색의 단풍잎이 계곡의 아름다운 운치를 높일 수 있도록 한다.

큰 나무 밑은 소목인 화살나무, 철쭉, 진달래, 갈대, 조릿대 등으로 허전함을 커버하는 것이 바람직하다.

투시도

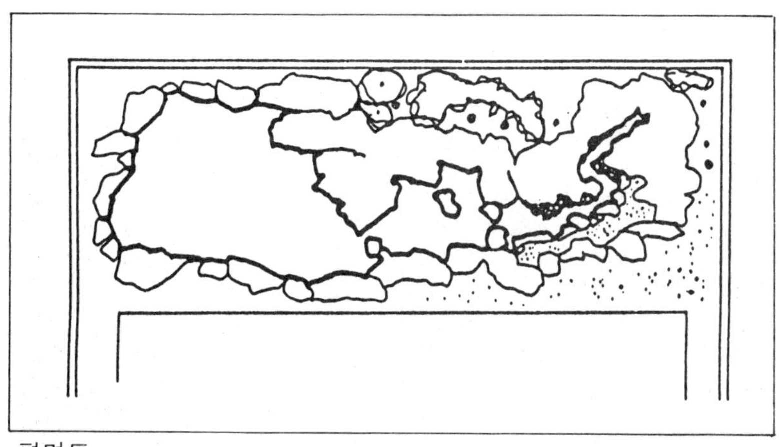

평면도

7. 계곡의 아름다움을 묘사한 정원

절벽 밑을 흐르는 계곡을 구상한 정원으로 자연석을 사용할 때 좀 큰 입석 (立石)을 쓰는 것이 묘미가 있다.

입석은 담장을 따라 길게 세우는데 변화를 주기위해서 위쪽에서 아래쪽으로 옮겨짐에 따라 점차적으로 높이가 낮아지도록 세운다.

그와 함께 곳곳에 움푹 패여 들어간 곳을 만들어 자연스럽게 설치한다. 절벽을 이룬 입석 맞은 편에는 크고 작은 와석 (臥石 : 누인돌)을 균형있게 위치하고 서쪽 부분을 다소 높게 하고 바닥에 돌을 놓아 계단을 만들고 계곡의 물이 흐르는 형태와 같이 구상한다.

연못가는 역시 계곡의 물과 조화를 이루도록 자연석을 위치하고 연못 주위는 크고 작은 검정돌을 깔아 돌밭의 경관을 구성한다.

나무는 벼랑을 이룬 입석 후면에 흙을 채워 그 위에다 자연수를 적절히 균형을 맞추어 식재한다. 또한 자연석 사이와 나무밑은 돌단풍이나 석창포, 조릿대 등으로 높지 않게 심어 자연미를 구성하고 건물 앞의 평지에는 뜀돌이 놓이고 휘양목 따위의 수목으로 커버하고 잔디를 깔아 조화를 이루고 전면에 크고 작은 조약돌을 고루 섞어 깔아주는 것이 운치를 더할 수 있다.

투시도

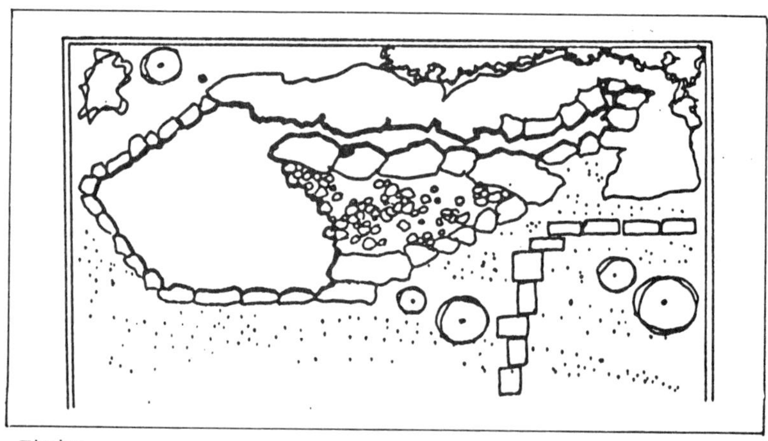

평면도

8. 물과 돌다리가 중심이 된 정원

정원의 대부분을 물이 차지하고 물 가운데로 돌다리를 세우는 것이 이상적이다. 더욱 돌다리의 양쪽에 놓인 돌의 생김새가 입석 (立石)으로 돌다리의 직선적인 요소를 깨 뜨리는 한편 아름다움을 더해 주는 인자가 되고 있다. 또한 돌다리 좌쪽 너머에 서있는 큰 立石은 정원 전체를 돋보이는 구실을 하는 매우 중요한 돌이다.

자연석은 일반적으로 홀로 놓이는 일이 드물다. 그것은 홀로 아름다움과 무게를 갖 춘 돌이 드물기 때문이다. 이러한 결함을 감추고 보태주기 위하여 옆에다 또 하나의 돌 을 곁들인다. 곁들이는 돌은 주가 되는 돌의 앞에 곁들이되 좌우에는 한쪽으로 치우친 위치에 거리를 떼지 말고 붙여서 앉혀야 한다.

돌과 물의 아름다움을 강조하기 위해서는 수목을 적게 심어 정원의 중심 요점이 나무 에 치중하지 않도록 해야 한다.

나무는 키가 작고 밑가지가 여러 갈래로 갈라지고 키가 낮은 단풍나무나 애도나무, 애기사과, 꽃사과, 홍단풍, 청단풍의 키가 작은나무를 심는 것이 바람직하다.

다리옆 입석 좌쪽에는 약간의 간격을 두고 모과나무 고목을 한그루 심어 입석 (立石) 과의 조화를 이루도록 하고 입석과 입석 사이에 철쭉이나 조릿대, 오죽, 황죽, 청죽 따위의 군식을 이루도록 하여 돌과 모과나무 석교가 자연스러운 균형의 미를 이루어 자 연미를 나타내도록 한다.

투시도

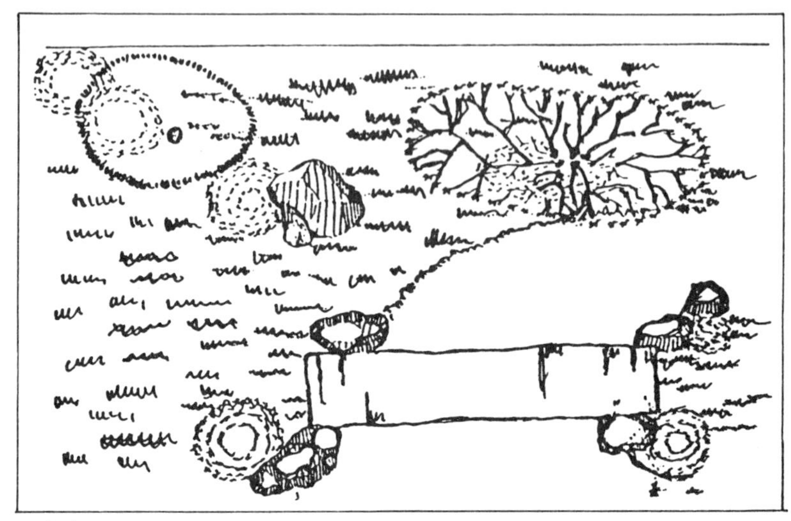

평면도

9. 계곡에서 흘러온 물이 모여 호수를 연상한 정원

계곡의 물과 연못의 물이 정원 전체의 절반을 차지하고 양옆에 크고 작은 자연석을
배치하고 소나무를 담장에 붙여 심고 왕대나무로 담벽의 노출된 부분을 커버하여 계곡

의 운치를 강조했다.

　연못가에도 크고 작은 자연석을 배치하였고 징검돌은 평석을 이용했다. 소나무 밑에는 자연석으로 허전함을 메꾸었으며 징검돌 옆 평지에는 잔디를 심고 자연석 주위는 크고 작은 조약돌을 깔아 말끔하게 하였다.

　연못 물가에는 꽃창포나 연꽃을 심어 수면의 단조로움을 커버하여 자연의 운치를 나타내도록 하였다.

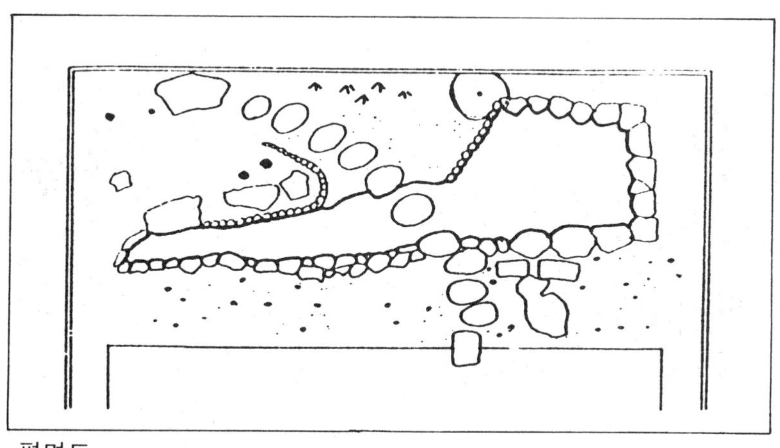

평면도

10. 연못이면서 굽이쳐 흐르는 강물을 표현한 정원

　일반적으로 연못은 건물 길이의 방향과 평행되는 방향으로 길게 축조된다. 그러나 이 경우는 건물과 직각으로 마주치는 방향으로 길게 축조되고 있다. 그럼으로써 건물쪽에서 바라볼 때 마치 강(江)의 상류쪽을 바라보는 듯한 느낌이 생겨나는 것이다. 또한 한눈에 수면의 모든 것이 바라보일 때에는 단조롭고 깊이가 생겨나지 않기 때문에 중간부를 한번 꺾어 놓는다. 이 형태의 연못을 꾸미는데 있어서 가장 중요한 것은 건물 앞에 해당하는 물가의 축조 수법이다. 연못의 물가는 자연석으로 축조하여 강변의 느낌이 생겨나도록 처리하였다.

　이 구상의 경우는 강가의 선착장(船着場)의 느낌이 나도록 네모꼴의 자연석을 다듬어 깔아 놓았다. 이 자리에 조약돌을 깔아 강변의 느낌을 얻을 수 있다.

　돌과 건물 사이에는 조약돌을 깔아 강변(江邊)의 느낌을 보다 자연스러운 것으로 하기 위한 방법이다.

연못의 서쪽에는 우선 평탄한 지형을 두고 점차적으로 완만한 경사를 이루어 나지막한 언덕이 된다. 이것은 평야지대를 흐르는 강물의 느낌을 얻기 위한 방법이다.

깊숙이 담장쪽으로 파고드는 연못의 생김새로 말미암아 이 정원은 광활한 느낌을 자

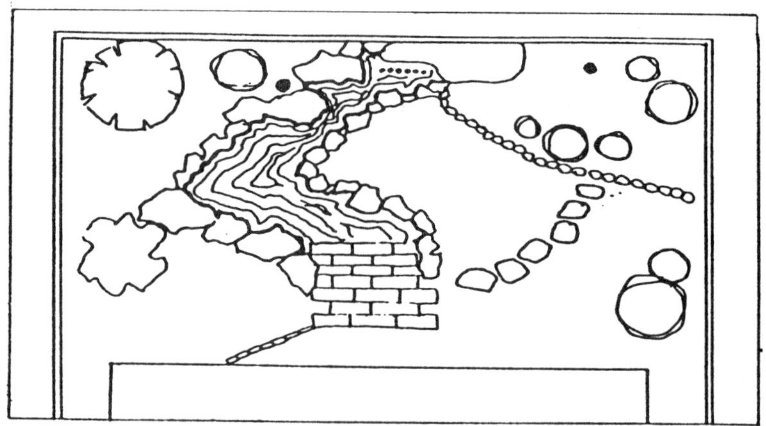

평면도

아내게 되는 것이다. 연못의 끝부분 담장 밑에 키 작은 수목을 여러 그루 줄지어 심어 강변의 수림 (樹林)을 연상시키기 위한 것이다.

수종 (樹種)은 삼나무, 편백, 화백 등의 원추형 수형을 선택하는 것이 무방할 것이다.

돌이 깔려 있지 않은 부분의 지표에는 잔디를 깔아 전체 경관과의 조화를 고려하면서 곳곳에 둥글게 다듬은 회양목이나 조림대, 왕대, 시누대 등의 나무를 둥글게 심는다.

11. 좁은 뜰에 맞추어 사각의 연못을 구성한 정원

연못과 담장 사이에 직선형의 연못과 어울리는 원추형의 수목을 심어 담장을 커버했다. 수종으로는 향나무, 독일가문비, 측백나무 등이 좋으며 좀더 여유가 있으면 주목이나 진백, 소나무 등 고급 수종이면 더욱 운치가 난다.

블록을 쌓아올린 뒤쪽에 심는 활엽수로는 청단풍, 홍단풍, 은행나무, 모과나무, 감나무, 꽃사과 등 화려한 수목을 선택하는 것이 바람직하며, 담벽 아래는 키가 작은 철쭉, 진달래, 옥향 등으로 적절히 균형을 유지시켜 주고 건물 앞으로부터 잔디가 심어진 자리까지 다듬어진 화강암이나 자연석을 조화있게 설치하는 것이 잘 어울린다.

투시도

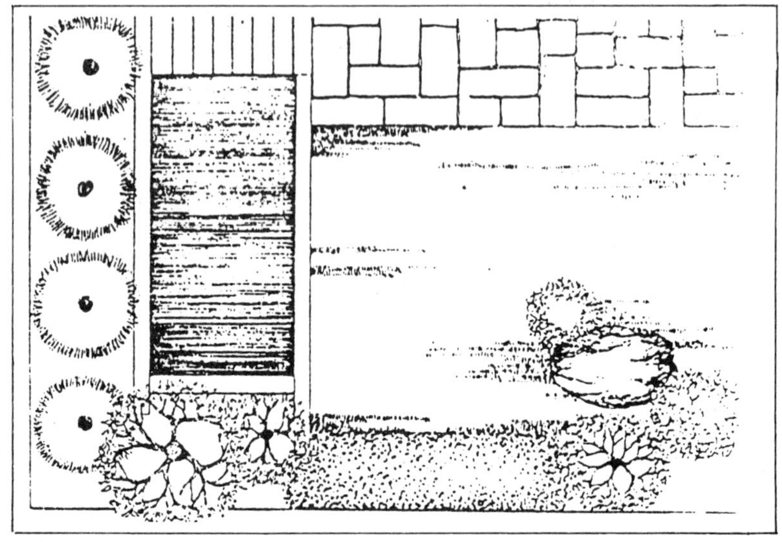

평면도

12. 直線形을 약간 변형시켜 曲線을 가미한 정원

담장과 평행되게 나지막한 연못의 옹벽을 쌓아 올림으로써 지형 (地形)에 변화를 주어 연못을 한층 더 부각시킨 정원이다.

투시도

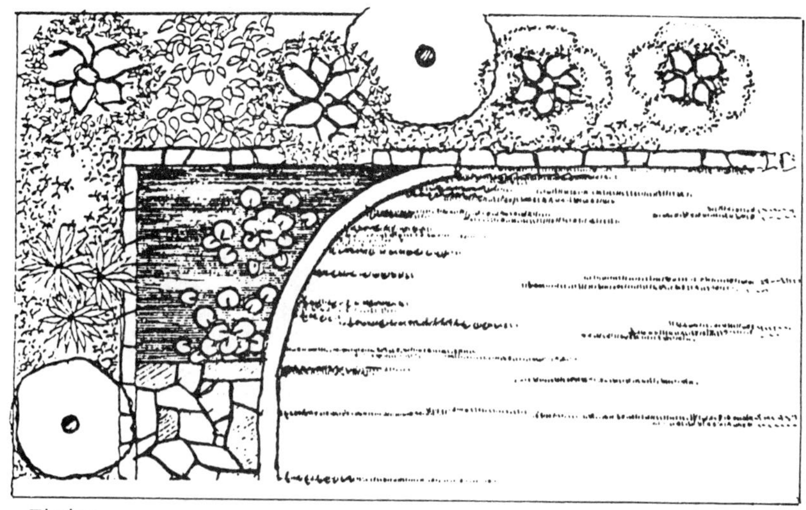

평면도

옹벽의 재료는 화강암을 거칠게 다듬어 사각 모양으로 한 판석 (板石)을 사용한 것이
다. 판석을 사용할 때는 색채가 짙어야만 차분한 느낌이 생겨 운치가 있다.

수목 (樹木)은 향나무를 3그루 심고 그 옆에 청단풍의 큰나무를 곁들이는데 단풍나무
옆에는 작은 홍단풍이나 라일락, 철쭉류를 곁들여도 무방하고 꽃사과, 애기사과,
감나무 등 유실수는 더욱 운치를 나타낸다.

樹木이 심어진 자리의 표면에는 맥문동이나 고사리 식물을 심어 푸르게 함으로써 품
위가 있다. 그리고 연못과 나무 주위를 제외한 부분은 잔디를 깔아 주고 건물까지의 사
이는 자연 판석을 깔아 단조롭지 않도록 한다.

13. 웅장한 바위밑 연못을 구상한 정원

자연석을 고를 때에는 자연미를 갖춘 돌을 선택하여야 하며 돌을 쌓을 때에는 결을
관찰하여 결이 같은 방향으로 서로 합치되도록 쌓아야 자연미 (自然美)를 나타낼 수 있
다.

또한 돌을 쌓아 올릴 때에는 반드시 안정된 상태로 쌓아야 한다. 한덩이라도 불안정
한 상태로 쌓아 올린 것이 있으면 보는 사람으로 하여금 불안한 느낌을 주게 될 뿐만

아니라 전체적으로 안정된 느낌이 상실되고 만다. 또한 입석이나 누운돌 (臥石)을 쌓을 때는 돌의 뿌리가 반드시 흙 속에 묻히도록 앉혀야 한다.

자연석 틈에 관목이나 풀을 곁들여 보다 자연미를 나타내도록 하여야 한다.

14. 직선형의 단조로움을 변화시킨 정원

직선형에 의해 생겨나는 단조로움을 개선하기 위하여 변화를 줌으로써 전체적인 경관의 깊이가 생기도록 구상했다.

연못의 윤곽선은 다듬은 화강암이나 판석으로 긋도록 하는 것이 무게가 있어서 좋다. 연못과 담장 사이 구석진 자리에는 수형이 잡힌 소나무나 낙산홍을 심고 큰나무 밑에 같은 종류의 작은나무를 심어 쌍간을 이루도록 수형을 조절한다.

연못의 남쪽 물가에는 옥향나무, 철쭉나무, 삼나무 등 상록수를 모아 심어 큰나무, 연못, 담장의 균형을 유지하도록 하고 정원등을 설치하여 야간에도 나무와 연못의 물을 감상할 수 있도록 한다.

연못 주위는 잔디를 깔아 주고 담장 밑은 숙근초나 유실수, 화목류를 심어 계절에 따라 아름다운 자연을 즐기고 건물 앞은 자연 판석을 깔아 포장함으로써 개성미를 연출하는 정원이 된다.

투시도

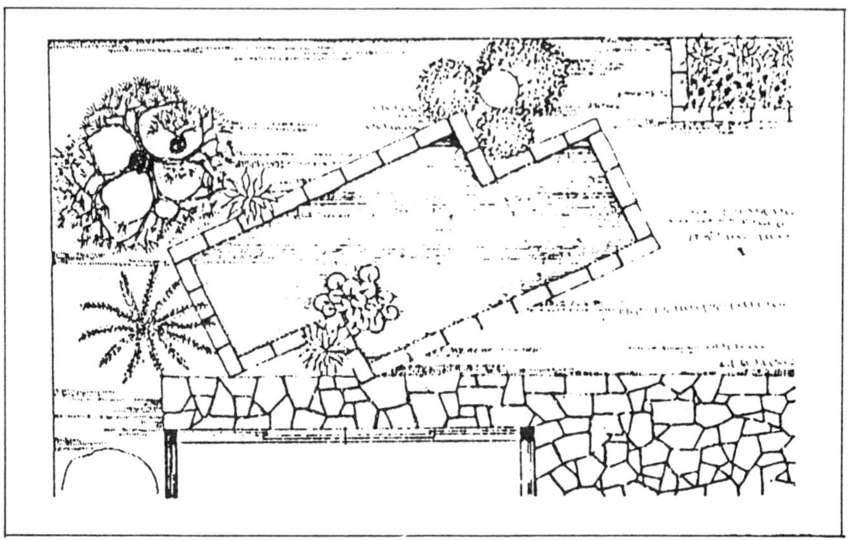

평면도

15. 직선형의 연못에 자연석으로 굴곡을 만든 정원

연못 물가에는 판석 (板石)으로 마무리를 맞추어 쌓아올린 높고 낮은 옹벽이 구성되어 있고 동쪽 굴곡을 이룬 물가에는 크고 작은 자연석이 앉혀져 있어 아주 자연스러운 운치가 있다. 이 정원은 대지가 바깥 도로보다 낮기 때문에 대문으로부터 몇 단의 계단을 밟아 내려오도록 되어 있다.

계단은 밟아지는 면을 넓게 잡아 높이를 낮추는 한편 부정형 (不整形)의 판삭을 붙여 놓았다. 그렇기 때문에 조금도 부자연스럽지 않으며 계단 옆에 놓인 자연석이나 수목 그리고 하초류와 조화를 이루고 있다.

서쪽 옹벽 위에는 노송 (老松)을 심어 운치를 자아내게 하고 주목 3~4그루를 조화있게 심어 균형을 유지시켜 준다. 대문에서 내려오는 돌계단 옆에는 키 큰 청단풍 2-3그루를 짝지어 심거나 홍단풍을 심어도 무방하다.

단풍나무 밑 바위에 곁들여 키 작은 오죽 조릿대, 시누대, 황죽 등을 심는다.

담벽은 담쟁이 덩굴을 올려주든가 으름덩굴을 올려주면 더욱 더 자연 (自然)스러워진다.

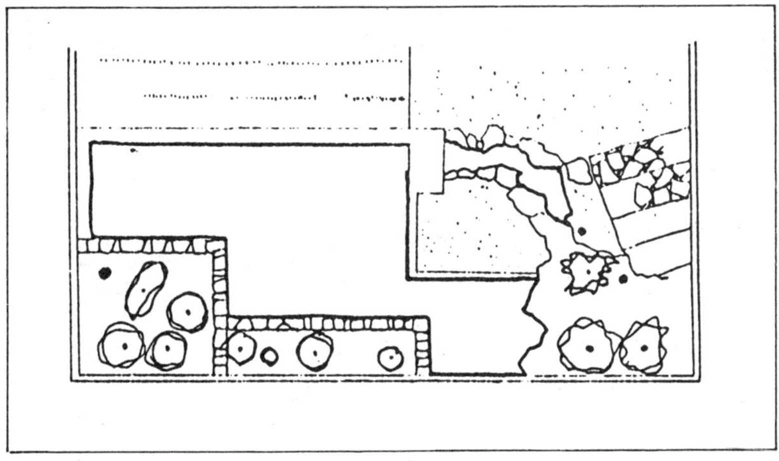

16. 돌산의 계곡과 폭포 연못의 조화를 이룬 정원

연못과 자연 그대로의 복잡한 굴곡을 이룬 연못이 연결되고 폭포와 계곡의 물이 구성된 돌산이다.

　좁은 뜰에 폭포를 곁들인 계곡의 아름다움을 꾸며놓은 정원인데 흐르는 물의 끝을 마무리하기 위한 연못의 면적이 한정되어 부득이 사각 형태의 연못을 구성하였다.

　폭포의 부분과 계곡에는 많은 자연석을 쌓았다. 이 자연석에 의해 구성된 부분과 직

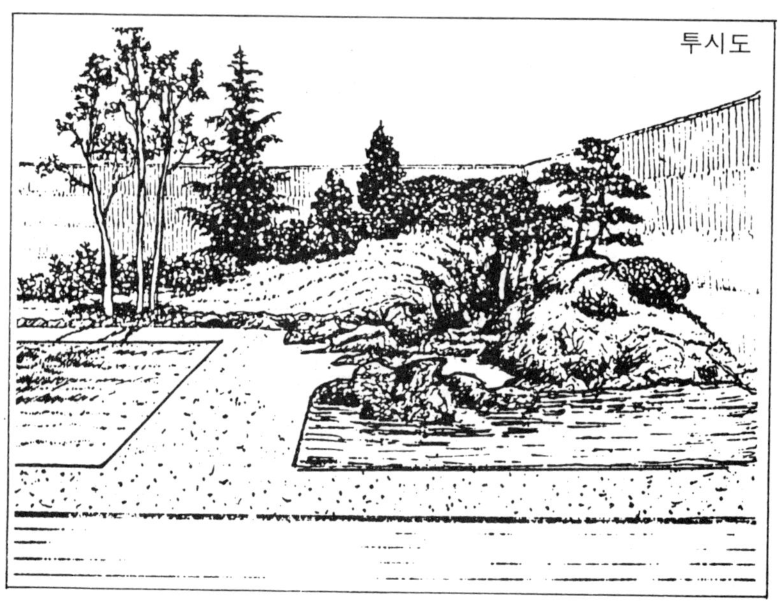

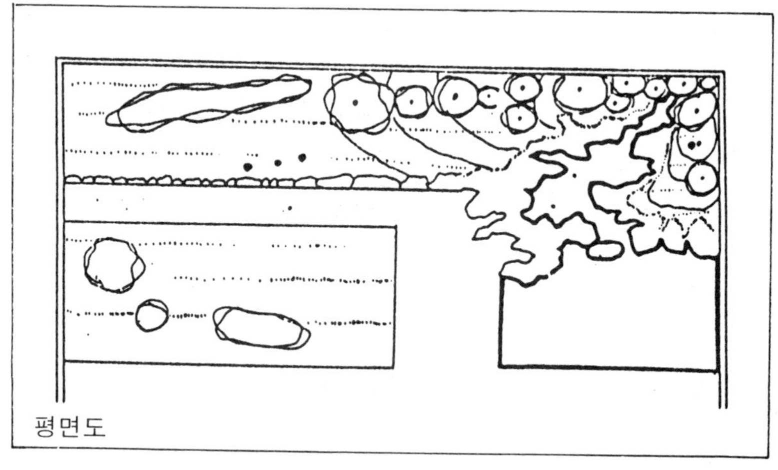

선형의 연못을 서로 관련시켜 연못과 계곡이 서로 이어지는 부분에 약간 큰 바위덩이를 균형있게 맞추어 배치하였다.

돌산에는 높은 부분에 상록성 철쭉류를 군식하여 산봉우리의 생김새를 장식하였다. 계곡은 철쭉, 진달래, 조릿대 등으로 장식하고 서편의 노송 (老松)의 수형을 갖춘 육송이나 해송 반송으로 심는 것이 운치가 있다.

동편의 침엽수는 독일가문비, 단풍나무, 감나무, 은행나무, 꽃사과 등을 2간이나 3간으로 짝지어 심는 것이 바람직하다. 산봉우리 후면은 왕대나무, 오죽, 조릿대를 심어 담벽을 커버하는 것이 자연미을 나타낼 수 있다.

17. 두번 꺾인 연못을 중심으로 한 정원

연못의 주위는 다듬어진 돌이나 검은 벽돌로 쌓는 것이 이상적이다.

수목은 전체 조화를 고려하여 운치가 있는 향나무나 수형이 잡힌 노송 (老松)을 선택하는 것이 이상적이다.

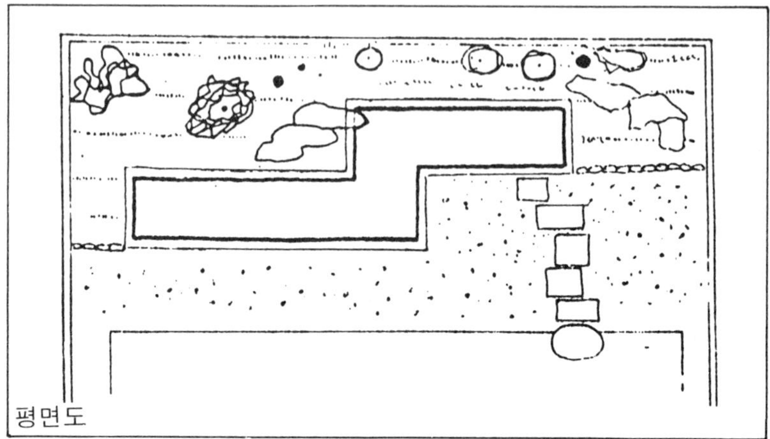

큰 老木 후면에는 철쭉, 호랑가시, 매화, 앵두, 대나무류 등 작은 수목을 심는 것이 큰나무와의 조화가 잘 이루어진다.

노목 (老木)의 밑에는 큰 지연석을 균형있게 설치하고 건물 앞으로부터 연못까지는 징검돌을 놓고 주위는 잔디를 깔아 주므로 단조로움을 깨뜨리는 구실도 한다.

18. 좁은 공간의 정원

자연석 (自然石)을 둥글게 앉혀 그 속에 검은 조약돌을 깔아 물의 느낌을 구상하였다.

조약돌 주위에 앉히는 자연석은 입석에 가까운 생김새를 가진 것을 앉히고 나머지 부분은 나지막한 와석으로 꾸민다. 자연석 주위는 좌측에 큰나무, 우측에 적은나무를 심는다.

나무의 종류는 취향에 따라 다르나 큰나무는 향나무, 소나무, 삼나무가 적절한 편이고 큰 나무 밑에 작은나무를 심는데 작은나무는 철쭉류, 대나무류가 적절하다.

19. 돌을 주재료로 한 정원

정원의 좌편 대부분을 큰 자연석으로 꾸미고 나머지 우편은 老木(老松)과 향나무를 심고 나머지 부분을 잔디밭으로 조성하였다.

이 정원에서 가장 중요한 것이 자연석이므로 크고 무게있는 입석을 가장 중요한 위치에 앉히고 그 입석을 감싸듯이 7개의 크고 작은 자연석을 둥글게 배치해 놓았다. 이 돌들은 입석의 아름다움을 더해 주기 위한 것이므로 와석의 생김새를 갖춘 것을 쓰도록 해야 한다.

입석 후면에는 배경 구실을 하는 둥글게 다듬은 상록수를 두 그루 곁들여 놓았다. 이 나무는 정금나무, 향나무가 어울린다. 돌 주위는 청죽, 황죽, 오죽, 등 대나무류가 어울린다. 건물 서쪽 모퉁이 부분에는 동백나무나 정금나무 한 그루를 심어 경관의 포인트를 잡아준다.

투시도

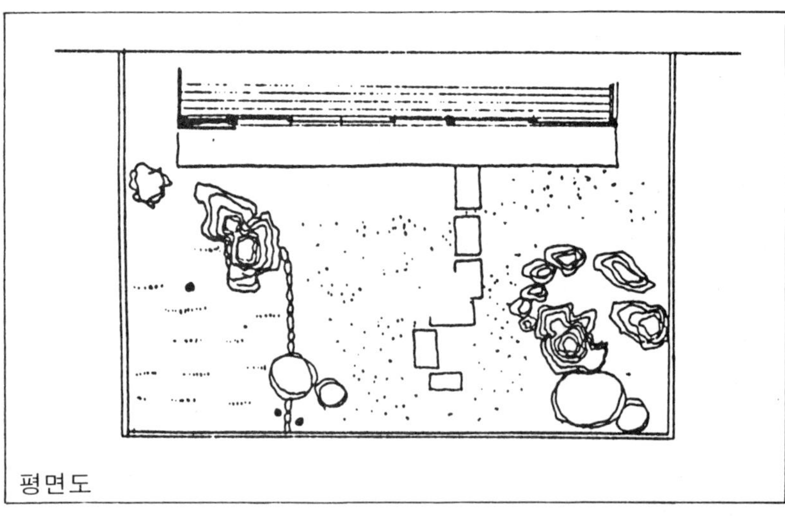

평면도

20. 정원 한가운데에 연못을 만든 정원

연못의 형태를 만들었으나 물은 채우지 않았다. 연못 바닥에 크고 작은 돌을 깔아 물의 느낌을 얻고자 하는 마른 연못인 것이다.

연못 주위에 자연석을 앉혔으나 주위를 완전히 포위해 버린 것이 아니라 한쪽은 자연석을 쌓고 한쪽은 키가 작은 휘양목을 줄지어 심어 물가의 느낌을 조성해 놓았다.

건물 앞 가까이에 단풍 (청단풍) (홍단풍)을 심고 물가에는 노목의 모과나무를 심었다. 모과나무는 수형과 잎이 아름다울 뿐만 아니라 꽃이 아름답고 열매가 크고 풍만하여 가을의 정취를 느낄 수 있다.

큰 나무밑이나 허전한 공간에 균형을 맞추어 휘양목, 화살나무, 해당화, 애기사과, 꽃사과, 매화나무 등 화려한 수목으로 균형미를 살렸다. 또한 추녀 밑에 해당되는 부분은 연못과 조화를 고려하여 자연판석으로 포장하고 지표는 잔디를 입혀 허전함을 커버했다.

투시도

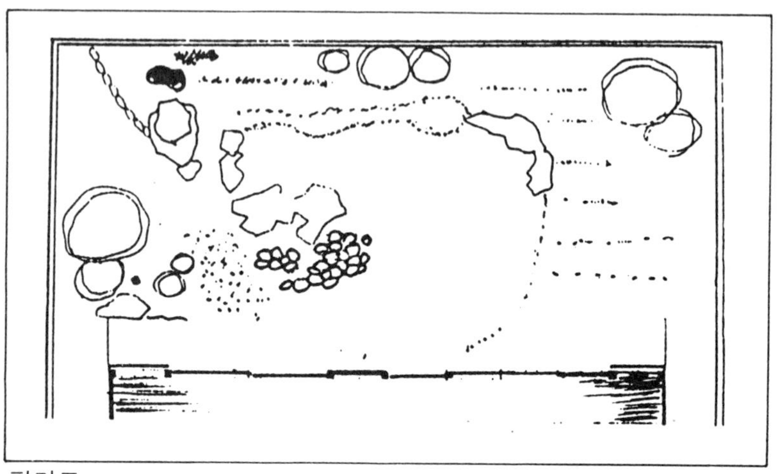

평면도

21. 베란다의 좁은 공간의 정원

좁은 공간의 코너를 이용한 깜찍한 자연미를 창출하고자 구석 가까이에 운치있는 老木의 형태를 갖춘 향나무나 모과나무, 감나무, 배나무, 애기사과, 꽃사과 등 되도록이면 화려한 수종을 선택하여 심고 자연석을 3-5개 정도로 짝을 이루게 하고 자연석 사이에는 청죽, 황죽, 오죽, 왕대 등 상록수로 조화를 이루도록 한다. 자연석이 놓이고

나무가 심어진 자리에는 왕모래나 소입자의 조약돌을 깔고 나머지 부분은 잔디를 입힌다.

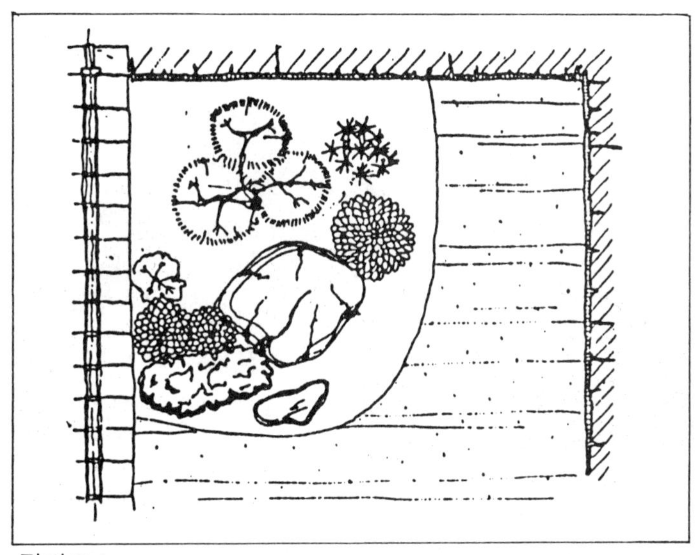

평면도

22. 산과 돌, 물을 표현한 정원

이 정원은 풀밭 속으로 굽이쳐 흐르는 물의 경관을 재현코자 한 것이다. 그러므로 물가의 線은 대체로 자연석을 앉혀 굳혀 놓았으나 일부는 돌을 박아 풀밭 가운데의 느낌을 강조해 놓았다.

냇물의 모든 부분이 한눈에 바라보일 때에는 경관에 깊이가 없어진다. 그러므로 돌을 박아 놓은 곳의 맞은편 물가 가까운 곳에 크고 작은 자연석 세덩이를 짝지어 앉힘으로써 냇물의 일부가 커버되도록 하였다.

두 그루의 老木은 이 정원의 중심이 되는 나무이므로 가능하면 무게있고 운치있는 수형을 선택하여 심는 것이 좋다. 수종으로는 소나무가 어울리나 오엽송 향나무도 무방하다. 줄기는 담벽쪽으로 기울게 함으로써 풀밭에 의해 생겨나는 무게를 담쪽으로 분산시킬 수 있다.

　향나무 옆에 심은 나무는 들판의 풍취를 얻기 위한 것이다. 이 나무는 위성류나 수양 벚나무, 은행나무, 감나무, 꽃사과 등이 어울리는 수종이다.

투시도

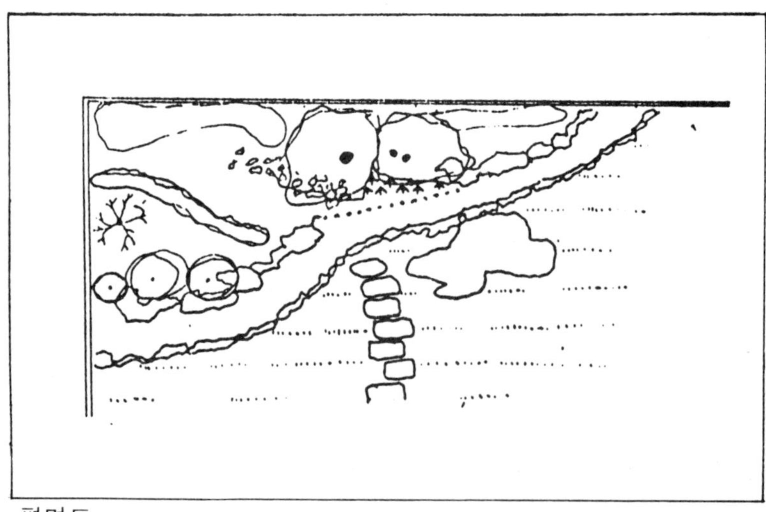

평면도

23. 妙味로운 溪流의 景觀을 구성한 정원

　물을 상징하는 물가는 크고 작은 자연석을 세우거나 또는 눕혀서 변화있고 묘미로운 계류의 경관을 구성해 놓았다.

또한 양쪽 물가 두서너 군데는 덩치 큰 입석을 놓아 눈길을 끌게 한다. 이러한 방법은 경관에 두드러진 개성을 부여하기 위한 방법이다.

　물과 연못에 해당하는 부분은 흰 조약돌을 깔아 물의 느낌을 얻고 바위에는 잔백이나 철쭉, 정금나무, 화살나무, 휘양목, 옥잠화, 꽃창포 등을 심어 놓으면 운치가 있으며 꽃도 즐길 수 있다.

　큰 나무로는 노송과 단풍나무를 집단적으로 심어 놓을 때에는 그 가운데 한그루는 홍단풍으로 하면 변화가 있어 좋다. 나무밑은 철쭉이나 자연석으로 허전함을 커버하는 것이 자연스럽고 아름답다.

투시도

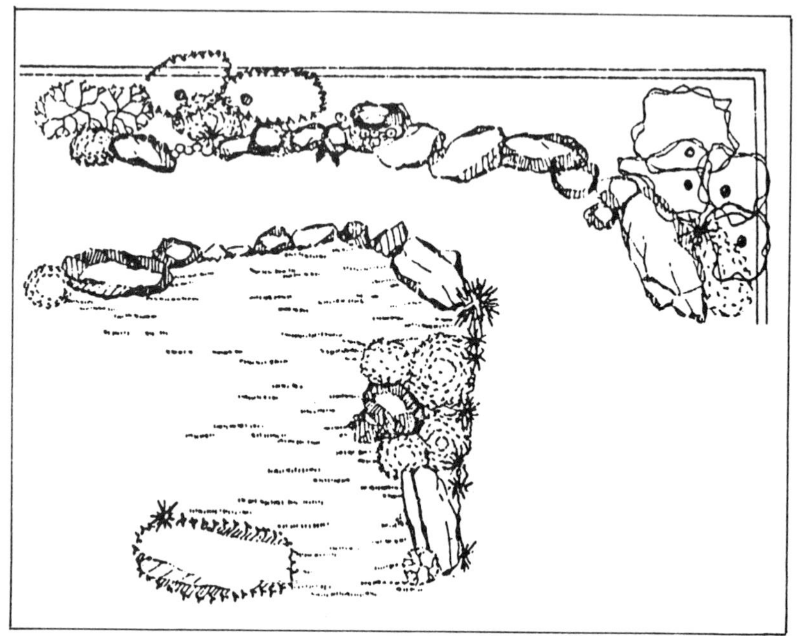

평면도

●대문과 현관 사이의 정원 구도

가정을 방문하는 사람은 누구를 막론하고 반드시 지나야만 하는 통로이다. 따라서 방문객에 첫인상은 바로 이곳에 꾸민 정원을 감상하게 된다.

정원은 그 집의 소유자의 기호와 취미의 여하에 따라 크게 달라지기 마련이다. 따라서 소유자의 기호, 취미, 교양 정도를 판단할 수 있다는 것이다.

말하자면 대문과 현관은 그 집의 얼굴에 해당하는 장소라고 볼 수 있다. 그러므로 현관은 품위 (品位)있게 꾸며 간소하면서도 무게있는 정원이 된다면 더없이 만족한 것이다.

대문으로부터 현관까지의 거리는 최소한 대문에 서서 현관을 바라볼 때 현관의 정원이 한눈에 들어와야 한다.

녹지의 구성은 이 분위기에 어울리도록 계획해 검소하도록 필수적인 물량만을 가지고 간소하게 꾸며놓아야 한다는 것을 염두에 두고 계획하도록 해야 한다.

24. 좁은 통로의 정형적인 현관 정원

건물양식과의 조화를 고려하여 판석으로 돌담을 쌓았다. 진입로의 포장은 돌담의
꾸밈새와 조화를 이룰 수 있는 대형 콘크리트 블록을 깔았다.

진입로 양가에 조성될 경계선은 돌담과의 조화를 고려하여 바깥 담장쪽의 경계선은

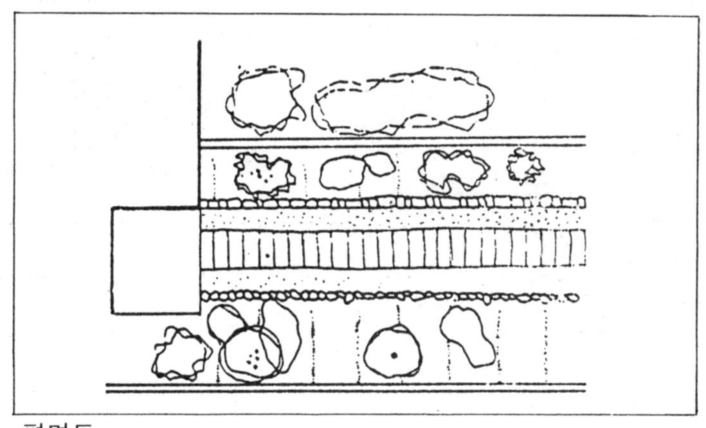

평면도

변화를 주기 위해서 자연석을 사용했으며 녹지는 잔디를 심고 나무는 향나무와 정금나무를 사용했으나 추운 지방인 경우는 철쭉이나 명자나무를 심는 것이 좋을 것이다.

경제력이 허락한다면 향나무 대신 소나무 (적송, 흑송, 반송)를 심으면 더욱 운치가 있다.

큰 나무밑은 큰 자연석으로 허전함을 커버하고 자연석 사이와 경계선 주변은 잔디를 심어 줌으로써 더욱 안정된 분위기를 조성할 수 있다.

25. 건물의 측면 전체에 조성한 정원

건물의 측면에 해당되는 부분에 현관이 있어서 부지에 인접한 공도 (公道)로부터 똑바로 진입하도록 되어 있다. 따라서 건물의 측면을 정원으로 사용할 수 있다. 진입로는 직선으로 설치되는 결과가 된다.

포장은 대형 콘크리트 블록을 깔았다. 현관 바로 앞쪽에 향나무를 한그루 심고 반대쪽에 큰 단풍나무를 심고 자연석을 곁들인 정금나무, 철쭉, 소나무 등으로 균형미를 살려 조성할 수 있다. 상록성 향나무 반대편은 상록성 나무를 심어야 건물의 조화를 이룰 수 있다.

지형의 변화를 얻기 위해 군식해 놓은 단풍나무 앞쪽에 크고 작은 와석 (臥石)을 약간의 간격을 두어 배치하는 것이 운치가 있다.

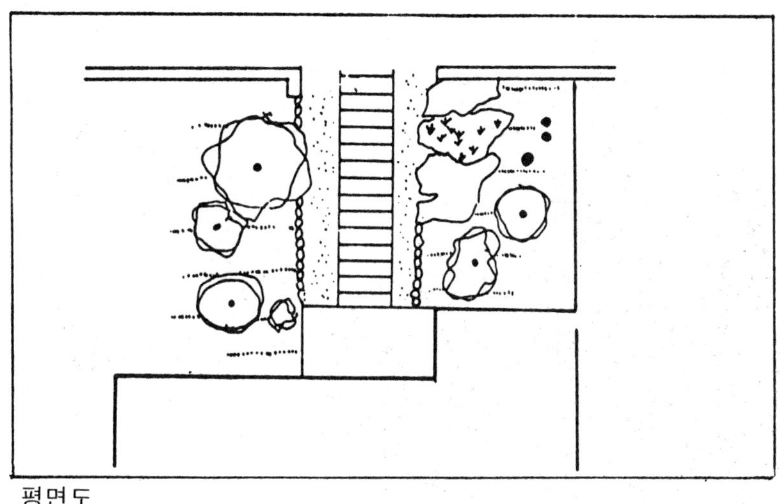

평면도

26. (ㄱ)자형 진입로 정원

건물의 구조와 공도의 위치 관계로 진입로를 (ㄱ) 자형으로 설치하였다. 포장은 사각 대형 콘크리트 블록을 깔았다. 설비자금의 여유에 따라 화강암으로 할 수도 있으며, 자연판석을 이용할 수도 있다.

큰나무를 심을 만한 여지가 없으므로 나무 대신 길쭉한 생김새의 臥石을 좌우에 2개를 앉히고 후면에 향나무 한그루를 심고 옆에 낙산홍이나 정금나무, 동백나무 등을 심고 해당화를 臥石옆에 붙혀 심어 조화를 이루고 반대편에 감나무나 애기사과, 꽃사과, 청단풍, 홍단풍 중 한그루를 심어 좌우의 균형을 맞추고 진입로 좌우 공지에는 철쭉을 군식함으로써 분위기를 살릴 수 있다. 판석 옆은 조약돌을 깔아주고 지표에는 잔디를 깔아 녹지 공간을 만들어 준다.

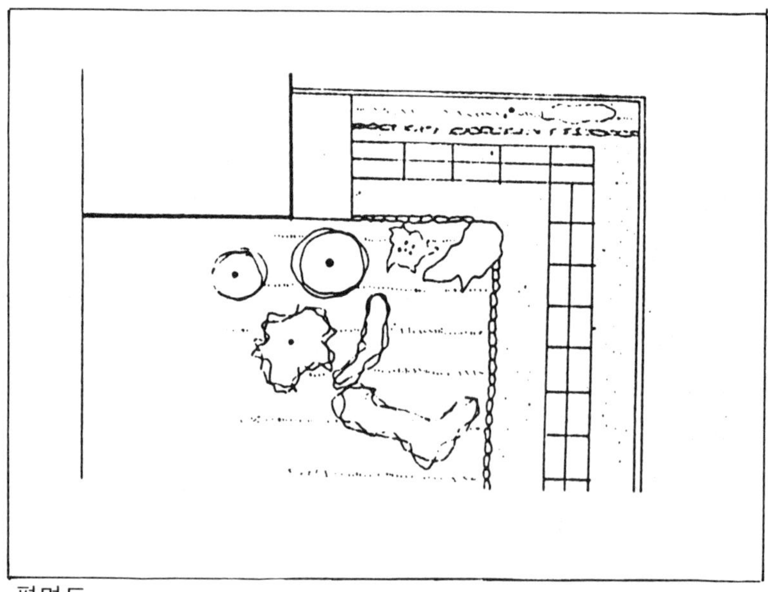

평면도

27. 현관 진입로를 곡선으로 만든 정원

　현관의 분위기를 변화 있도록 하기 위해 진입로를 곡선형을 만들었다. 진입로 포장은 중후감이 생겨나도록 화강암을 다듬어 깔았다.

　진입로와 녹지의 경계는 작은 자연석을 이어주는 자연스러운 선을 만들어 주었다. 진입로의 우측은 밝고 산뜻한 느낌이 생겨나도록 하기 위해 한그루의 관목과 자연석 한

덩이를 앉히고 진입로 좌측은 벽면을 커버하기 위해 비교적 많은 수목을 심었다. 즉, 꽤 볼륨있는 향나무나 단풍 한그루를 짝지어 심고 이것에 3~4그루의 관목을 심었다.

관목으로는 정금나무, 동백나무, 해당화, 꽃사과, 애기사과, 감나무 등이 어울리는 수종이다.

자연석 옆에는 청죽, 오죽, 황죽, 등을 심어 주고 진입로 공간은 조약돌을 깔고 지표는 잔디를 심어 녹색 공간을 조성함으로써 낭만적인 분위기를 만들어 주며 현대적인 감각을 느낄 수 있을 것이다.

28. 간소하게 구성된 현관 정원

주되는 나무를 운치있는 老木을 선택하였기 때문에 충분한 운치를 살릴 수 있다.

큰 나무로는 진입로 좌측에 老松과 화백 각 한그루, 우측에 매화나무 古木 한그루 뿐이다. 그 이외에는 철쭉 군식 해당화 군식 등을 사용하였고 테라스 위에 조그마한 화단을 만들었다.

진입로의 포장은 자연판석으로 깔았으며 진입로의 경계선은 자연석으로 안정감 있게 이어져 차분한 정원 분위기가 조성되었다고 볼 수 있다.

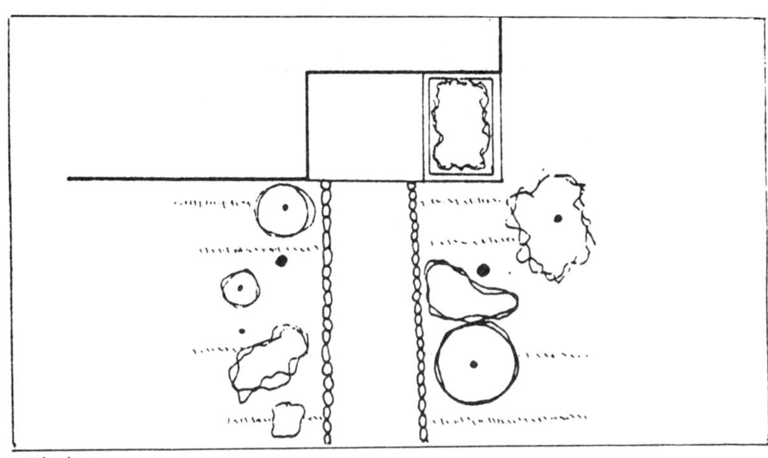

평면도

29. 현관옆의 진입로 정원

　현관 분위기가 안정되고 차분한 느낌이 감도는 자리에 주목, 단풍나무 한그루를 선택하여 심고 뿌리 밑둥에 臥石 2개로 허전함을 커버했다. 건물의 창가에 향나무 한그루를 심고 진입로 좌우에 향나무, 해당화, 매화나무, 옥향나무를 심어 균형을 유지

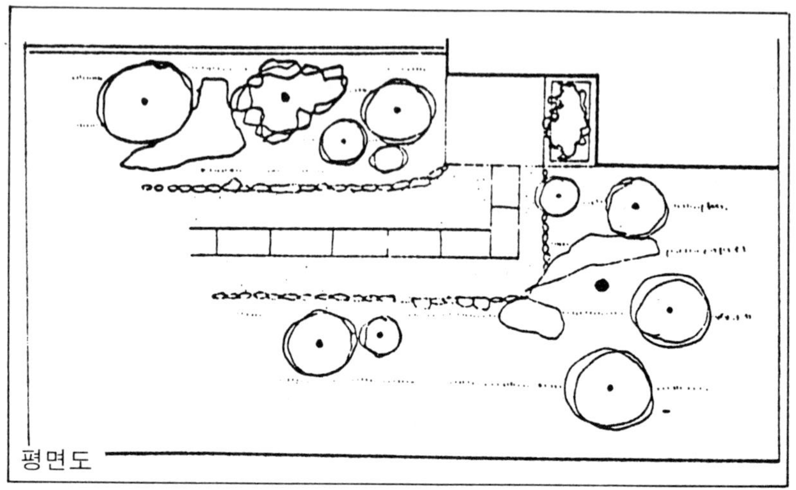

하고 해당화 옆쪽에 자연석을 배치하여 조화를 이루도록 한다. 또한 진입로 포장은 콘크리트 블럭을 사용하였으며, 주변은 조약돌을 깔았고 여백의 지면은 잔디로 녹색을 나타내어 건물과 정원의 조화를 이루도록 하였다.

30. 현관 입구를 자연석으로 단장한 정원

현관의 정원을 자연석을 주로하여 重厚感을 풍기도록 진입로 양가에 臥石의 생김새를 가진 크고 작은 自然石을 배치하였다.

배치할 때는 돌의 결을 잘 살펴서 異和感이 생겨나지 않도록 주의를 해야 한다. 또 돌의 머리와 꼬리를 잘 살펴 머리와 머리가 꼬리와 꼬리가 맞붙는 상태가 되지 않도록 주의할 필요가 있다.

立石과 臥石에 의해 운치있는 기복이 구성되면 이것과 조화되도록 나무를 곁들여 심는다. 현관을 향해 우측은 뒤로 이어지는 안뜰을 가리워 주기 위해 안뜰에 심어진 나무와의 조화를 고려하면서 수종을 선택한다.

현관 좌·우에 老木인 향나무와 청단풍나무를 심고 청단풍 앞에 해당화를 합식하였으며, 단풍나무 밑에 오죽이나 청죽을 모아 심으므로 허전함을 커버할 수 있고 자연석 사이는 철쭉과 휘양목, 맥문동 등으로 돌과 조화를 맞추어 심었다. 진입로는 자연판석을 돌과 균형을 맞추어 심었다.

투시도

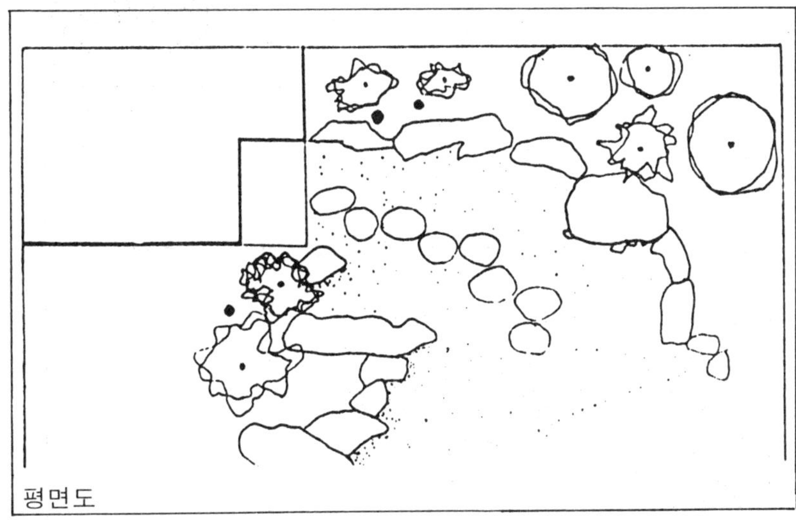

평면도

31. 公道의 路面보다 약간 높은 현관 정원

公道(공도)보다 현관이 약간 높기 때문에 경사가 생겨 진입로는 자연적으로 계단식
으로 되어버렸다. 그러나 부정형(不定型)의 板石으로 아주 낮은 단을 쌓아 路面의 넓

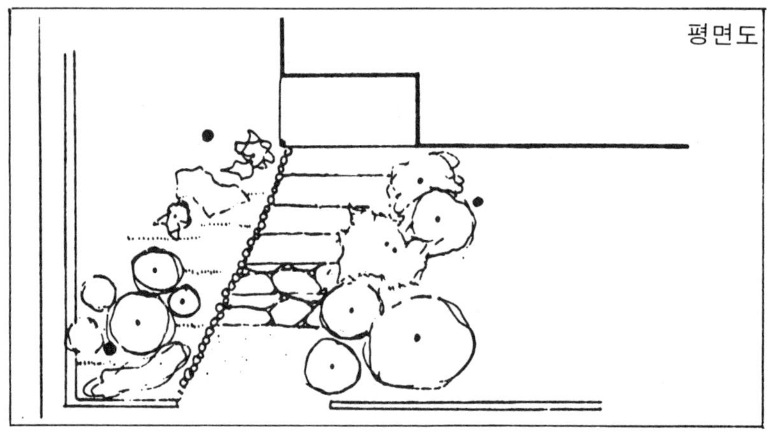

이를 가급적 넓게 했기 때문에 저항감이 생겨날 염려는 없을 것이다. 양쪽 녹지와의 경계는 板石 계단과 어울리도록 자연석을 쌓아 연결시키고 현관 바로 앞에 청단풍 한그루를 심고 다년생 청단풍 한그루는 정원 중심부에, 반대편에 모과나무 한그루을 배치한 다음 입구 부분에 향나무를 좌우에 심어 건물을 돋보이도록 했으며 큰 나무 밑과 현관 앞에 철쭉을 합식했으며 지표면에는 잔디와 숙근초을 심어 나무와 판석이 조화를 이루도록 했다.

32. 자연석을 충분히 사용한 앞뜰 정원

앞뜰은 그 집의 얼굴에 해당되는 자리로서 주인의 취미와 성격 그리고 교양 정도를 단번에 알 수가 있다. 때문에 앞뜰은 매우 중요한 구실을 하는 자리이므로 세심한 주의를 기울려야 한다.

충분한 자연석을 써서 인위적인 냄새가 풍기지 않는 자연 그대로의 경치를 꾸미고자 노력해 보았다.

자연석을 꺼면 石質에 마른 이끼가 끼여 있는 산석을 사용하였다.

山石을 곁들여 큰 암괴를 형성시킨 다음 그 앞에 반달형의 얕은 연못을 만들고 연못의 남쪽 물가는 큰 암괴와 그것으로부터 이어져 내려가는 작은 山石이 서로 이어지는 부분이 자연스럽게 보이도록 서로 밀착시키고 밀착되지 않은 부분은 검은 흙을 채워 돌단풍이나 고사리류을 심어 자연스러운 바위처럼 만든다. 큰 암괴의 돌출부 밑 물가에는 밝은 빛깔의 조약돌을 암괴의 돌출부를 감싸듯이 반달형으로 깔아 냇가의 전경을 조경한다.

연못의 북쪽 물가는 계류의 느낌을 부여하기 위하여 암괴를 조성한 것과 같은 山石을 나지막하게 놓았다. 물가를 구성하기 위하여 山石과 건물과의 사이에는 조약돌을 깔아 냇가의 정경을 살렸다.

암괴 뒤에는 크고 작은 수목을 곁들여 깊은 산속의 물가 운치를 풍기게 한다. 큰나무로는 청단풍, 적송, 흑송의 노목을 선택하여 심어야 인적이 드문 山의 情景을 나타내는 운치있는 정원이 될 것이다.

투시도

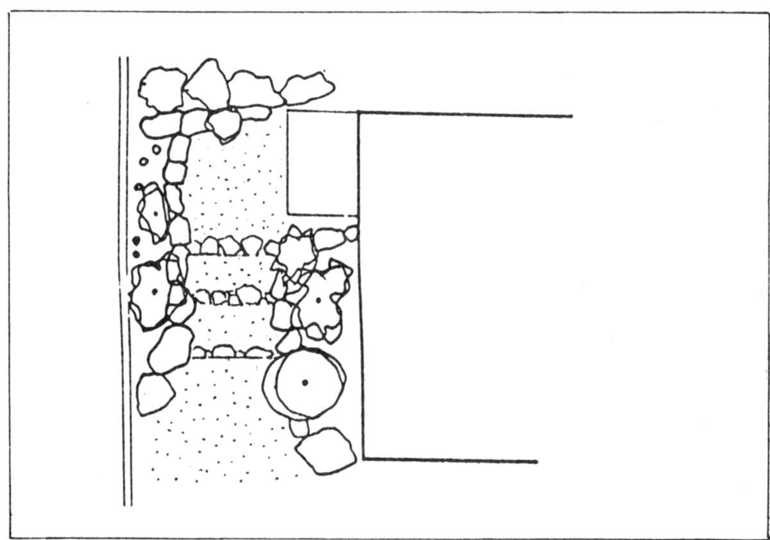

평면도

33. 경치(景致)의 미를 묘사한 정원

경치의 아름다움을 구성하는 요소는 지형과 물과 식물이다.

이 정원은 우측의 方池와 좌측의 曲池가 정원의 중심부에서 서로 연결되는 생김새가 되었다.

연결되는 생김새가 한쪽은 직선형 그 맞은편은 곡선형으로 구상했기 때문에 아주 자연스럽게 연결되었다. 직선과 곡선의 연결 부분의 사이에 자연석을 나즈막하게 배치함으로써 선의 연결도 무난했다.

方池와 曲池가 연결되어 나가는 부분에 연못 속으로 돌출하듯이 생겨난 사각형의 땅의 생김새가 눈에 거슬린다. 이러한 느낌을 제거하기 위하여 한덩이의 水石을 배치하고 한두 그루의 나무를 심어 놓았다. 그 결과 단조로운 생김새에 변화가 생겨 무난한 느낌을 얻게 되었다고 본다.

건물과 연못 사이의 공간에는 자갈은 깔아도 되고 잔디를 깔아 녹색 공간을 만드는 것도 무방하다.

투시도

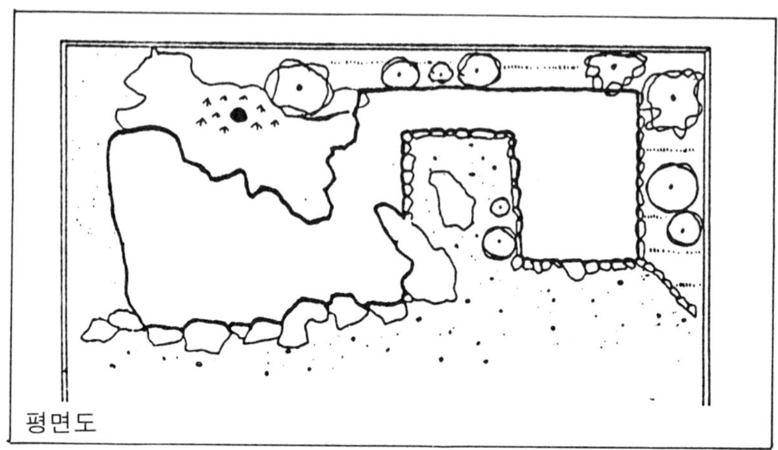

  이 정원에서는 경치의 중심이 될 연못에서 밝은 느낌을 얻기 위하여 못가에 두세 그루의 다소 키가 큰 수목을 심는 정도로 그쳤으나 허전한 느낌이 생겨나는 부분에 몇 그루의 키작은 나무를 심는다.

부 록

정원 설계 도면 例

충북조경
DESIGNED BY
설 계 洪 性 求

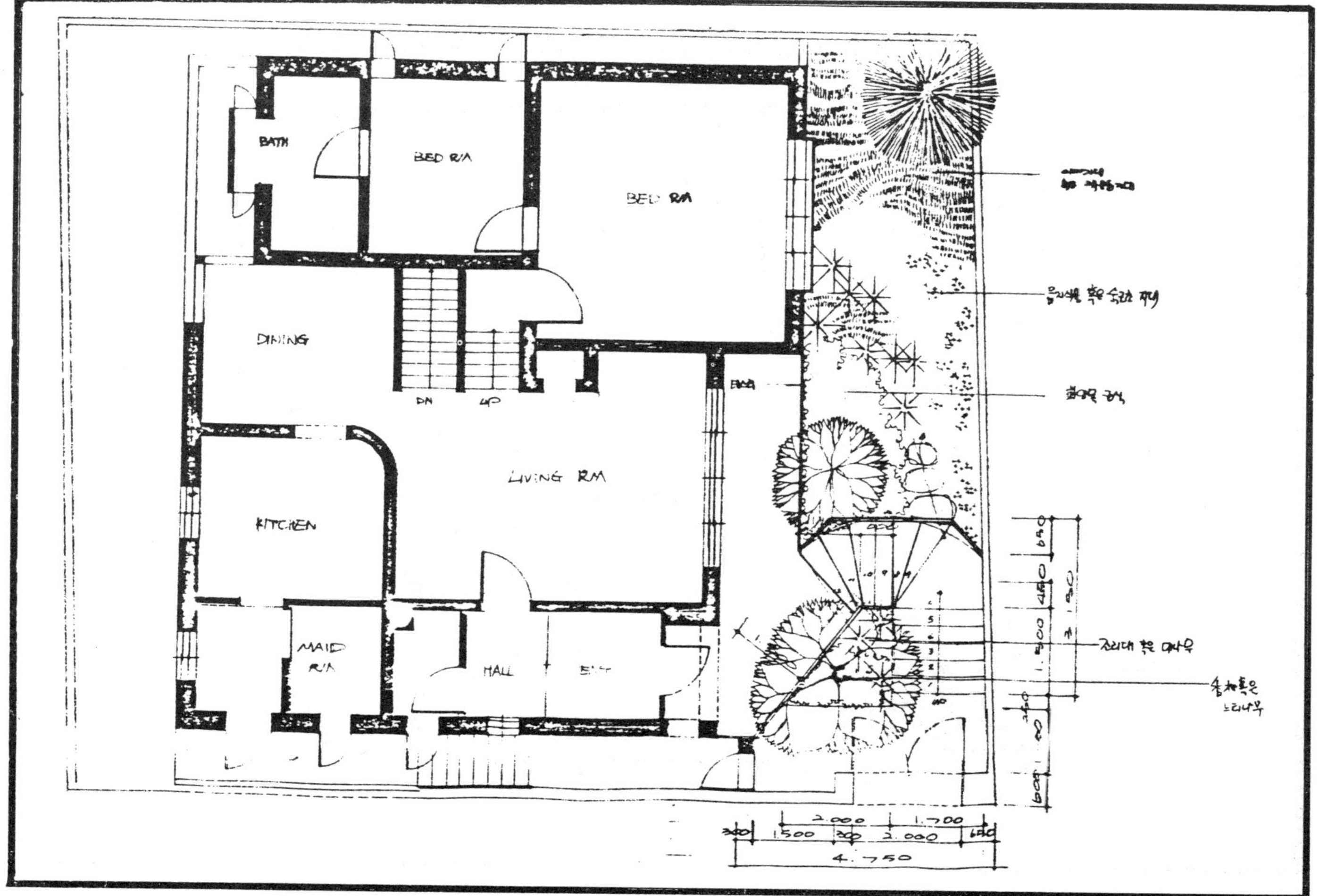

BATH
BED R/A
BED RM
DINING
DN
UP
LIVING RM
KITCHEN
MAID R/A
HALL
2.000
1.700
1.500
2.000
4.750

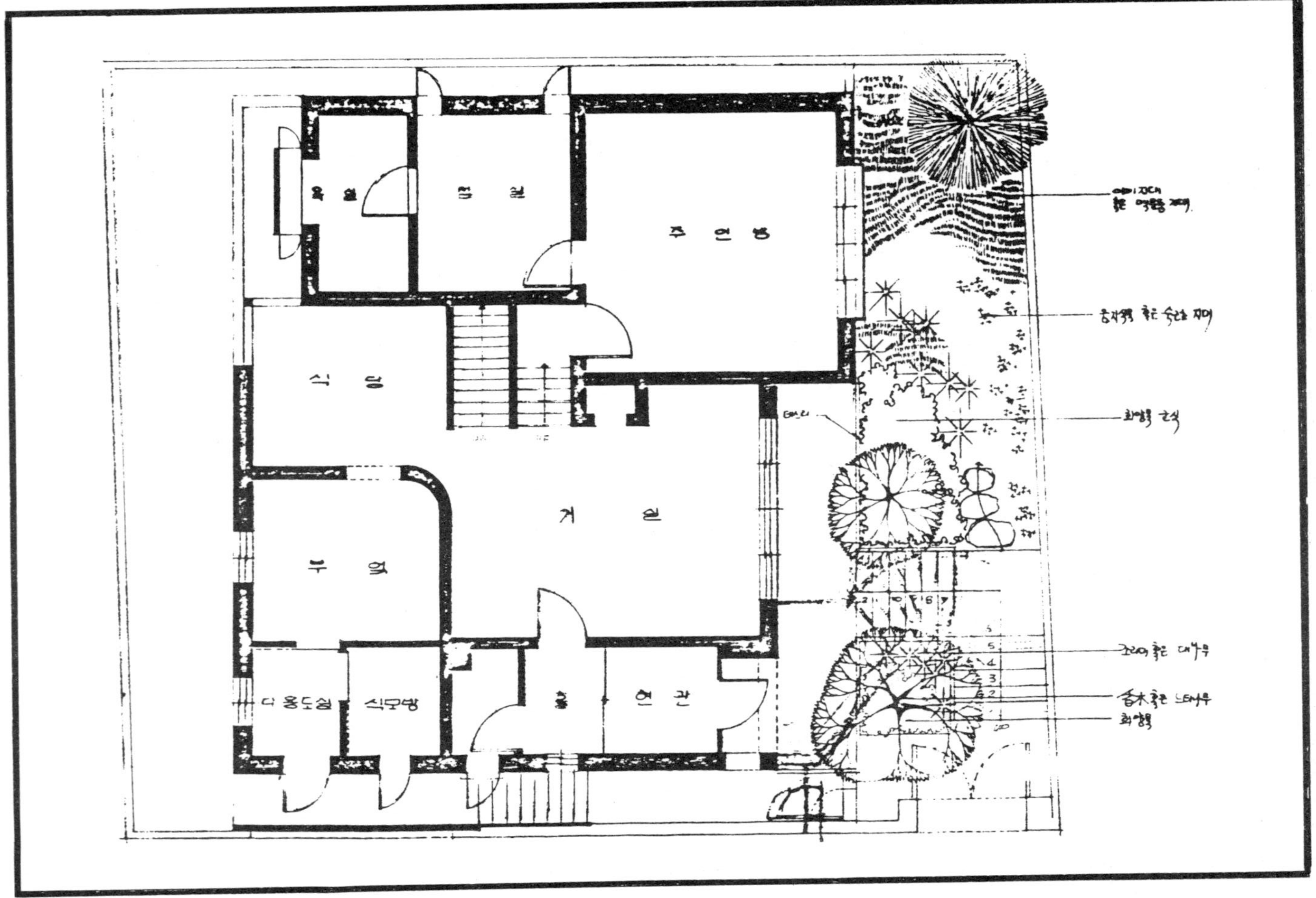

욕실
침실
주연방
식당
거실
침실
다용도실
식모방
현관

후정부분 PERSPECTIVE

※ 중정.
식당에서 봄 INTERIOR VIEW

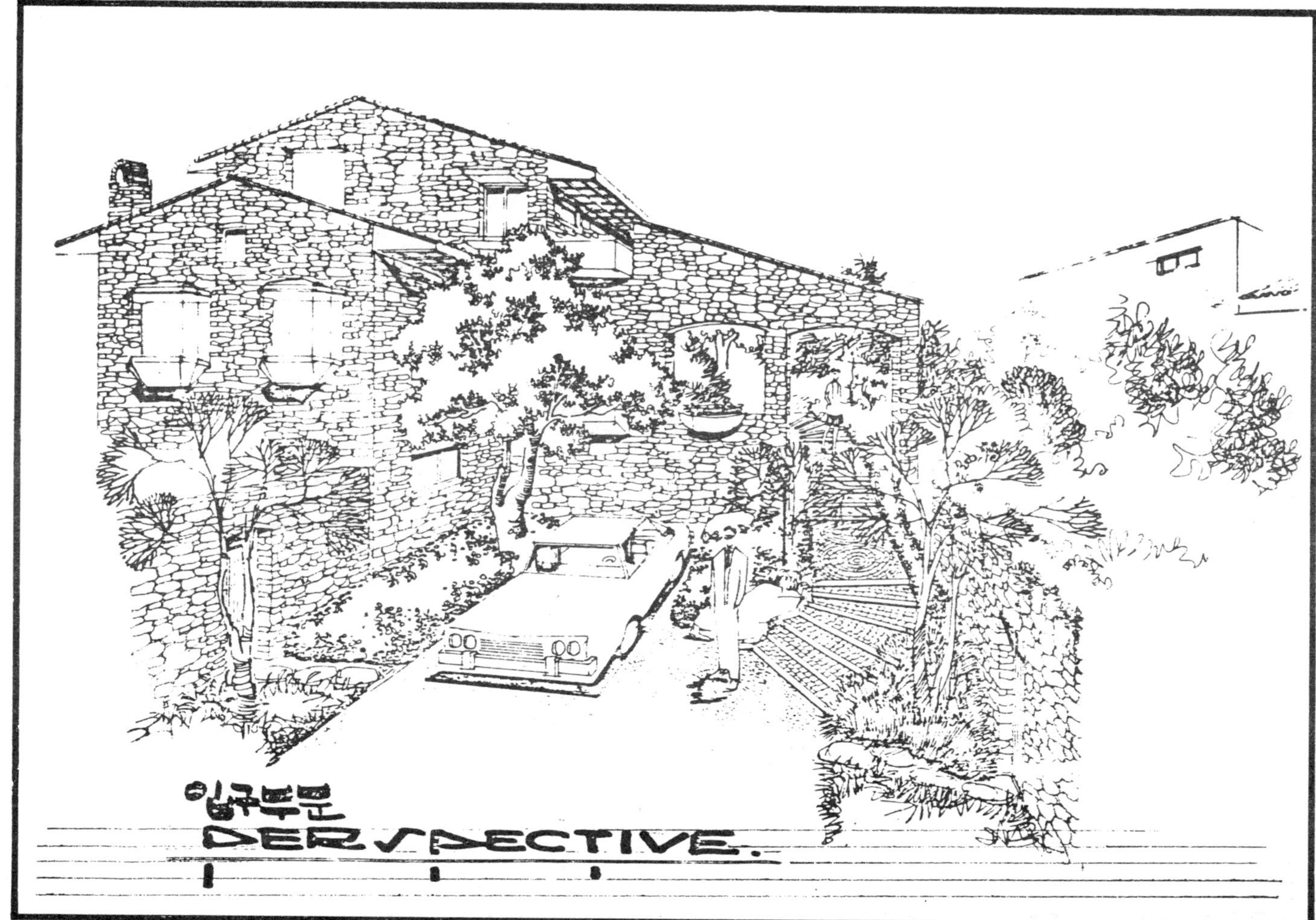
입구부문
PERSPECTIVE.

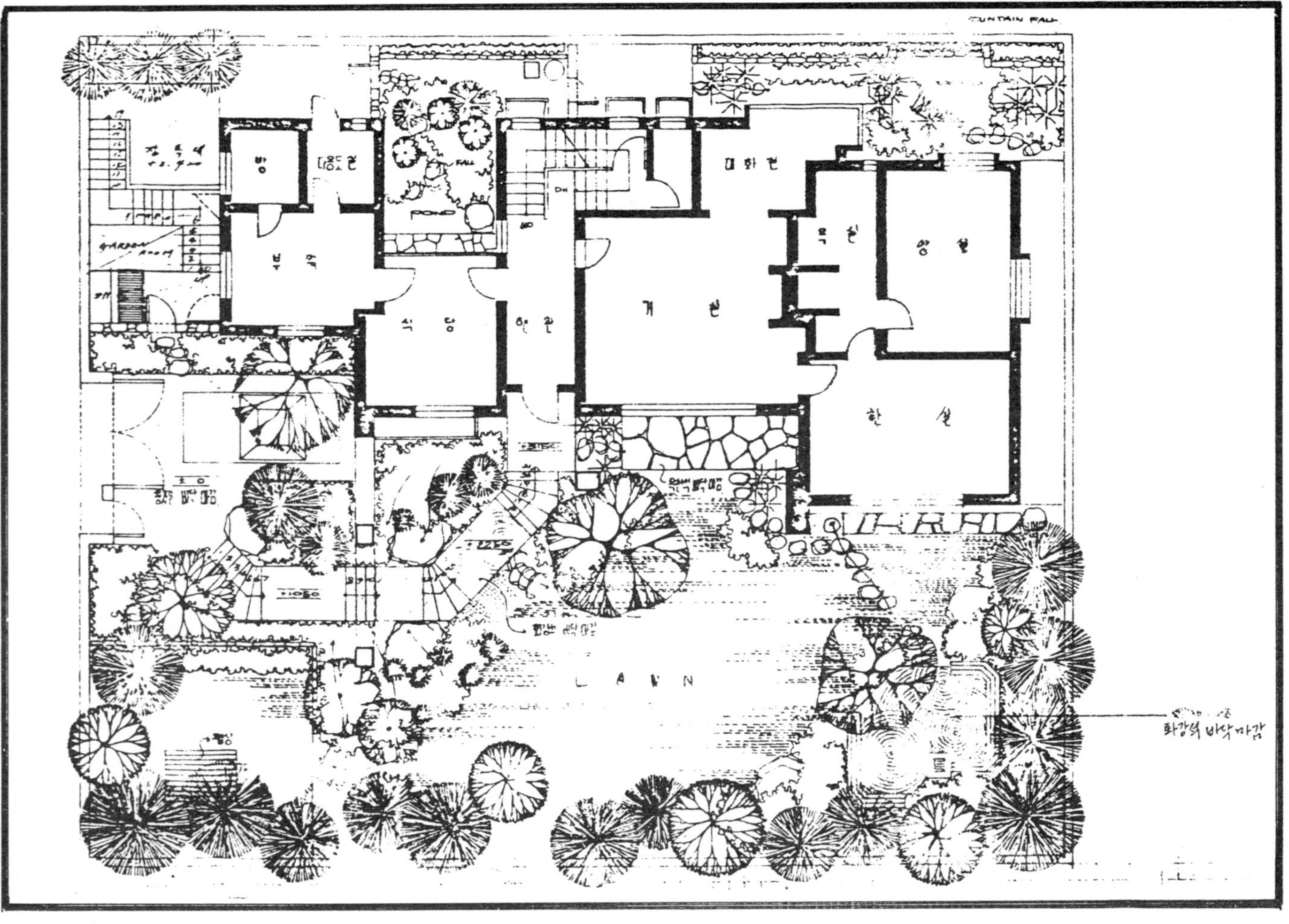
FOUNTAIN FALL
GARDEN ROOM
POND
FALL
L A W N
화강석 바닥마감

조 경

실향
단풍나무
섬잣나무
실향
수목
회양목
섬잣나무
실향
섬잣나무
단풍나무
섬잣나무
라산홍
장미
자산홍
섬잣나무
섬잣나무
섬잣나무
단풍나무
자산홍
자산홍
자산홍
자산홍
실향
실향

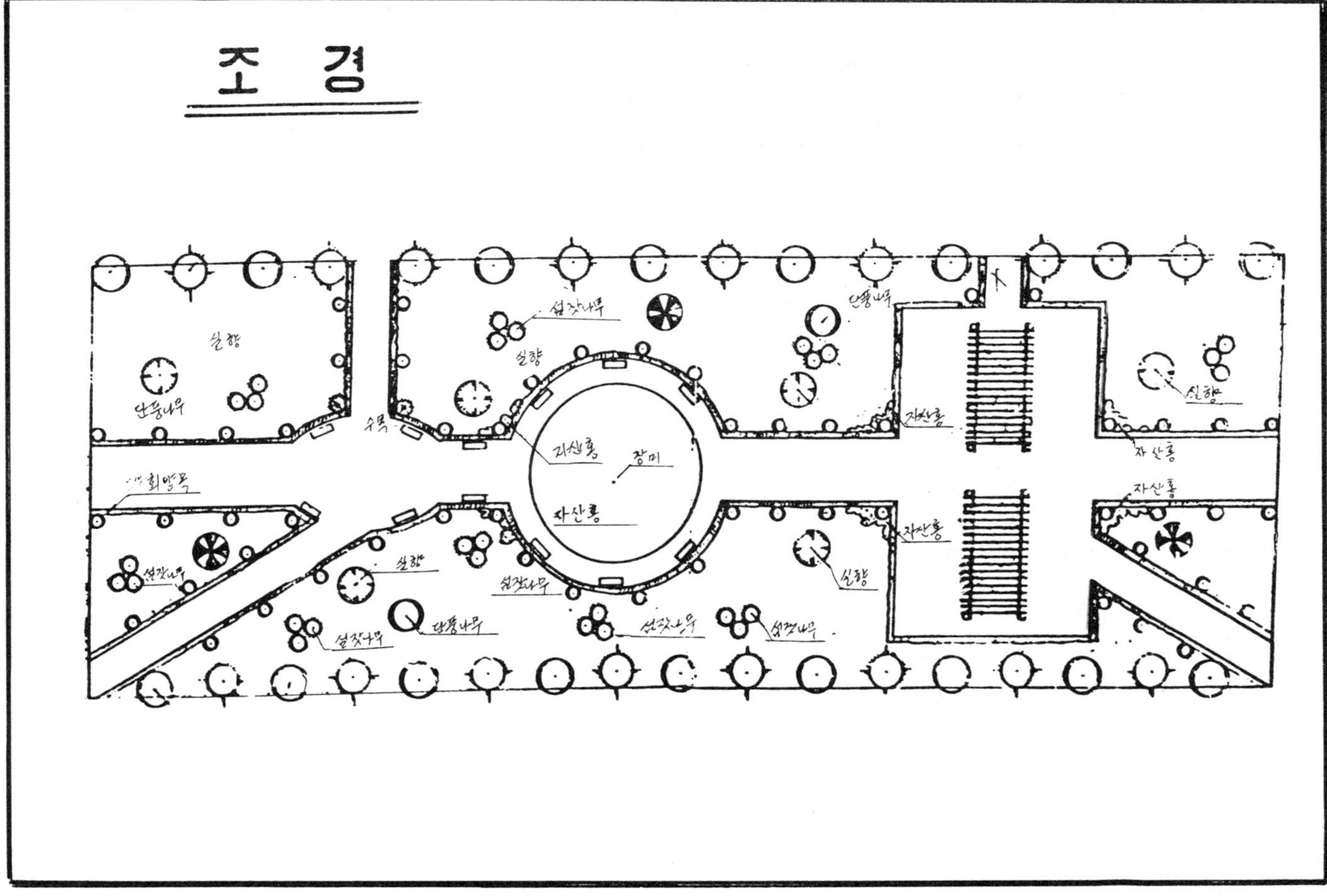

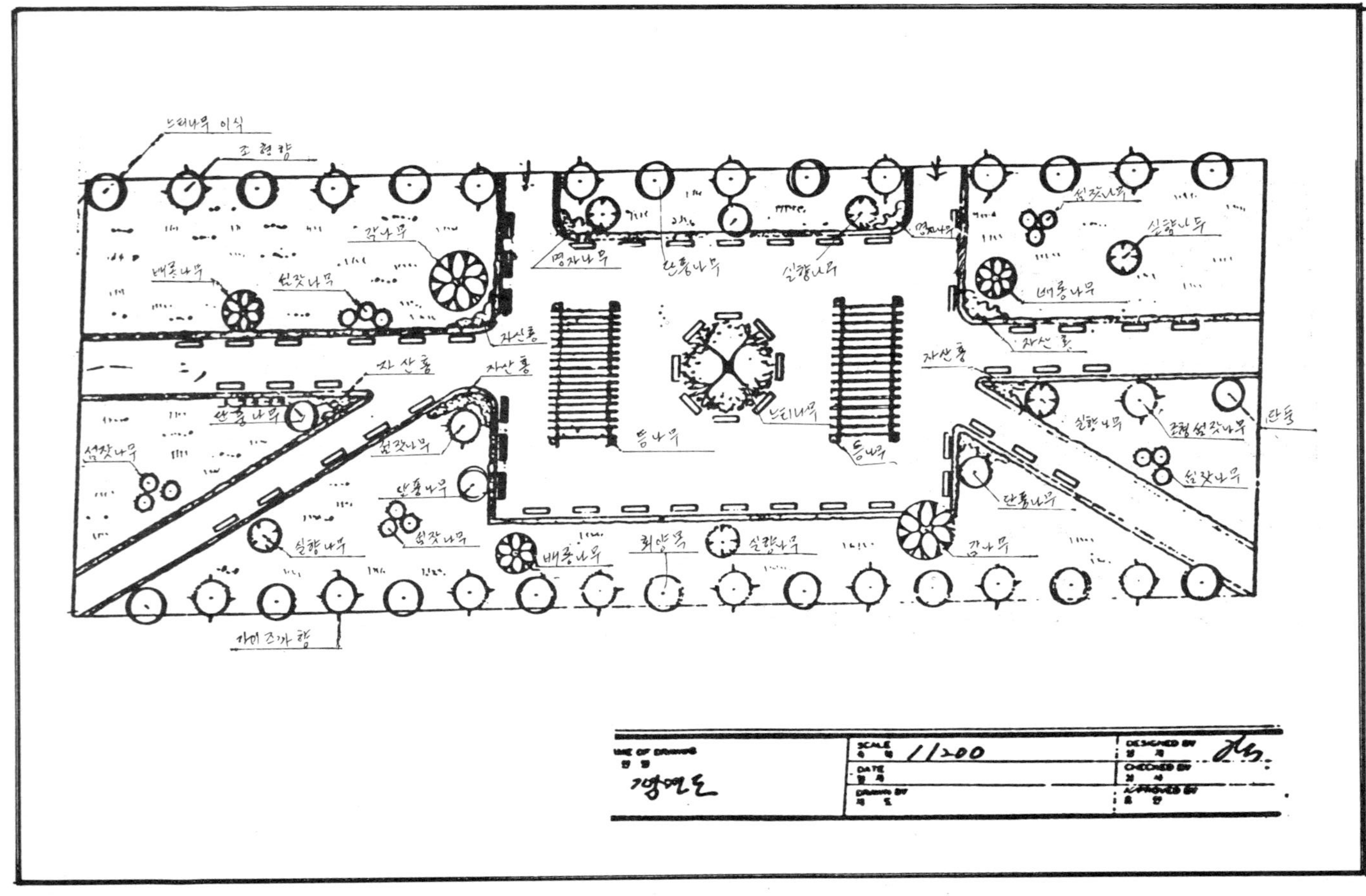

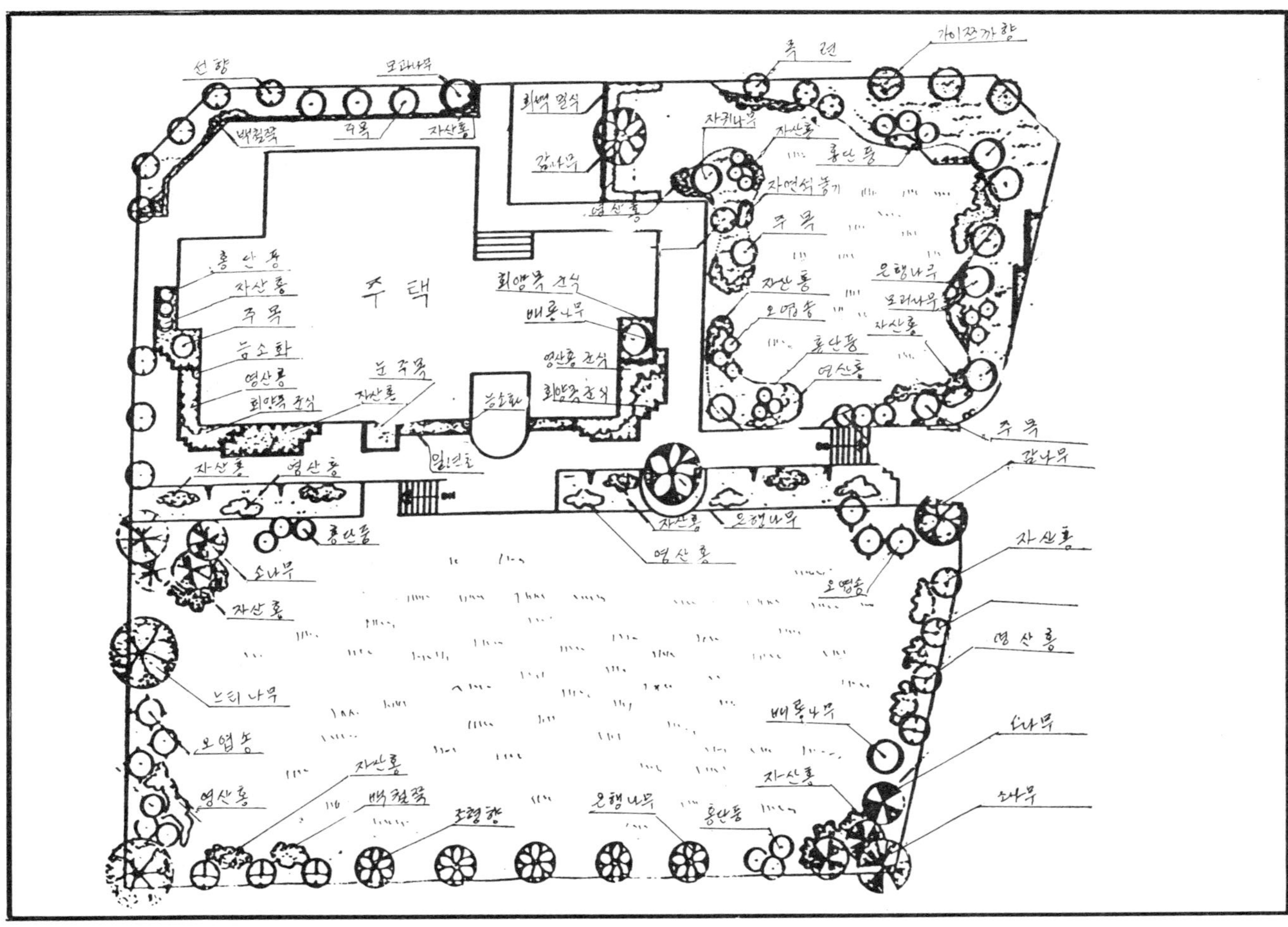
선 향
모과나무
가이쯔까 향
폭 련
백철쭉
주 목
자산홍
회백 얼식
감나무
자귀나무
자산홍
홍단풍
연산홍
자연석 놓기
주 목
자산홍
오엽송
은행나무
모과나무
자산홍
홍단풍
연산홍
홍 단 풍
자 산 홍
주 목
눈 주 목
회앙목 조식
배롱나무
영산홍 조식
회앙목 조식
능소화
영 산 홍
회앙목 조식
자산롱
일련로
자 산 홍
영 산 홍
홍단풍
소나무
자 산 홍
느티 나무
오엽송
영산홍
자산홍
백철쭉
초령향
은행나무
홍단풍
자산홍
오행나무
영 산 홍
자산홍
오엽송
주 목
감나무
자 산 홍
영 산 홍
배롱나무
자산홍
소나무
소나무

■ 저자약력
  • 충북 청주 출생
  • 한양대학교 졸업
  • 청주기계공업고등학교 근무
  • 사단법인 한국분재협회 청주지부장
  • 성림농원 경영

■ 저서
  • 현대분재 기술
  • 분재백과

판 권
본 사
소 유

정원과 조경

2014년 7월 5일 1판 17쇄 발행

엮은이 : 송 재 손
발행인 : 김 중 영
발행처 : 오성출판사

서울시 영등포구 영등포 6가 147-7
TEL : (02) 2635-5667~8
FAX : (02) 835-5550

출판등록 : 1973년 3월 2일 제 13-27호
www.osungbook.com

ISBN 978-89-7336-335-2